新时代资源循环科学与工程专业重点规划教材

生物质资源循环利用技术

钱庆荣　陈庆华　王清萍　主编

中国建材工业出版社

图书在版编目（CIP）数据

生物质资源循环利用技术／钱庆荣，陈庆华，王清萍主编. －北京：中国建材工业出版社，2023.4
ISBN 978-7-5160-3573-3

Ⅰ. ①生⋯ Ⅱ. ①钱⋯ ②陈⋯ ③王⋯ Ⅲ. ①生物质－资源利用－循环使用－高等学校－教材 Ⅳ. ①TK62

中国版本图书馆 CIP 数据核字（2022）第 165230 号

内 容 简 介

本书共 10 章，阐述了生物质资源分类、资源量与分布特征、能源化与资源化利用特征和国内外生物质资源循环利用概况，介绍了生物质直接燃烧利用技术、生物质热解与直接液化技术、生物质气化技术、生物质生物法转化技术、植物油与生物柴油技术、生物质平台化合物与生物质材料、城镇生活垃圾能源利用技术，并对生物质资源循环利用技术的发展目标、途径和方向提出展望。

本书可作为资源循环科学与工程、农业资源与环境、环境科学、环境工程等本科专业的教材，也可供相关专业人员参考使用。

生物质资源循环利用技术

SHENGWUZHI ZIYUAN XUNHUAN LIYONG JISHU

钱庆荣　陈庆华　王清萍　主编

出版发行：中国建材工业出版社
地　　址：北京市海淀区三里河路 11 号
邮　　编：100831
经　　销：全国各地新华书店
印　　刷：北京雁林吉兆印刷有限公司
开　　本：787mm×1092mm　1/16
印　　张：16
字　　数：380 千字
版　　次：2023 年 4 月第 1 版
印　　次：2023 年 4 月第 1 次
定　　价：68.00 元

《新时代资源循环科学与工程专业重点规划教材》
编审委员会

《生物质资源循环利用技术》
编写委员会

主　　编：钱庆荣　陈庆华　王清萍

参　　编：（按姓氏笔画排序）

王　晓　刘以凡　孙晓丽　李　明　杨智满

张海龙　张晨曦　林春香　周文广　钱　群

曹长林　薛　珲

参编院校：福建师范大学

福州大学

南昌大学

武汉纺织大学

华北水利水电大学

序一

"十四五"时期，我国进入新发展阶段。要实现更高质量、更有效率、更加公平、更可持续、更为安全的发展，离不开循环经济的支撑。循环经济要求物尽其用、综合利用、循环利用，"以少产多"，以更少的能源资源消耗和环境排放，获得更多、更高附加值和更具可持续性的产品和服务，其核心本质是提高资源利用效率。

发展循环经济，将循环经济理念贯彻到资源开采加工、产品生产制造、商品流通消费、废物循环处置的各环节，达到"节流"与"开源"并重，全面提高资源利用效率，是缓解经济增长与资源环境矛盾，破解资源硬约束的根本出路，是保障国家资源安全、助力"双碳"目标实现的重要选择。

当前我国制造业占世界的 20%～30%，是世界上最大的工业制造国。即便到了 2060 年，我国仍然要保持全球制造业第一大国的地位。发展循环经济，提升资源利用效率是必须做而且必须做好的一件大事。因此，国家专门制定《"十四五"循环经济发展规划》，明确提出，到 2025 年资源循环型产业体系基本建立，覆盖全社会的资源循环利用体系基本建成，资源利用效率大幅提高，再生资源对原生资源的替代比例进一步提高，循环经济对资源安全的支撑保障作用进一步凸显。

实现这样的目标，关键在于人才培养，尤其需要高等院校技术人才。从 2010 年开始，教育部在一些重点院校批准设立了新兴交叉学科——资源循环科学与工程专业，以满足国家和社会对资源循环方面高素质人才的迫切需求。我们欣喜地看到，新专业开设 10 余年后，在业界各方的努力下，契合行业高等教育需求的《新时代资源循环科学与工程专业重点规划教材》即将面世。

教材创作团队牢牢掌握培养能在资源循环科学与工程领域从事科学研究、工程技术开发、工艺流程设计、产业经营管理和政策咨询等方面工作的创新型、应用型高级专门人才这一定位，实现了对材料科学、环境科学、经济、管理等诸多学科的交叉与融合，系统集成了资源循环科学与工程领域的基础理论和专业知识、发展动态和学科前沿；厘清了资源—产品—再生资源—产品的多向式资源循环与经济可持续发展规律，突出解决资源综合利用方面科学与工程实际问题的能力培养等。可以说，由中国建材工业出版社组织策划、西安建筑科技大学等多所高校参与编写的这套教材的出版是我国资源循环科学与工程领域的一项重大成果，具有十分积极的意义。

最后，我要重申，加强人才培养、提高科技水平的重要性怎么强调都不过分。破解我国经济发展面临的资源能源匮乏困扰，顺利推动我国从工业化时代转变为信息化时代，从化石燃料时代转变为可再生能源、资源循环利用时代，尤须加强资源循环领域的人才培养与技术创新。

中国工程院院士

序二

  大力发展资源循环科学与技术，提高资源综合利用效率，解决资源短缺和环境污染突出问题，是可持续发展战略的重要内容，对于推进各类资源节约集约利用，加快构建废弃物循环利用体系，推动经济社会绿色低碳化发展，形成绿色低碳的生产、生活方式具有重要意义。

  发展资源循环科学与技术，人才是关键。教育是培养相关科技人才，为资源循环事业源源不断提供高层次人才和后备力量的"百年大计"，必须给予足够的重视。我们欣喜地看到，经过 10 余年的建设与发展，目前国内已有 30 余所高校开设了资源循环科学与工程专业。为解决专业人才培养教材缺乏的问题，中国建材工业出版社与西安建筑科技大学等单位共同策划了《新时代资源循环科学与工程专业重点规划教材》系列丛书。丛书的出版将有效弥补行业专业教材不足的短板，可以更好地培养资源循环相关产业人才。

  该丛书的编写基于资源循环与经济可持续发展规律，贯彻落实国家大政方针，聚焦培养具备科学研究、工程技术开发、工艺流程设计、产业经营管理和政策咨询方面能力的创新型、应用型高级专门人才这一目标，全面介绍了资源循环科学与工程领域的基础理论与技术，并跟踪学科发展动态与前沿，努力实现材料科学、环境科学、经济、管理等诸多学科内容的交叉与融合。

  优质教材建设对于支撑人才培养、学科专业和行业发展、企业管理及科学技术进步都具有重要作用。资源循环科学与工程专业尚处于发展阶段，专业人才队伍急需壮大，相关产业发展方兴未艾，《新时代资源循环科学与工程专业重点规划教材》系列丛书的出版正当其时。期待该丛书早日出版，以更好助力资源循环科学与工程专业人才培养。

中国工程院外籍院士

余艾冰

丛书前言

推进资源循环利用是生态文明建设的重要举措。2005 年，国务院出台加快发展循环经济的若干意见，提出大力发展循环经济，建设资源节约型和环境友好型社会。2010年，为了满足国家节能环保产业对资源循环利用领域高素质人才的迫切需求，教育部专门设立资源循环科学与工程专业，并将其定位为战略性新兴产业专业。资源循环科学与工程专业涉及材料科学与工程、化学工程、环境科学与工程、经济、管理等诸多学科的交叉与融合。

2020 年以来，随着"双碳"战略的实施，资源循环利用的重要作用更加凸显，推动资源循环利用对减少碳排放有重要作用已成为全球广泛共识。国家《"十四五"循环经济发展规划》指出，发展循环经济是我国经济社会发展的一项重大战略。大力发展循环经济，推进资源节约集约利用，构建资源循环型产业体系和废旧物资循环利用体系，对保障国家资源安全，推动实现碳达峰碳中和，促进生态文明建设具有重大意义。

经过 10 余年的发展，目前全国有 30 余所高校设立资源循环科学与工程专业，专业办学特色各不相同，总体可以分为三类：立足材料领域开展专业建设、立足化工领域开展专业建设和立足环境领域开展专业建设。办学特色不同，在满足专业建设标准的基础上，各高校对该专业教材的需求也必然存在一定的差异。

为适应这一重大需求变化，更好满足我国发展对相关专业人才的需求，中国建材工业出版社与西安建筑科技大学共同策划了以材料学科与环境学科交叉融合为特色的《新时代资源循环科学与工程专业重点规划教材》。丛书汇集了西安建筑科技大学、中国矿业大学（北京）、中国地质大学（北京）、北京科技大学、安徽工业大学、福建师范大学、华北水利水电大学、湖北大学、商洛学院、武汉纺织大学、南昌大学、福州大学、长春工业大学、洛阳理工学院等十多所院校的众多专家共同完成编写。

本丛书定位为高校专业教材，针对"双碳"目标实现和全面推行循环型生产方式、提升资源利用效率对资源综合利用专业人才的需求，服务于高校相关专业人才培养；旨在培养熟悉资源循环与经济可持续发展规律，充分掌握相关技术原理、工艺装备、环境理论，了解行业领域发展动态和学科前沿，具有创新意识和解决资源综合利用方面科学与工程实际问题能力的创新型、应用型高级专门人才；同时，为保障国家资源安全、推进"双碳"目标落实、构建多层次资源高效循环利用体系、促进生态文明建设提供智力支撑。

在教材编写过程中，我们力争紧贴时代发展步伐，及时体现学科和行业发展的新成果；教材内容聚焦重点、难点、热点问题，启发学生积极思考，培养学生自主学习能力；为适应传统教育和信息化教学融合，我们基于纸质教材，将相关视频资料、彩色图片、拓展知识以二维码形式体现在书中恰当位置，实现传统教材向立体化教学素材的转变；另外，书中每章后面还设置了思政小结，将课程思政元素有机融入教材中，以达到

"春风化雨，润物无声"的育人效果。

丛书出版之际，我谨代表丛书编委会向为此付出辛勤劳动的作者、编委会委员和出版社的同仁们表示感谢。

西安建筑科技大学
材料科学与工程学院院长

李辉

前言

我国生物质资源丰富、分布广泛、数量巨大，发展基于生物基化学品、生物基材料和生物能源的生物质资源利用技术，不但前景广阔，而且对应对化石能源日益枯竭、环境污染日益严重、能源资源短缺等问题，实现"双碳"目标，保护国家安全，意义重大。

本书是在福建师范大学环境科学与工程学院开设的"生物质资源循环利用技术"课程讲义的基础上，结合作者多年从事本科生的"生物质资源循环利用技术"课程教学心得和生物质转化方面的科研经验编写而成。在内容方面既兼顾系统的生物质资源循环利用技术的基础理论知识，又介绍了当前科研与工业生产领域的最新进展。

本书内容丰富新颖，信息量大，囊括了大量新技术和新理论，是一部综合介绍生物质资源循环利用技术的图书，适合作为资源循环科学与工程、农业资源与环境、环境科学、环境工程等本科专业的教材，也可供相关专业人员参考使用。

本书共分 10 章，第 1 章介绍生物质资源分类、资源量与分布特征，以及发展生物基产品对解决我国能源、资源与环境问题，实现"双碳"目标的意义；第 2 章介绍国内外生物质资源循环利用现状、规划目标和扶持政策的概况；第 3 章介绍生物质直接燃烧利用技术，主要包含压缩成型、直接燃烧、固硫型煤、直燃发电/热电联产和直燃污染物与控制等多种技术；第 4 章介绍生物质热解与直接液化技术，主要包括生物质热解和液化过程与原理、生物质炭化和液化技术特点与科研进展，以及液化产物分离与应用；第 5 章介绍生物质气化技术，包括原理、净化、发电和相关生产设备，以及集中供气应用现状；第 6 章介绍生物质生物法转化技术，主要包含沼气发酵、生物乙醇发酵和生物制氢等 3 个部分；第 7 章介绍植物油与生物柴油的特点、生产原理与工艺和燃料利用特征；第 8 章介绍甲醇、乙烯、二甲醚等代表性生物质平台化合物，及纤维素、木质素、聚乳酸等代表性生物质材料；第 9 章介绍城镇生活垃圾的组成、特点、资源量、处理方法和能源化与资源化利用技术，并详细介绍城镇污泥处理与资源化利用技术；第 10 章则结合光合作用、能源植物、微藻生物炼制、能源微生物、工程生物学与合成生物学、仿生技术与仿生材料等生物质利用密切相关领域，展望了生物质资源循环利用技术的发展目标、途径和未来发展方向。

本书由福建师范大学钱庆荣、陈庆华、王清萍主编，其他编写人员包括周文广、林春香、刘以凡、李明、杨智满、曹长林、薛珲、孙晓丽、张海龙、张晨曦和王晓，负责书稿的资料收集和编写工作；钱群负责部分制图工作，在此一并表示感谢。由于生物质资源利用技术发展迅速，涉及的学科领域众多，书中难免存在疏漏和不足之处，欢迎专家和读者批评指正。

编者

目录

1 | 绪 论

📖 **教学目标**

教学要求： 通过系统了解生物质资源的定义、分类、特点和转化途径等方面的特征，认知生物质资源循环利用技术的基础原理和实施过程，理清生物质资源循环利用的途径及意义，了解生物质资源领域的新进展。

教学重点： 生物质资源的分类和分布特征。

教学难点： 生物质转化过程中存在的共性问题。

资源、能源的开发与利用为人类文明提供了重要的物质保障，成为满足人类生活和保障国民经济发展的重要基础工业。但在工业文明的发展过程中，由于资源、能源的过度开发与消费，出现了诸多与资源和能源有关的问题。首先，由于能源本身的资源属性，诱发了部分能源在使用上的危机；其次，资源开发与利用引起的环境污染所导致的区域环境问题与全球环境问题，成为制约国民经济发展的重要因素；另外，能源开发利用带来的 CO_2 排放，成为引起全球气候变暖的关键因素。因此，寻求化石资源的替代品，开发新能源和新材料的任务迫在眉睫。多种能源并存的能源体系将成为新世纪能源结构的特征。

生物质资源由于其清洁性、丰富性和可再生性，极有可能成为新世纪的主要能源来源之一。许多国家纷纷制定了开发生物质能源、促进生物质产业发展的研究计划和相关政策。例如：美国的《生物质技术路线图》和《生物质计划》、欧盟委员会提出的到 2020 年运输燃料的 20％ 将用生物柴油和燃料乙醇等生物燃料替代计划、日本的"阳光计划"、印度的"绿色能源工程计划"，以及巴西实施的"酒精能源计划"等。中国政府对生物质能的开发利用也极为重视，自 20 世纪 70 年代以来，我国连续在 4 个"五年计划"中将生物质能利用技术的研究与应用列为重点科技攻关项目，开展并实施了一系列生物质能利用研究项目和示范工程，推动了我国生物质能产业的发展。

如图 1-1 所示，生物质一直是人类赖以生存的重要资源，但在第二次世界大战前后，随着欧洲的石油化工和煤化工的发展，生物质能源的应用逐渐趋于低谷。直到 20 世纪 70 年代，由于中东战争引发的全球性能源危机，生物质能等可再生能源的开发利用重新引起了人

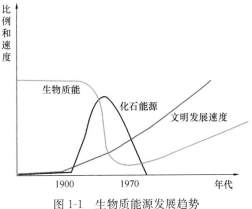

图 1-1　生物质能源发展趋势

们的重视并得到了快速的发展，成为仅次于三大化石能源的第四大能源。生物质能技术的研究与开发也成为世界重大热门课题之一，受到世界各国政府与科学家的关注。

本章主要从生物质资源的定义、分类及特点，生物质资源量及分布，生物质资源循环利用的途径及意义，生物质转化共性问题研究等方面做详细的介绍。

1.1 生物质资源的定义

1.1.1 生物质与生物质能

广义上，生物质（Biomass）是指以大气、水、土地等为基础，通过光合作用产生的各种有机体，即一切有生命的可以生长的有机物质统称为生物质。它包括植物、微生物以及以植物、微生物为食物的动物及其产生的废弃物，如农作物、农作物废弃物、木材、木材废弃物和动物粪便等。狭义上，生物质主要是指农林业或相关工业生产过程中产生的除粮食、果实以外的秸秆、树木等木质纤维素（简称木质素）、农产品加工业下脚料、农林废弃物及畜牧业生产过程中产生的禽畜粪便和废弃物等物质。

生物质能（Biomass Energy 或 Bioenergy）是一种以生物质为载体，通过光合作用，将太阳能以化学能形式贮存的能量形式。在《中华人民共和国可再生能源法》中，把生物质能具体定义为利用自然界的植物、粪便以及城乡有机废物转化而成的能源。生物质能直接或间接地来源于绿色植物的光合作用，可转化为常规的固态、液态和气态燃料，取之不尽、用之不竭，是一种可再生能源，同时也是唯一一种可再生的碳源。生物质能的原始能量来源于太阳，其实质是太阳能的一种表现形式，它既不同于常规的矿物能源，又有别于其他新能源，而是同时兼有两者的特点和优势，是人类最主要的可再生能源之一。有机物中除矿物燃料以外的所有来源于动植物的能源物质均属于生物质能。地球上的生物质能资源十分丰富，通常包括木材、森林废弃物、农业废弃物、水生植物、油料植物、城市和工业有机废弃物以及动物粪便等。

生物质产业（Biomass Industry）是指利用化学或生物转化技术，将可再生的生物质原料，如农作物、树木等植物及其残体、畜禽粪便、有机废弃物等，经工业加工转化为生物基产品（Biobased Products）、生物燃料（Biofuels）和生物能源（Bioenergy）的过程。生物质产业是一种新兴产业，它既包括生物质原料的生产—加工与转化—产品与应用一体化的产业链和技术体系，也包括政策、法规、市场与流通等保障体系。

如图 1-2 所示，目前生物质开发利用主要包括生物乙醇、生物柴油、生物质发电和工业用能。未来可主要依靠高新技术，将生物质通过生物水解或热化学转化生产精细化工原料和燃料。实践证明，以生物质资源为原料，可以生产出绝大部分的有机化工基础原料，并且很多产品已经显现出很好的经济性。根据我国生物质资源的特点和技术潜在优势，可以将燃料乙醇、生物柴油、生物塑料以及沼气发电和固化成型燃料作为主导产品。

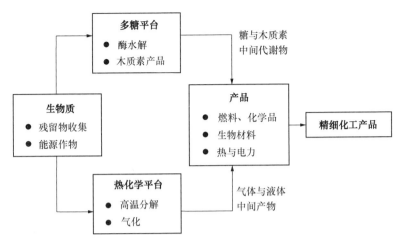

图 1-2 生物质产业化流程图

1.1.2 生物质能的实质

太阳辐射是为地球提供持续能量的基本来源（图 1-3），风能、水能、生物质能和太阳能是太阳辐射赋存于不同载体所表现出的不同能态。由于地球不同部位所接收的辐射量不等以及不同地面物质的不同热反应，导致近地面大气流动而蓄动能于风，促进水在地面与大气间蒸散与凝降而蓄水（势）能于江河，通过植物光合作用而蓄化学能于生物质，以及通过人工设施而集聚太阳辐射形成的热能和电能。

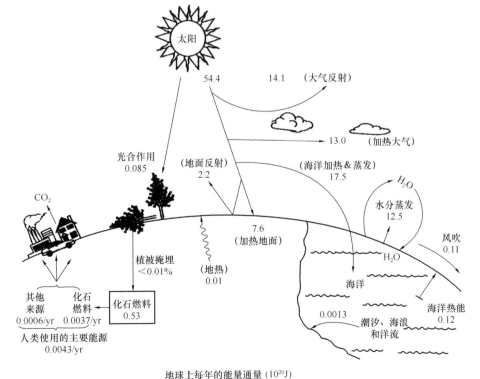

图 1-3 太阳辐射供给地球的能量

风能、水能、太阳能、地热能、核能、氢能和未来的核聚变能等均为物理态能量，需要通过复杂的技术和装备才能转化为电与热，风能和太阳能还存在不稳定和储能性差等缺点。而生物质能是以生物质为载体的一种化学态能量，其稳定性和储能性均较好，原料易得，现代加工转化技术与途径多样，产品既有热、电和固、液、气三态的各种能源产品，又有塑料、生物化工原料等众多的非能生物基产品，这些特质与功能是其他物理态清洁能源所不具备的。

生物质是直接或间接地通过光合作用而产生的各种有机体，它既可作为物质资源，也可作为能源，是继煤炭、石油、天然气等化石能源之后最重要的可利用能源之一。因此，生物质是连接人与自然、人与人以及自然界各物质间的重要物质和能源基础，在整个能源系统中占有越来越重要的地位。此外，生物质能源的生物性使它与农业和农民有着亲密的关系，可以帮助农民增收，促进农村经济发展，这也是其他物理态清洁能源所不具有的特性。正是这些特质与功能，使人们在寻求替代化石能源时，首先想到的就是生物质能源。

1.2 生物质资源的分类及特点

1.2.1 生物质资源的分类

根据来源的不同，通常可将生物质资源分为林业资源、农业资源、生活污水和工业有机废水、城市固体废物、畜禽粪便、能源植物六大类。

（1）林业资源

林业生物质资源是指森林生长和林业生产过程提供的生物质能源，包括薪炭林；在森林抚育和间伐作业中的零散木材、树枝、树叶和木屑等；木材采运和加工过程中的枝丫、锯末、木屑、梢头、板皮和截头等；林业副产品的废弃物，如果壳和果核等（图1-4）。

（2）农业资源

农业生物质资源是指农业作物，包括能源作物；农业生产过程中的废弃物，包括农作物收获时残留在农田内的农作物秸秆，如玉米秸、高粱秸、麦秸、稻草、豆秸和棉秆等；农业加工业废弃物，如农业生产过程中剩余的稻壳等（图1-5）。

图1-4 林业资源

图1-5 农业资源

（3）生活污水和工业有机废水

生活污水主要由城镇居民生活、商业和服务业的各种排水组成，如冷却水、洗浴排水、盥洗排水、洗衣排水、厨房排水、粪便污水等；工业有机废水包括酒精、酿酒、制糖、食品、制药、造纸和屠宰等行业生产过程中排出的废水。这些废水中都富含有机物（图 1-6）。

（4）城市固体废物

城市固体废物主要包括城镇居民生活垃圾，商业、服务业垃圾和少量建筑业垃圾等。城市固体废物的组成成分比较复杂，受当地居民的平均生活水平、能源消费结构、城镇建设、自然条件、传统习惯以及季节变化等因素影响（图 1-7）。中国大城市的垃圾构成已呈现向现代化城市过渡的趋势，主要有以下几个特点：一是垃圾中有机物含量接近 1/3 甚至更高；二是食品类废弃物是有机物的主要组成部分；三是易降解有机物含量高。

图 1-6　生活污水和工业有机废水

图 1-7　城市固体废物

（5）禽畜粪便

禽畜粪便也是一种重要的生物质资源。除在牧区有少量直接燃烧外，禽畜粪便主要是作为沼气发酵的原料。禽畜粪便主要包括鸡粪、猪粪和牛粪等（图 1-8）。

（6）能源植物

能源植物指不以生产粮食或木材为目的，而是以获得生物质资源和能源为目的，利用休耕地或未利用地等栽培的植物。具体指每年每公顷干重产量为 $10 \sim 20t$（$5 \sim 10t$ 碳）的植物，这种植物主要为现有耕地上的二季作物、在未利用土地或可挪作他用土地上积极栽培的资源作物。能源植物种类较多，例如制糖作物、油料植物等。目前国内外正在研究和已经研究利用的能源植物主要有三角戟、三叶

图 1-8　禽畜粪便

橡胶树、麻风树、汉加树、白乳木、油桐、小桐子、光皮树、油楠和油橄榄等。新作物

是指经品种改良和基因重组后生产率得到改善的资源作物，到 2050 年左右，新作物类生物质的生产技术基本成熟，其速生或生产、存储等有价物质机能的植物（植物工厂）将得以应用，但必须确定它们对陆地、海洋等生态系统的长期影响（图 1-9）。

图 1-9　能源植物（麻风树）

1.2.2　生物质的特点

1.2.2.1　生物质的元素成分及工业分析

生物质中所含的元素成分决定生物质的燃烧性能。从化学角度来看，生物质固体燃料是由多种可燃有机质、不可燃的无机矿物质及水分混合而成的。其中，可燃有机质是多种复杂的高分子有机化合物的混合物，主要由碳（C）、氢（H）、氧（O）等元素所组成，另外一些生物质还含有氮（N）和硫（S）等元素（表 1-1）。

表 1-1　典型生物质组成成分

燃料种类	工业分析成分（%）				元素组成（%）					低位热值
	W^f	A^f	V^f	C^f_{gd}	H^f	C^f	S^f	N^f	K_2O^f	Q^y_{dw}（kJ·kg^{-1}）
豆秸	5.10	3.13	74.65	17.12	5.81	44.79	0.11	5.85	16.33	16 16
稻草	4.97	13.86	65.11	16.06	5.06	38.32	0.11	0.63	11.28	13 98
玉米秸	4.87	5.93	71.45	17.75	5.45	42.17	0.12	0.74	13.80	15 55
麦秸	4.39	8.90	67.36	19.35	5.31	41.28	0.18	0.65	20.40	15 37
牛粪	6.46	32.40	48.72	12.52	5.46	32.07	0.22	1.41	3.84	11 63
烟煤	8.85	21.37	38.48	31.30	3.81	57.42	0.46	0.93	—	24 30
无烟煤	8.00	19.02	7.85	65.13	2.64	65.65	0.51	0.99	—	24 43

1.2.2.2　生物质的物质组成

生物质主要由纤维素、半纤维素、木质素、水分、挥发分、灰分、类脂物、蛋白质、单糖和淀粉等物质组合而成。其组成比例平均值如图 1-10 所示。纯纤维素呈白色，密度 1.5～1.56g/cm^3，比热容 0.32～0.33kJ/（kg·K）；半纤维素穿插于纤维素和木质素之间，其结构复杂，呈酸性，加热条件下易水解为单糖；木质素是一类以苯基丙烷为骨架的具有网状结构的无定形高分子化合物，不同植物木质素含量、组成不尽相同。木质素不易溶于水及大多数有机溶剂，非晶体，无固定熔点，70～110℃开始软化，黏合力增加，200～300℃时软化程度加剧，此时施加一定压力，不需外加黏结剂即可得到与挤压模具形状一致的成型燃料。

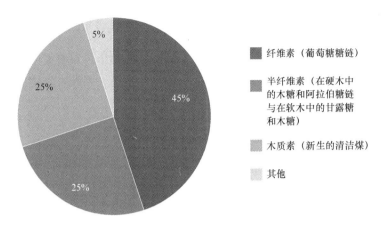

图 1-10　生物质的物质组成

纤维素（葡萄糖糖链）

半纤维素（在硬木中的木糖和阿拉伯糖链与在软木中的甘露糖和木糖）

木质素（新生的清洁煤）

其他

1.2.2.3　生物质能的特点

（1）清洁性

清洁性是生物质能最突出的优点。生物质能资源替代化石燃料，在使用过程中几乎没有 SO_2 产生，可有效减少 SO_2 等污染物的排放，改善环境质量；植物合成的有机物通常以种子（或果实）和秸秆两种形态存在，种子或果实一般可被人、动物等直接利用，而秸秆则大部分在自然界中自然氧化，目前也有一小部分秸秆被人工转化成能源，但上述所有方式都消耗氧气释放二氧化碳，理论上所消耗的氧气和释放的二氧化碳与光合作用时生成该生物质所释放的氧气量及消耗的二氧化碳量相等。所以，应用生物质能源时，CO_2 的排放可被认为是零（图 1-11）。据测算，每利用一万吨秸秆代替燃煤，可以减少 CO_2 排放 1.4t、SO_2 排放 40t、烟尘排放 100t。

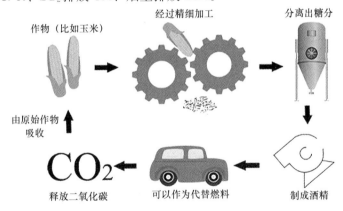

经过精细加工

分离出糖分

作物（比如玉米）

由原始作物吸收

CO_2

释放二氧化碳

可以作为代替燃料

制成酒精

图 1-11　生物质利用过程中的碳循环

（2）丰富性

全球每年通过光合作用产生的生物质有 2200 亿吨，直接或间接储存于 25 万多种的生物及其排泄物或残骸中，含碳多达 2×10^{11}t，含能量约为 3×10^{18}t，相当于目前全世界总能耗的 10 倍以上，但目前这些生物质的利用率尚不到 3%。单就中国，现在每年的秸秆量约 7.26 亿吨，扣除一部分做饲料和其他原料，每年可利用的生物质能源就超过 3 亿吨。随着农业和林业的发展，特别是随着速生薪炭林的开发推广，中国的生物质资源将越来越多，有非常大的开发和利用潜力。

（3）可再生性

在目前地球环境条件下，生物质能年复一年，循环再生。只要太阳辐射能存在，绿色植物的光合作用就不会停止，生物质能就永远不会枯竭。因此，生物质能具有取之不尽、用之不竭的物质基础。

（4）广泛应用性

生物质转化途径的多样性决定了生物质资源应用的广泛性。生物质资源不同于常规的化石能源，是一种可替代化石能源转化成固态、液态和气态燃料以及其他化工原料或者产品的碳资源。然而，生物质能也存在能量密度小、分散性大等缺点。局部区域原料是否充足、运输费用的高低是生物质能利用需要考虑的重要因素。

1.3 生物质资源量

生物质资源在循环利用之前，通常要事先估算其充分燃烧时所能释放出的全部能量，以评价其利用的经济性。过去大多采用氧弹式热量仪来测定生物质的能量（即发热量）。但这种方法需要有良好的仪器和实验室条件，既费时又耗资。而事实上，任何一种生物质的发热量与其含碳量和含氢量均密切相关。因此，可以通过把生物质的发热量与其碳、氢元素的含量相互联系起来，建立一种简捷方便的生物质发热量预测经验公式，为推广和普及生物质能利用技术提供方便。

1.3.1 农作物秸秆资源量

（1）预算方法

农作物秸秆资源量（Agricultural Residue Product，ARP）是以国家统计局农作物产品原始产量为源数据，然后根据每种农产品的草谷比（Residue to Product Ratio，RPR；也称"产量系数"或"经济系数"）进行估算：

$$ARP = \sum M_i d_i (i = 1, 2, 3, \cdots, n) \tag{1-1}$$

式中　ARP——秸秆资源量（万吨）；

　　　i——第 i 种农作物，$i=1$，2，3，…，n；

　　　M_i——第 i 种农作物产量（万吨）；

　　　d_i——第 i 种农作物草谷比（kg/kg）。

（2）组成及分布

我国是农业大国。根据《2021 年中国秸秆行业发展报告》，2020 年，我国秸秆产量达到 7.97 亿吨，主要由水稻、小麦、玉米等农作物秸秆废弃物组成。秸秆资源组成如图 1-12、图 1-13 所示，主要列举了以水稻、玉米和小麦为主的秸秆资源量分布情况。

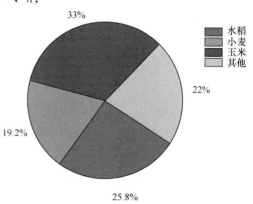

图 1-12　我国秸秆资源的组成

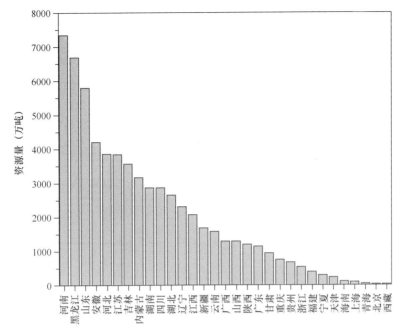

图 1-13 我国秸秆资源的分布

1.3.2 林业生物质资源量

（1）预算方法

薪柴资源包括森林采伐木和加工剩余物、薪炭林、用材林、防护林、灌木林、疏林的收取或育林剪枝、四旁树的剪枝等。林业生物质资源量（Forest Waste Product，FWP）可采用下式进行估算：

$$FWP = \Sigma[(F_{ij}\,Y_{ij}\,Q_{ij} + T_{ij}\,X_{ij}\,C_{ij})] + W/3 \quad (i,j = 1,2,3,\cdots,n) \quad (1\text{-}2)$$

式中　　FWP——统计区域内薪柴资源量（万吨）；

　　　　F_{ij}——在 i 区域内 j 种林地各占不同的面积（万公顷）；

　　　　Y_{ij}——某种林地的产柴率（每公顷 1 年产柴量）（kg/hm²）；

　　　　Q_{ij}——该种林地可取薪柴面积系数（取柴系数）；

　　　　T_{ij}——在 i 区域内第 j 种四旁树产柴率（每株 1 年产柴量）（kg/株）；

　　　　X_{ij}——在 i 区域内第 j 种四旁树株数（万株）；

　　　　C_{ij}——在 i 区域内第 j 种四旁树取柴系数；

　　　　W——区域内原木产量。

（2）组成及分布

根据国家林草局《中国林业和草原统计年鉴》发布的数据，2019 年，我国林业面积约为 17988.85 万公顷，年采伐木材 10045.85 万立方米，由此测算出林业废弃物资源量约为 3.5 亿吨。预计 2030 年林业剩余物总量将达到 4.27 亿吨，到 2060 年，林业剩余物总量将达到 7.73 亿吨。我国林业废弃物主要由林地生长剩余物、林业生产废弃物和能源林等 3 部分构成（图 1-14）。林业废弃生物质分布情况见图 1-15。

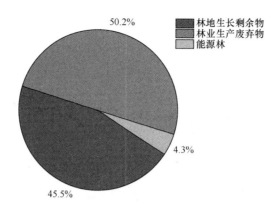

图 1-14　我国林业废弃生物质资源的组成

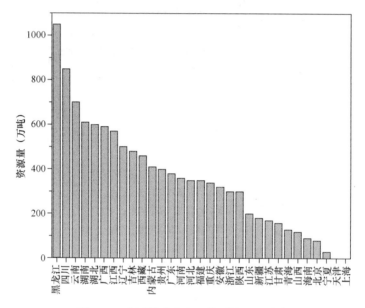

图 1-15　我国林业废弃生物质资源的分布

1.3.3　畜禽粪便资源量

（1）预算方法

禽畜粪便资源量（Animal Manure Product，AMP）可根据各地区禽畜存栏数和各类禽畜的年平均排泄量来进行估算。统计公式如下：

$$AMP = \Sigma P_i A_i (i = 1, 2, 3 \cdots)$$

(1-3)

式中　AMP——禽畜粪便资源量（万吨）；

　　　　i——禽畜类别数；

　　　　P_i——第 i 种禽畜的数量；

　　　　A_i——第 i 种禽畜的年排泄粪便量。

（2）组成及分布

畜禽粪便主要来自集约化畜禽养殖场，其中猪、牛和禽类是畜禽粪便排放的主要来源。根据农业农村部资料，我国畜牧业近几年一直保持 8％以上的增长速度。据统计，在 2020 年，我国畜禽粪便排放量达到 30.4 亿吨，如果采取沼气发酵方式处理，可产沼气 4500 亿立方米。我国畜禽粪便资源组成见图 1-16，各省份资源量分布见图 1-17。

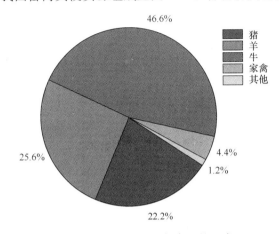

图 1-16 我国畜禽粪便资源的组成

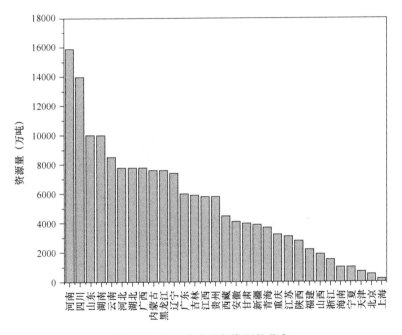

图 1-17 我国畜禽粪便资源的分布

1.3.4 能源植物的种植

目前，中国还没有能源作物产业，但未来有 3 种土地可供利用。一是富余耕地：考虑科技进步带来的单产提高，在保证粮食自给的条件下，我国将有可能拿出一定数量的耕地提供能源作物的栽培。二是未利用土地：荒草地、盐碱地、裸土地属于不宜农林的土地，有可能进行能源作物种植的荒草地约 0.49 亿公顷、盐碱地 0.1 亿公顷、裸土地 0.039 亿公顷，占我国未利用土地的比重近 30%。三是休耕期的合理套种：华南地区耕地利用程度已经很高，但仍可利用田间、荒坡种植木薯等。西南地区与长江中下游地区冬季休耕耕地分别占 19% 和 7%，共约 1700 万公顷，适宜发展能源作物复种，如种植冬油菜。利用富余耕地、西南地区与长江中下游地区的套种以及利用我国未利用土地 3 种途径扩大种植能源作物，估计每年可获得 1.3 亿吨标煤的生物质资源量。我国能源作物主要有甘蔗、木薯、油菜、甜高粱、无患子等；油料植物则有大豆、油菜、花生等。

中国生物质能蕴藏丰富，可开发潜力巨大。2004 年我国生物质能总蕴藏量和可获得量分别达 35.1×10^8 t 和 4.6×10^8 t。据 2015 年统计数据，我国现有森林面积 1.95 亿公顷，林业生物质总量超过 180 亿吨。其中可作为生物质能源资源利用的有三类：一是木质燃料资源。薪炭林、灌木林和林业"三剩物"等总量约 3 亿吨/年。二是木本油料资源。中国种子含油率超过 40% 的植物就有 154 种，麻风树、油桐、黄连木、文冠果、油茶等树种面积约 420 万公顷，果实产量约 559 万吨。三是木本淀粉类资源。全国栎类果实橡子产量约 2000 万吨，可生产燃料乙醇近 500 万吨。我国土地资源丰富，发展林业生物质能源潜力大。有约 4404 万公顷的宜林荒山、荒地，可用于培育能源林；有近 1 亿公顷的盐碱地、沙地以及矿山、油田复垦地等边际性土地，可用于发展能源林；有约 600 万公顷疏林地及 5312 万公顷郁闭度小于 0.4 的低产林地，通过改造，可较大幅度地增加森林资源量。2020 年我国几种主要能源植物有年产液体燃料 5.0×10^7 余吨的潜力，其中乙醇燃料 2.8×10^7 余吨、生物柴油 2.4×10^7 余吨。随着农业的发展、城乡居民生活水平的提高，生物质能经济和技术可得性逐渐增大，我国生物质能资源量还将有所增加。

我国的生物质能资源丰富，以 2019 年为例，农作物秸秆资源总量为 10.4 亿吨，林业废弃物资源为 3.5 亿吨，禽畜粪便资源为 30.5 亿吨（表 1-2）。然而，我国生物质能总体上分布不均，省际差异较大（图 1-18）。西南、东北及河南、山东等地是我国生物质

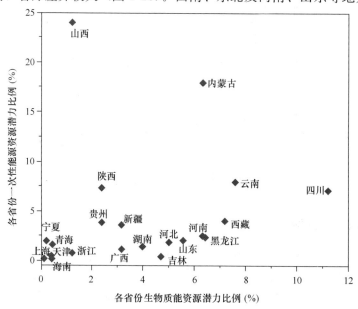

图 1-18　各省份占全国生物质能蕴藏潜力比例
与一次能源蕴藏潜力比例关系散点图

能的主要分布区；而生物质能蕴藏潜力分布在一定程度上与常规一次能源蕴藏潜力分布呈现互补状态，使得在一次能源蕴藏量较低的地区开发利用生物质能具有巨大潜力。中国现阶段生物质能利用以农村为主，多数为传统利用和直接燃烧，效率低下，严重威胁着农村生态环境和人体健康。低效和浪费地使用生物质能一方面很容易使这些地区陷入能源短缺和生态破坏的恶性循环之中，另一方面人畜粪便和室内空气污染已成为农村地区危害人们健康的主要原因之一。在未来，大力发展生物燃油、生物质发电等生物质能利用技术，科学高效地开发利用生物质能源将成为解决我国能源环境问题的有力措施之一。

表 1-2　2019 年我国主要生物质资源量汇总

品种	资源总量（亿吨）	可获得量（亿吨）
农作物秸秆	10.4	9
林业废弃物	3.5	3.5
禽畜粪便	30.5	21.4
合计	44.4	33.9

1.4　生物质资源循环利用的途径及意义

1.4.1　资源与能源问题

能源是自然界中能为人类提供某种形式能量的物质资源。按形成条件，能源分为一次能源和二次能源。一次能源指自然界中现成存在，可直接取用的能源，一次能源又可分为可再生能源和非再生能源；二次能源指由一次能源加工转换成的另一种形态的能源。图 1-19 是中国、世界一次能源消费结构比较。我国经济发展对能源需求将继续保持强劲的增长势头。我国主要的一次性能源消费主要来自于煤炭，2007 年煤炭占一次能源消费比例达 69.5%，烟尘和 CO_2 排放量的 70%、SO_2 排放量的 90%、氮氧化物排放量的 67% 均来自于燃煤；此外，机动车快速增长所带来的污染不断加剧。2020 年，我国的 CO_2 排放量约 112 亿吨。能源活动 CO_2 排放约 99 亿吨，占我国 CO_2 排放总量的 85%。中国已经是能源消费第一大国和 CO_2 排放第二大国。因此，要求中国限排温室气体的国际压力越来越大，中国将难以回避温室气体排放限制的承诺。

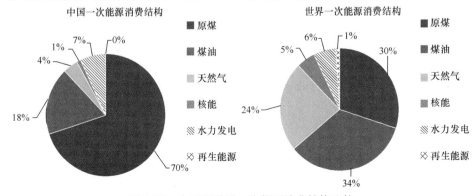

图 1-19　中国和世界一次能源消费结构比较

从 21 世纪初到 2020 年，我国能源可持续发展的目标为：力争达到利用能源消费翻一番，实现国民经济翻两番。2020 年，我国在《新时代的中国能源发展》白皮书中指出，我国能源节约和消费结构优化成效显著，能源消费结构向清洁低碳加快转变。2019年煤炭消费占能源消费总量比重为 57.7％，比 2012 年降低了 10.8 个百分点；天然气、水电、核电、风电等清洁能源消费量占能源消费总量比重为 23.4％，比 2012 年提高了8.9 个百分点；非化石能源占能源消费总量比重达 15.3％，比 2012 年提高了 5.6 个百分点，已提前完成到 2020 年非化石能源消费比重达到 15％左右的目标。

1.4.2 能源危险系数的现状分析

能源危险系数计算方法：
$$\eta = \frac{能源需求量}{能源供给量} \tag{1-4}$$

若 $\eta < 1$，即能源危险系数越小，能源供应越安全；若 $\eta > 1$，即能源危险系数越大，能源供应越危险，此时应该采取相应的对策，以确保能源供应安全。

图 1-20 是以煤炭、石油、天然气以及水电、核电和风电作为分析对象，收集了2009—2020 年我国相应能源的需求量和供应量数据，计算获得的各年度能源危险系数变化情况。可以明显看出，石油供应问题成为威胁我国能源安全的首要问题。能源可持续发展是我国战略安全的重要组成部分。随着我国经济的快速发展，资源短缺特别是能源问题已成为制约我国国民经济发展的主要矛盾之一。从长远来看，以化石能源为主要能源的经济已无法可持续发展，必须及早改善能源消费结构，提高可再生能源的消费比例。

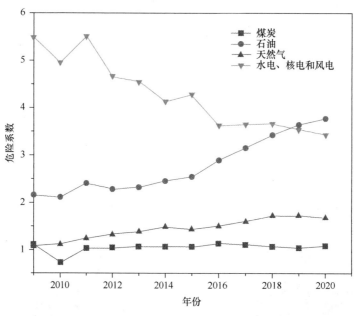

图 1-20　我国 2009—2020 年各年能源危险系数变化情况

能源是现代化社会赖以生存和发展的基础，清洁燃料的供给能力密切关系着国民经济的可持续发展，是国家战略安全保障的基础之一。为实现我国能源安全战略，达到保护生态环境的目的，生物质能源的开发利用在我国不仅具有重要的战略意义，而且有着非常广阔的应用前景。

1.4.3　我国能源发展规划

我国是能源消耗大国。大规模生物质燃料将成为我国 CO_2 减排的一个主要对策。生物质燃料的使用是全球，特别是发达国家温室气体减排普遍采用的一个主要对策；另外，发达国家为达到减排的指标，建立了碳贸易机制，对我国来说，碳贸易机制的引入可以为生物质能发展获取额外的资金，提高生物质能源与化石能源在市场上的竞争力，为生物质能发展创造条件，并可在一定程度上优化我国的能源结构。

"十二五"的可再生能源规划为国家《可再生能源中长期发展规划》的一部分。经统一换算为标煤后，该《规划》提出的 2020 年发展目标中，生物质能、水电、风电、太阳能和地热分别为 299 万、100 万、21 万、37 万和 12 万吨标准煤，分别占 43%、33%、7%、13% 和 4%，体现了以生物质能源为主导的思想。《生物质能发展"十三五"规划》发展目标指出：到 2020 年，生物质能基本实现商业化和规模化利用。生物质能年利用量约 5800 万吨标准煤。生物质发电总装机容量达到 1500 万千瓦，年发电量 900 亿千瓦时，其中农林生物质直燃发电 700 万千瓦、城镇生活垃圾焚烧发电 750 万千瓦、沼气发电 50 万千瓦；生物天然气年利用量 80 亿立方米；生物液体燃料年利用量 600 万吨；生物质成型燃料年利用量 3000 万吨。《可再生能源发展"十三五"规划》提出，应加快生物天然气、生物质能供热等非电利用的产业化发展步伐，选择有机废弃物资源丰富的种植养殖大县，开展生物天然气示范县建设，推进生物天然气技术进步和工程建设现代化。建立原料收集保障和沼液沼渣有机肥利用体系，建立生物天然气输配体系，形成并入常规天然气管网、车辆加气、发电、锅炉燃料等多元化消费模式。到 2020 年，生物天然气年产量达到 80 亿立方米，建设 160 个生物天然气示范县，提高生物质能利用效率和效益。

1.5　"双碳"目标下生物质循环产业发展机遇

科技部中国 21 世纪议程管理中心统计数据显示：电力领域 CO_2 排放约 40 亿吨，工业领域 CO_2 排放约 36.1 亿吨（其中钢铁、水泥与化工行业的 CO_2 排放占 61%），建筑与交通领域 CO_2 排放分别约为 11.5 亿吨和 11.2 亿吨。作为负责任的大国，我国一直积极参与应对 CO_2 减排工作。2019 年与 2005 年相比，我国单位国内生产总值 CO_2 排放下降 48.1%，提前超额完成对国际社会承诺的单位国内生产总值 CO_2 排放 2020 年比 2005 年下降 40%～45% 的目标。

2020 年 9 月，国家主席习近平在联合国大会提出，"中国将提高国家自主贡献力度，采取更加有力的政策和措施，二氧化碳排放力争于 2030 年前达到峰值，努力争取到 2060 年前实现碳中和"（简称"双碳"目标）。2021 年 3 月，"双碳"目标先后被写入《政府工作报告》和《中华人民共和国国民经济和社会发展第十四个五年规划和2035 年远景目标纲要》中，成为国策。这将深刻影响中国的能源消费和结构强度调整进程，引领中国能源消费进入清洁低碳、安全高效的新发展阶段。

在 2020 年碳排放量排名前 15 位的国家中，美国等 10 国已经实现碳达峰。图 1-21

显示了全球各主要国家碳达峰及碳中和时间表。其中，英国等部分欧洲发达国家在 20
世纪 90 年代已经实现碳达峰，美国、加拿大等国碳排放峰值出现于 2007 年左右，这些
国家中多数已经提出 2050 年左右实现碳中和的目标。相比发达国家 40～60 年的碳中和
期限，我国从碳达峰到碳中和目标实现，仅有 30 年时间，实现难度远大于发达国家。
我国的"双碳"目标时间紧、任务重、难度大。因此，为了高效达成"双碳"目标，需
要能源系统和制造业的颠覆性变革，从化石能源为主转向可再生能源为主，从不可再生
碳资源为主转向可再生碳资源为主。在"双碳"目标下，发展以生物质资源为主的生物
能源产业，是促进我国实现"双碳"发展目标的重要途径，也是推进能源转型与经济绿
色低碳化发展的主导方向。

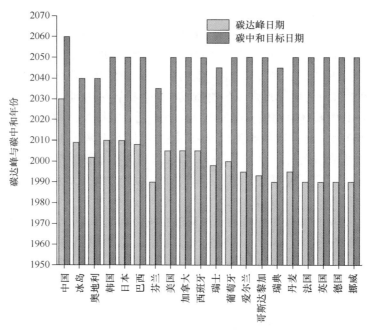

图 1-21 全球各主要国家"双碳"时间表
[数据来源：经济合作与发展组织（OECD）]

用生物质替代石油生产人类必需的燃料和材料是目前石油化工领域实现碳中和的唯
一途径。从能源安全和气候变化的角度考虑，各国都把减少化石能源消耗、发展可再生
能源、保护人类共同家园作为首要任务，发达国家已把用生物质替代石油作为国家能源
战略。生物燃料和生物基材料是以可再生的生物质为原料，利用生物化学转化技术生产
的材料和燃料，其原料源自"生物"，转化过程是能耗低的"生物过程"。新能源革命推
动了生物和化工领域的技术进步，促进了燃料与材料变革，使化石燃料逐步向乙醇、
氢、甲烷等生物燃料以及电、合成燃料转变，石化材料逐步向生物基材料转变。

1.5.1 生物燃料

生物质能作为最具潜力的可再生能源，已成为我国仅次于煤炭、石油和天然气的第
四大能源。推进储量丰富和绿色环保的生物质材料资源化利用，是实现"双碳"的有效
技术途径，也是我国节能减排和环境保护的重要任务，符合当前环保节能和低碳经济的

需求。生物质能是典型的生态能源，其环境、民生、"三农"和零碳价值远大于其能源价值。随着我国"双碳"目标的推进，清洁能源消费量上升，生物质能将由能源消费增量补充变为增量重要组成部分，可再生能源行业将会迎来新的发展机遇，特别是农林废弃物利用、垃圾资源化利用行业也会迎来新的发展机遇。

生物燃料有利于 CO_2、颗粒物减排，带动农业发展。生物燃料产业在能源安全、环保、控制气候变化领域作用巨大。近年来随着工业生物技术的发展，越来越多的企业开始使用可再生原料，例如玉米、农业和林业残留物、能源作物生产生物燃料。发展生物能源产业，能将生物质废弃物就地焚烧、畜禽粪便、生活垃圾等产生污染的"负能量"，转化成车用液体燃料或航空煤油，形成"正能量"，是解决"能源、环境、农业"三大难题的最佳结合，既改善能源结构，又减少环境污染，一举多得。油料作物种植和生产的油脂重点用于生产生物航空燃料，可解决航空液体燃料替代及碳减排难题。草本类废弃物（部分农业剩余物、畜禽粪污、厨余果蔬垃圾、部分工业有机废渣废液等）和生活垃圾主要通过甲烷化生产生物燃气，所产 CO_2 分离净化后进行再利用，沼渣沼液直接还田或生产高附加值有机肥，可解决农村能源需求，优化农村能源结构，降低化石能源消费量，改善农村环境。

以生物乙醇为例，全球 64 个国家和地区使用了乙醇汽油，掺混比例从 5%（E5）到 85%（E85）不等，其中美国生产了 4740 万吨燃料乙醇，占美国汽油消耗总量的 10.12%，减少原油消耗 5 亿桶。以乙醇为燃料的汽车尾气中颗粒物仅为汽油车的 1/10，可显著改善大气环境。根据欧洲数据，插电式电动车平均产生的 CO_2 为 92g/km，而巴西用含 27% 乙醇的汽油作燃料，其平均产生的 CO_2 仅为 87g/km，因此乙醇汽油减排效果优于插电式电动车。哈佛大学等单位 2021 年 2 月发布最新研究成果证明，美国的玉米乙醇可比汽油减排 46% 的温室气体；美国能源部阿贡实验室研究发现，2005—2019年间，美国玉米乙醇累计减排温室气体 5 亿吨。

以沼气工程为例，新建 1 座规模为 300 万立方米/年的生物燃气示范工程，年处理 1.08 万吨有机废弃物，工程建成后，年产天然气可达 200 万立方米，可替代汽油 2000 吨/年，每年可以减排 CO_2 约 4 万吨当量，减少 SO_2 排放量约 35t，减少 NO_x 年排放量约 13t，同时年产 1.2 万吨有机肥。

此外，发展生物燃料产业还扩大了农产品市场，增加了农民收入。2019 年，美国玉米产量 3.7 亿吨，其中 1.42 亿吨用于生产 4740 万吨乙醇，创造了 430 亿美元 GDP、35 万个就业岗位，使玉米价格长期维持在 3.6 美元/BUA 以上。2020—2021 年度，玉米平均价格为 5.7 美元/BUA，保证了农民收入。我国自主创新的"连续固体发酵生产甜高粱秆乙醇技术"日臻成熟，已示范成功。甜高粱秆乙醇发酵时间仅为 24 小时（玉米乙醇发酵时间为 50 小时），乙醇收率达 91%；其生产过程无发酵废水排放。每生产 1 万吨甜高粱乙醇可带动相关产业新增经济效益 4.3 亿元，提供 2000 个就业岗位，使农民种植收入增加 1 倍以上，既可提供清洁燃料和饲料，又可推动乡村振兴，让绿水青山变金山银山。

1.5.2 生物基材料

用生物质替代石油生产的塑料、橡胶、纤维等合成材料，称为生物基材料，主要包括生物基聚烯烃、生物基聚酯、生物基尼龙（聚酰胺）等。2020 年，全球生物基材料产量为 210 万吨，并将在未来 5 年内增长 36%。开发利用生物质材料，能够同时实现环境治理、供应清洁能源和应对气候变化，具有多重环境效益和社会效益，符合我国生态文明建设思想，是实现生态环境保护、建设美丽中国等国家战略的重要途径。在"双碳"背景和"十四五"规划期间，生物质材料将以其绿色环保、量多价廉、可再生的优势，迎来更为广泛的发展。

生物基材料具有优秀的减排能力，其 CO_2 排放量只相当于传统石油基高分子的 20%。根据多伦多大学生物材料与复合中心的研究成果，每吨生物基聚合物可减排 3.2 tCO_2。可生物降解聚酯类材料解决了石油基塑料造成的污染问题，其中聚乳酸在价格和可供性方面前景最好，价格最贴近石油基产品，应用范围广，性价比高，占据可生物降解塑料市场份额的 80% 以上。生物基聚氨酯环保无毒，性能比石油基产品更优异，用其生产的人造革、油漆涂料等具有透气、无毒的特点（Adidas 与 Allbirds 公司已合作生产出 1 万双无臭味的生物聚氨酯运动鞋，每双鞋减排 2.94kg CO_2）。

用甜高粱和秸秆生产聚乳酸带动一、二、三产业融合发展。可生物降解聚乳酸塑料能够推动农业供给侧结构性改革，使农业减排 CO_2 成为现实。1 t 鲜甜高粱秆可生产 65kg 乙醇、50kg 聚乳酸和 8kg 木质素。0.75t 干秸秆可生产 0.8t 聚乳酸和 90kg 木质素。由于干秸秆和甜高粱秆全部转化为聚乳酸材料和木质素，使秸秆、甜高粱生长过程中吸收的 CO_2 都被固定，不再经过粮饲利用后释放到大气中，因此可产生显著的 CO_2 减排效果。1t 玉米秸秆聚乳酸能固定 8.24tCO_2，1t 甜高粱聚乳酸可固定 11.22t CO_2。

目前，我国以生物能源与材料为主的生物质基制造产业正处于技术攻坚和商业化应用开拓的关键阶段，一旦众多产品的生物路线商业化，将会极大推动产业的快速发展。因此，在"双碳"背景下，抓住战略发展和机遇期，加快生物质基制造产业战略性布局和前瞻性技术创新，加快从基因组到工业合成技术、装备的突破，支撑生物基化学品、生物基材料、生物能源等重大产品的绿色生产，带动数万亿规模的新兴生物产业，以推动"农业工业化、工业绿色化、产业国际化"，对于我国走新型工业化道路，实现财富绿色增长和社会经济可持续发展具有重大战略意义，最终形成具有中国特色、引领全球的碳中和之路。

为了推动"双碳"背景下生物质循环产业绿色、可持续、健康发展，国家应制定长期发展战略规划，协调各部门、行业做好产业规划和布局，制定扶持政策，筹措资金支持；设立国家科技专项，通过重点研发计划，突破关键核心技术，建立产业化技术体系，实现全产业链集群式快速发展。同时，应充分发挥市场在能源资源配置中的决定性作用，深化重点领域和关键环节的市场化改革，着力解决市场体系不完善问题，为维护国家能源安全、推进低碳转型提供保障。应加大能源领域的改革力度，引入公平准入的竞争机制，完善能源定价机制，建立健全能源领域定价机制以及税收机制；加快推进全国碳排放权交易市场建设，运用市场化机制降低能源企业的生产成本，形成合理碳价机制。

1.6 生物质转化的共性问题研究

由于生物质原料本身的复杂性和缺乏系统性理论的支撑，至今，全世界生物质资源的利用率还未达到 7%，远未实现人类对生物质资源高值化利用的美好愿望。因此，迫切需要深入研究生物质利用过程中存在的共性、关键问题，探讨影响其转化的本质原因，在此基础上探索新的系统性理论，最终实现生物质原料的高值化利用。

1.6.1 现有生物质利用技术问题分析

目前由于西方发达国家大多实行耕地轮耕制、秸秆直接还田或直接燃烧，因此，对于秸秆的利用技术研究较少，主要侧重于木材及其废弃物的转化研究。我国是农业大国，自古以来一直进行着对以秸秆为主的生物质资源的再利用，包括沤肥、还田、饲料、燃料等。但是由于时代和技术的限制，利用方式简单，利用率非常低。到 20 世纪后，随着技术的进步和能源危机的加剧，对秸秆利用的研究开始迅速发展起来，先后开发了秸秆发酵和热解等技术，取得了一定的成果。但从目前的技术发展水平来看，无论是秸秆发酵还是热解，都存在投资大、底物转化率低、生产成本高等问题，难以适应工业化的要求。从总体上来说，生物质的利用还处于研究开发阶段，没有在技术上取得根本性突破，离大规模工业化生产还有很大的距离。这主要是由于现有的生物质转化研究中存在以下三个问题：

（1）组分利用的单一性

生物质原料难以实现工业化生产的一个关键性原因是缺乏高效的组分分离技术。生物质原料的组分不能有效地分离出来，就不可能控制最终产品的特性和质量。由于木质纤维素的成分非常复杂，强度很高，要将它分离为有用的分子组分很困难。因此，现在利用生物质原料进行工业化生产的工厂，如糠醛厂、造纸厂、木糖醇厂等，都是只强调单一纤维素组分的利用，其他组分则作为废弃物被丢弃，造成严重的资源浪费和环境污染，不但没有成为提高经济效益的重要角色，反而成为效益的负担。

（2）技术利用的单一性

在生物质转化研究过程中片面强调生物法或热化学法的利用技术，缺乏天然固相有机物料分层多级利用的理念。

（3）缺乏系统技术集成和生态过程工程的研究

现有的处理技术大多还是套用或沿用已有的淀粉发酵和木材处理技术。如在原料预处理上，套用造纸工业的酸水解的传统技术，造成原料预处理费用高和环境污染；在纤维素酶和酒精发酵上套用淀粉发酵酒精的工艺和设备，使得纤维素酶用量大、投资大、酒精转化效率低、生产成本高。

总之，已有的研究工作多集中在简单利用的技术层面上，缺乏基础性、整体性和系统性，无法实现生物质原料的多组分同时利用的目标，造成原料利用率低，转化的产品长期面临一系列技术和质量问题。要从根本解决上述问题，首先要充分认识到原料的组分分离和多级转化的理念对生物质资源高值化利用的战略性意义；其次需要在适用于固相复杂物料的过程工程理论上有新的重大拓展，带动秸秆转化关键过程的突破；更重要的是要深入探讨秸秆利用的特点和技术瓶颈，建立起秸秆高值化利用的系统性新理论。

1.6.2 建立生物质资源循环利用科学与工程学的意义

现代科技发展表现为科学、技术、生产一体化以及新兴学科和优势学科相结合，使科学由"小科学"变为交叉"大科学"。生物质的开发利用涉及许多学科，如分子生物学、微生物学、化学、生态工程、生化工程、化学工程、材料学、能源工程、农业工程等；而按行业而言，可分为不同领域，如造纸工业、能源工业、化纤工业、复合材料工业、农产品加工工业等。以往的研究只强调专业，而忽视多学科知识整合，这可能是造成经济发展与生态保护二者之间矛盾激化的重要因素之一，与单一专业知识结构存在的缺陷直接相关。例如，在利用原料资源时，很少考虑利用率，也很少考虑生产方法和副产物对环境的影响，致使相关的现有的纤维素工业都是环境污染大户。

生物质的开发利用绝非支离破碎地简单拼凑上述一些学科的知识所能够解决，必须对多学科的理论、技术和生产知识进行有机整合。生物质资源的转化过程实际上就是"生物质原料的组分分离、分级定向转化"的过程，因而，生物质资源循环利用科学与工程学这一新理论，从原料、转化技术和产品开发三个角度对生物质的转化利用技术进行了系统研究。

1.6.2.1 生物质原料工程学

生物质原料来源分散，形态多种多样。原料的组分、结构及其利用潜力与多种因素密切相关，包括种类、品种、立地条件（日照时间与强度、环境温度与湿度、降雨量、土壤条件等）、栽培技术、收获方法、抗病抗灾性能等。因此，开发生物质资源是一项系统工程，要想使生物质资源得到高效利用和转化，就必须从源头开始考察不同来源的生物质原料的结构及利用特点，以实现生物质的高效利用。这就是生物质原料工程学的研究对象，主要包括以下五方面内容：

（1）生物质原料的区域布局

由于植物类生物质原料来源分散，生产有季节性，因此需要对生物质原料的区域布局进行分析和统计，掌握各个地区的富有生物质的种类、产量及分布，以便根据各个地区富有生物质的特点来选择适合和高效的生物质利用和转化技术，同时可在大规模工业化中统筹安排一个或几个地区的生物质，这也是生物质原料区域布局研究的目的和意义。

（2）生物质原料的物种筛选及栽培

从1970年开始，能源作物的种植引起人们的兴趣。在欧洲，已进行了多类能源作物的研究，在一些国家的政策和财政支持下，少数能源作物得到发展和商业化应用。在巴西东北部，有适合种植蓖麻的土地200万公顷，几年之内，巴西蓖麻的年产量就可达到200万吨，能生产生物柴油1.12亿升，并创造10万个新的就业机会。印度政府正在实施的用麻风树果生产生物柴油计划可以将3300万公顷贫瘠干旱的土地开垦成油田，并为3600万人提供就业机会。我国是一个人均耕地少、耕地后备资源不足的国家，无法像美国或巴西那样搞生物质的大规模种植。但是我国地域广阔，地形复杂多样，除耕地外，尚有1亿多公顷的边际性土地，这些边际性土地虽不宜垦田，但如种植能源植物，每年可替代6亿吨燃油。因此，需要对现有的生物质原料的物种进行筛选，同时依托植物基因工程技术，开发适宜于在非粮食和经济作物生长区域种植的、能量密度高的植物新品种。

（3）生物质原料的收集输送

植物类生物质，尤其是秸秆，虽然价格低廉，但高度分散，且体积庞大，大规模收集十分不易（尤其是在中国的条件下）。倪维斗等认为当把秸秆当作能源，运输半径大于 5～6 km 时，在价格上就不合算了。所以，利用生物质原料区域布局的研究结果来合理安排原料的收集输送以降低整个生物质工程的生产成本是非常有意义的。

（4）生物质原料的结构与组成

植物类生物质原料主要由纤维素、半纤维素和木质素三大成分组成，但三组分在植物中的组成、结构以及分布会因植物的种类、产地和生长期等的不同而异。此外，植物类生物质原料中还含有少量的果胶、脂肪、蜡等有机化合物和植物生长所需的以及在原料运输和生产过程中带来的各种金属元素等。这使得生物质原料的化学成分和结构非常复杂，也导致了不同生物质原料的预处理和利用方式存在很大差异，甚至截然不同，因此只有对生物质原料的结构与组成进行详细研究才能实现有效的利用。

（5）生物质原料的预处理及组分分离

对生物质原料进行组分分离是充分和高效地实现生物质全利用的关键步骤之一。由于生物质原料特有的复杂而稳定的结构，必须进行原料的预处理。传统的酸水解和碱水解只是不彻底的组分分离方法，它仅仅能够利用生物质原料中的一个或两个主要组成成分，而其他组分则被破坏或浪费，而且都会造成严重的环境污染。研究者不断开发了新的无污染处理技术，除了机械处理和辐射处理技术外，蒸汽爆破和超声波技术具有处理时间短、化学药品用量少、无污染、能耗低等优点，是很有发展前景的预处理技术。此外，超临界溶剂萃取也是近年来研究较多的预处理方法之一。

1.6.2.2 生物质转化过程工程学

生物质的高效转化是利用生物质的基础。目前对生物质转化的研究还仅仅停留在转化反应的表面，而对转化过程中的规律认识不足。因此，必须对生物质转化的过程工程理论进行深入研究。过程工程以研究物质的物理、化学和生物转化过程（包括物质的运动、传递、反应及其相互关系）为基础，解决实验室成果产业化的瓶颈问题，以创建清洁高效的工艺、流程和设备，其要点是解决不同领域过程中的共性问题。生物质转化过程工程学的建立是生物质产品规模化和经济化的需求，是生物质转化理论和工程学在过程设计与开发中的集成。生物质转化过程工程学的基础是生物质的高效转化，根据转化过程中的侧重点不同，可分为高效转化生物学和热化学转化工程。此外，生物质的高效转化还包括生物质转化过程中的产业化及经济系统工程。

（1）高效转化生物学

依靠微生物的作用使生物质原料转化为多种目标产品是生物质资源化利用的重要途径之一。在自然界中，生物质是可被微生物所利用的，但是由于转化周期长、利用率低，不适于工业化应用。而高效转化生物学就是利用已有的生物技术开发高效、经济的生物质转化途径，主要研究内容包括：高效菌种的分离、筛选、培养和改良；基因工程菌的构建；微生物代谢工程的研究和调控；高附加值产品的开发；产品的分离和纯化；纤维素酶的生产及酶解机理研究；生物反应器的设计与放大等。

（2）热化学转化工程

生物质热化学转化技术主要指的是热解技术，是指生物质在隔绝氧化介质条件下受热分解产生焦炭、燃油和燃气的过程，它是获得生物质能的一种重要手段。由于不同生物质的化学组成和组分含量不同，因此热解反应的过程、热解产物的组成和产量也就存在着差异。热解过程工艺参数的选择直接决定了热解产物的组成和比例。如果生物质热解的目的是获得液体产物，热解条件应为低温、高热传导速率和短的气体停留时间；如果热解的目的是获得高产量的燃料气体，热解条件应为高温、低热传导速率和长的气体停留时间；如果热解的目的是获得高产量的焦炭，需要更低的热解温度和低热传导速率。根据热解过程中原料停留时间和温度的不同，热解工艺可分为三大类：常规热解（Conventional Pyrolysis）、快速热解（Fast Pyrolysis）和闪解（Flash Pyrolysis）。快速热解最大液体产率可达 80%，目前热解技术的研究焦点集中于快速热解。

（3）生物质转化的过程工程产业化

生物质转化过程工程产业化是指将实验室研究成果过渡到第一套工业装置的全过程，对这一过程的研究对于生物质利用技术经济效益的实现有着重要意义。这种产业化涉及利用过程工程、生物质转化技术、机械设备、自动控制、材料、技术经济等多个领域，同时还要经过小试、中试和建厂等多个环节，是一个综合性很强的技术工程。目前生物质的产业化主要集中在燃料酒精、生物柴油和联合燃烧等方面，今后还需在原料、新产品、新工艺和设备等开发方面做更多的研究工作。

（4）生物质转化的经济系统工程

生物质转化技术的成功，仅仅是其实现产业化开发过程的基本前提条件。生物质转化技术是否能够成为经济上可行的过程，取决于对该过程的经济学分析。简单地说，生物质经济系统工程就是对一项技术上成功的生物质转化途径再实现产业化，即建立一个完整的生产工厂过程中进行的成本及预期经济效益分析。这种经济分析主要包括：成本估计，如资本成本估计、营业成本估计等；盈利能力分析与清偿能力分析；项目经济评价的基本报表；不确定性分析，如敏感性分析、盈亏平衡分析和概率分析等；过程设计等。

1.6.2.3 生物质产品工程学

产品工程的概念最先应用于化工产品的设计和生产，Cussler 和 Wei 等将产品工程定义为：设计或革新人们所需要的产品的过程。这一理论对如何设计生物质原料使之得到高效利用同样具有指导意义。根据生物质转化的不同途径可将生物质产品工程技术分为以下几类：

（1）能源化技术

能源化技术在生物质的利用中占有重要地位。现在的生物质能源化技术根据能源载体的不同可分为燃料技术、酒精的制备技术、制氢技术、沼气发酵以及生物柴油等。根据生物质的利用技术不同可分为直接燃烧、物化转化、生物转化以及植物油技术等。其中，直接燃烧主要包括炉灶燃烧、垃圾焚烧、压缩成型燃料锅炉燃烧、联合燃烧等；物化转化主要包括干馏技术、生物质气化技术及热裂解技术等，主要目的是生产可燃气、焦炭、木焦油、裂解油和生物柴油等热值较高的产品；生物转化主要是利用生物技术生产能源产品，如氢气、甲烷、燃料酒精、沼气和生物柴油等。

（2）材料化技术

生物质的材料化技术是指通过物理、化学或其他技术手段将生物质制备成各种不同类型的材料。目前的材料化技术根据对材料的要求可以分为两类：第一，板材化技术。主要以农作物秸秆为原料，无须进行组分分离，直接利用破碎重组、单元重组、整株重组等物理方法，通过添加胶黏剂将秸秆制成不同形状的板材或型材，可用作家具材料、建筑材料、包装材料、导电材料等，以替代部分木材原料。第二，吸附材料技术。通过组分分离，分别利用原料的纤维素、半纤维素或木质素。如纤维素分子内含有许多亲水性的羟基基团，是一种纤维状、多毛细管的高分子聚合物，具有多孔和比表面积大的特性，因此具有亲和吸附性，但天然纤维的吸附（如吸水、吸油、吸重金属等）能力并不很强，通过化学改性或汽爆方法处理使其具有更强或更多的亲水基团，就能成为性能良好的吸附材料。此外，木质素-酚共聚物可以用作酚醛树脂的替代品，这种共聚物的某些性能优于传统的酚醛树脂。

（3）肥料化技术

我国农业发展历史上就有应用有机肥的传统，最简单和原始的方法是秸秆直接还田技术，主要有翻压还田和覆盖还田两种形式。随着技术的发展，开发了利用优良微生物菌种或添加促进秸秆腐熟的化学制剂的制肥方法，解决了传统堆沤形式劳动强度大、堆沤时间长、污染环境等问题。

（4）饲料化技术

秸秆中有机质含量平均为 15%，平均含碳 44.22%、氮 0.62%、磷 0.25%、钾 1.44%，还含有镁、钙、硫等元素，这些都是农作物生长所必需的营养元素，秸秆中含有的碳水化合物、蛋白质、脂肪、木质素、醇类、醛、酮和有机酸等，大都可被微生物分解利用，经过处理后可以加工成饲料供动物食用。最简单的加工方法是通过改变秸秆的物理性状，如将秸秆切碎、粉碎、揉搓或压块，以提高秸秆饲料的采食量，进而提高对秸秆饲料的利用率。目前秸秆饲料加工中应用较多的是秸秆青储、氨化、碱化-发酵双重处理、秸秆氨化汽爆处理及其固态发酵、膨化饲料、热喷（在热喷装置中用饱和水蒸气喷秸秆）、微生物发酵储存及生产单细胞蛋白技术等。此外，半纤维素降解后产生大量的木糖和低聚木糖，也可用作饲料添加剂，具有广泛的市场。

（5）化工原料技术

利用生物质生产化工原料也是一个很有前途的发展方向。目前，通过生物技术可以得到乙醇、丙酮、草酸、L-乳酸等化工原料，通过热解技术可以合成甲醇、CO、CO_2、H_2、CH_4 及饱和或不饱和烃类化合物，通过化学反应可以得到改性纤维素如羧甲基纤维素等。但是现有的技术存在目标产物浓度低、产物复杂、分离困难等缺点，需要做进一步的研究。

1.6.3 生物质资源循环利用产业发展模式

现代农林工生物质资源利用一体化系统是把能源农业、能源林业和能源工业相结合，构成从原料到产品的生物质资源循环利用一体化体系。一体化生物质能源体系、总体技术路线如图 1-22、图 1-23 所示。

以传统农业有机废物、能源农业和能源林业为产业基础，构成的生物质原料生产系

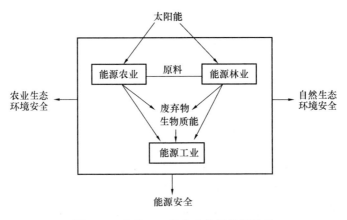

图 1-22 农林工一体化生物质能源体系

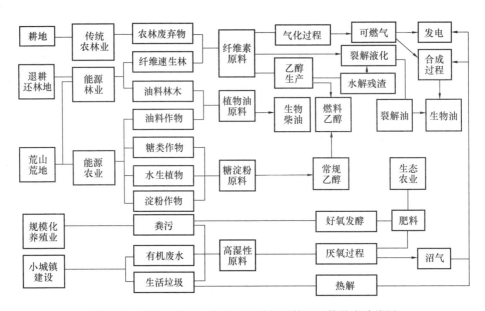

图 1-23 现代农林工一体化生物质能源体系总体技术路线图

统；从工业用生物质能源和清洁的农村能源两个层面上构成两个不同的应用系统；工业用生物质能源以生物质液体燃料生产为主体，包括燃料乙醇和生物柴油生产技术构成生物质能转化体系的核心，农村用生物质能源以生物质气化和农村生态环境建设为主体，包括农林废弃物生物质气化技术、热解技术、高浓度有机废水沼气技术和综合利用技术。

思政小结

我国人口众多，人均资源不足，经济快速发展，能源与材料消费增长很快，能源与材料短缺将是一个长期的过程，成为我国经济可持续发展的瓶颈之一。发展生物质循环利用产业，生产生物基产品、生物燃料和生物能源，对实现家园、田园、水源清洁，建设美丽宜居乡村、城镇和城市，发展国家生态文明起到了积极作用。此外，在目前"双碳"的大背景下，生物质循环利用产业行业将迎来新的历史发展机遇。随着我国国内碳市场的启动和碳减排交易体系的建立与完善，该产业固碳减排的作用、地位和效益亦将愈发突出。因此，发展生物质循环利用技术，将为我国减排固碳、循环利用、环境保护、能源安全、实现"双碳"目标，发挥不可估量的重要作用，为我国的生态文明建设做出贡献。

 **思 考 题**

（1）简述《可再生能源法》对我国发展生物质资源循环利用产业的指导意义。

（2）简述"双碳"时代我国生物质资源循环产业发展的机遇和挑战。

（3）如何根据当地生物质资源量发展生物质资源循环产业？

（4）列举并简述我国有关生物质资源的相关方针政策。

"十四五"可再生能源
发展规划

"十四五"生物经济
发展规划

2

国内外生物质资源循环利用概况

📖 **教学目标**

教学要求：提高学生和其他专业人员对国际生物质能发展现状、存在的问题和发展趋势的深刻认知，了解并掌握我国在生物质资源领域重要的战略部署、政策以及法规等方面的新动向。

教学重点：美国、欧洲、日本、中国等国家和地区的生物质资源利用现状。

教学难点：国内外生物质资源利用产业发展与技术创新、国家政策之间的关系。

能源转型主要是指可再生能源对化石能源的逐渐替代。但在未来相当长的时间里，化石能源仍将是主导性能源。而在能源转型的过程中，各国殊途同归，都选择了以生物质能源为主导的途径。在 20 世纪 70 年代爆发世界石油危机和开始寻求石油替代品时，美国的玉米乙醇、巴西的甘蔗乙醇、北欧的生物质发电、德国的沼气等纷纷涌现。后来美国进行甲醇车用燃料试验失败后进一步确认了生物乙醇方向，瑞典在进行公交车的 9 种替代燃料试验后也最终选择了沼气与生物乙醇。

近几年，生物质在生物发电、生物燃料和生物产品部门应用领域大幅增长。按照生物质发电协会（Biomass Power Association，BPA）的统计，生物质工业每年产生 500 万千瓦时的电力，为美国 1.8 万人创造了就业机会。美国生物质发电的市场价值从 2010 年 450 亿美元增加到 2020 年 530 亿美元。发展非粮生物质能源不仅不影响粮食安全，还能有效利用废弃资源，替代传统化石能源，促进环保和节能减排，目前各国正加紧生物能源特别是先进生物燃料的开发与投入。

本章主要从不同国家生物质资源循环利用概况进行介绍，涉及发达国家、其他发展中国家和中国三大部分，并展望了我国生物质资源循环利用的发展方向。

2.1 美 国

2.1.1 现状

美国在开发利用生物质能方面处于世界领先地位，生物质能利用率占一次能源消耗总量的 4%左右。从 1979 年就开始采用生物质燃料直接燃烧发电，生物质能发电总装机容量超过 10000MW，单机容量达 10～25MW。乙醇产量自 2001 年以来翻了一番，已成为仅次于巴西的燃料乙醇大国。而美国的商业性生产生物柴油则始于 20 世纪 90 年代初。

根据美国可再生燃料协会的统计，2006 年，乙醇约占美国汽油消费总量的 5%，乙醇掺烧比例通常为 10%，添加乙醇的混合汽油占全国汽油供应总量的 46%；生物柴油生产能力为 260 万吨，实际产量为 125 万吨。2007 年乙醇的产量是 64 亿加仑，比 2000 年增加了 4 倍；生物柴油生产企业 171 家，生物柴油产量 4.5 亿加仑，比 2006 年提高了 80%。2019 年，生物柴油产量占全球的 14%，居世界第二。到 2008 年年底，美国共有 189 个乙醇生产厂，生产能力为 3300 万吨。2019 年，燃料乙醇产量约占全球产量的 50%，已经使用 4560 万吨玉米燃料乙醇。截至 2020 年，美国生物质发电装机约为 1600 万千瓦，总发电量为 640 亿千瓦时。近年来装机增长基本停滞，发电量略有下降，主要原因是缺乏强有力的积极政策驱动。

美国能源消费结构最有标志性的变化发生在 2019 年：由水力发电、风能、太阳能、地热能、生物质能等构成的可再生能源，130 多年来首次超过煤炭，成为第三大能源，加上核能，非化石能源已占美国一次能源消费总量的 20%。

2.1.2 规划目标

1999 年美国发布了《开发和推进生物基产品和生物能源》总统令，制定了一个关于到 2030 年以生物质燃料替代目前石油消费总量 30% 的发展目标，占国家电力的 5%、交通运输燃料的 20% 和化工产品的 25%。2002 年 11 月，《美国生物质能与生物基产品展望》报告对美国生物质资源研究做出了远景规划，提出到 2030 年，美国生物质能和生物基产品将发展成为完善、成熟并可持续发展的产业，为美国农业经济增长创造新的机遇，为保护和加强国家环境安全提供可靠的清洁能源，以进一步增强美国的能源独立性，并向消费者提供性能优良、绿色环保的生物基产品。2005 年美国能源部向国会提交的一份报告称："生物质已经开始对美国的能源做出贡献，2003 年提供了 1 亿吨标煤能量，占美国能源消费总量的 3%，超过水电而成为可再生能源的最大来源。"2008 年 5 月，美国国会通过了一项包括加速开发生物质能源的法案，要求到 2018 年后，把从石油中提炼出来的燃油消费量减少 20%，代之以生物燃油。据《2010 年美国能源展望》，到 2035 年美国可用生物燃料满足液体燃料总体需求量增长，乙醇占石油消费量的 17%，使美国对进口原油的依赖在未来 25 年内下降至 45%。2009—2035 年美国非水电可再生能源资源将占发电量增长的 41%，其中生物质发电占比最大为 49.3%。可见，未来的二三十年里，美国的生物质能源不仅要完全担当起替代石油增量的任务，还要在可再生能源发电中挑起半壁河山的重担。2021 年 12 月，拜登总统签署第 14057 号行政命令，要求通过实施《联邦可持续发展计划》，推动美国清洁能源经济发展，创建无碳污染电力发电站点和清洁能源微电网，到 2030 年完成无碳污染电力系统构建；建立一支专门性的气候和可持续发展员工队伍，将美国政府车队汽车替换为零排放汽车，到 2035 年完成零排放汽车采购；加强基础设施建设，提高其气候适应能力，到 2045 年实现建筑净零排放；制定《低碳采购指南》，优先购买可持续产品，披露新建筑和建筑材料中的隐含碳，到 2050 年实现净零采购；将气候变化整合到各机构的任务和计划中，加强国内外合作，到 2050 年实现净零排放运行。

2.1.3 立法与扶持政策

美国是农业生产和农产品供应大国。在生物质资源循环利用和研究方面，美国的主要发展驱动力为：① 减少对石油进口的依赖，保障国家能源安全；② 促进环境可持续发展和经济发展；③ 为农业经济创造新的就业机会；④ 开发新产业和新技术，形成多样化的能源和产品供给。

近年来，美国政府通过立法、规划和政策制订等举措，持续推动生物质资源的研究、开发和利用。可以发现，在生物质资源研发方面，美国尤其重视发展生物燃料，而其重点开发的生物质资源包括纤维素生物质和藻类生物质等。表 2-1 列举了近年来美国在生物质资源研发方面采取的一些举措。

表 2-1　美国近年在生物质资源研发方面的立法、规划和制订政策等举措

时间	部门	举措	要点
2002 年 12 月	能源部	发布《生物质技术路线图》	加速提高美国开发生物质能和生物基产品的能力
2005 年 8 月	国会	通过《能源法 2005》	加大力度鼓励生物质能的研发、示范和商业应用计划
2006 年 2 月	国会	提出"先进能源计划"	提出加大投资发展生物燃料，以解决交通运输对石油的依赖，在 2012 年前完成纤维素乙醇的商业化开发
2006 年 6 月	能源部	发布《纤维素乙醇研究路线图》	提出了未来三个五年阶段的纤维素乙醇燃料技术发展的战略规划
2007 年 7 月	国会	通过《2007—2012 年农业法》	鼓励可再生能源和特殊作物研究，启动新的生物质能储备项目等
2007 年 10 月	生物质研发技术资委会	发布《美国生物能源与生物基产品路线图》	从原料、转化、基础设施、市场方面提出生物质原料研发战略建议
2007 年 10 月	能源部	发布《2007—2017 年生物质发展规划》	详细规划了未来十年内美国生物质资源的生产、转化与应用等
2007 年 12 月	国会	通过《2007 能源独立与安全法》	修改补充可再生燃料标准，提出到 2022 年先进生物燃料发展目标
2008 年 9 月	能源部与农业部	发布《国家生物燃料行动计划》	降低纤维素生物燃料成本、促进生物燃料产业及其供应链的发展
2008 年 9 月	能源部	发布《"基因组到生命"战略计划 2008》	提出利用 10 到 20 年时间系统了解几千种微生物的基因组及微生物系统对生命活动的调控作用
2009 年 5 月	能源部	发布《生物质多年项目计划 2009》	提出生物质项目下一步发展的规划、前景和阶段性技术目标
2012 年 11 月	能源部	《国家藻类生物燃料技术路线图》	推动藻类生物燃料商业化研究实践
2019 年 11 月	美国燃料电池和氢能协会	《美国氢能经济路线图》	减排及驱动氢能在全美实现增长
2021 年 12 月	总统	《联邦可持续发展计划》	推动美国清洁能源经济发展

2000年6月，美国政府通过了《生物质研究法》，并以农业部和能源部引领和管理，设立了生物质研发委员会和技术咨询委员会，正式启动了生物质研发项目。美国国会分别于2005年、2007年、2008年和2009年先后通过的《美国能源政策法案》《能源自主与安全法案》《农业法案》《美国清洁能源安全法案》均以法律形式确定了生物质能源的主导地位和具体发展指标。2011年，美国发布《安全能源未来蓝图》，要大力发展生物燃料。

同时，美国在生物质资源研发领域的资金投入逐年递增，这其中包括：2008年12月能源部投资2亿美元支持利用生物质原料生产先进生物燃料的商业化研究与实践；2009年1月能源部与农业部联合支持有关生物燃料、生物质能及生物基产品生产技术与过程的研发项目等。即使在金融危机发生之后，生物质资源研究仍然成为美国经济复兴和再投资计划的重要组成部分。2009年5月，美国能源部宣布，复兴计划中将有7.865亿美元用于加快先进生物燃料的研究和开发以及商业规模的生物精炼示范项目等。

2010年4月，美国能源部宣布通过能源部先进研究计划署-能源办公室（Advanced Research Projects Agency-Energy，ARPA-E）拨款1.06亿美元ARRA资金资助37个根本改变美国能源使用和生产方式的研究项目。通过该资助，目的是促使利用可再生电力更高效的生产先进生物燃料。这些项目分布在17个州，24%是小型企业，57%为教育机构，11%为国家级实验室，8%为大型公司。2019年8月21日，美国能源部（DOE）宣布拨款6400万美元用于25个大学主导的植物和微生物生物能源和生物制品基因组学研究项目。植物基因组学研究共12个项目，为期三年，共拨款2900万美元。其研发重点是扩大对生物能源和生物产品种植植物的基因功能的知识。其目的是确定植物基因组的特定区域与特定植物性状之间的联系，从而改善诸如抗旱性和作物产量等特征。

2.1.4　组织管理机制

为了系统地组织和管理国内的生物质资源研究，美国于2000年10月成立国家生物质能中心，其核心目标是联合能源部的技术力量，推进生物质研发项目的研究规划。该中心是一个虚拟的研究组织，总部设在能源部国家可再生能源实验室，由一个技术领导小组和四个技术小组组成，在能源部能源效率与可再生能源办公室的协调下共同开展生物质资源研究。各个成员小组的分工见表2-2。

表2-2　美国国家生物质能中心成员小组及其分工

	成员小组	主要开展的工作
技术领导小组	能源部国家可再生实验室	生物质精炼方面的研究与开发，并带领其他实验室合作开展研究工作
技术小组	能源部橡树岭国家实验室	生物质原料方面的研发
	能源部爱达荷国家实验室	生物质原料获取技术的研发
	能源部西北太平洋国家实验室	生物质合成气、催化工艺的研发，以及生物基产品的研发
	能源部阿贡国家实验室	反应工程和分离技术的研发

其中，生物质研发委员会由美国农业部和能源部人员牵头组成，成员所属机构还包

括国家科学基金会、环保署、内政部、科技政策办公室和联邦环境规划署，委员会的任务是对美国生物质项目进行具体规划和事务管理。生物质研发技术咨询委员会由数十名资深的科学研究、技术开发人员和高级管理人员组成，成员均来自知名大学、研究机构和大型企业，咨询委员会的任务是对生物质项目提供专业咨询意见，协助推进生物质资源研究。

2007 年 6 月，为了推进生物质能的研究与发展，美国能源部又建立了三个新的生物质能研究中心，重点开展生物燃料的基础研究，包括专用能源植物白杨和柳枝稷等的研究，面向生物质改良和转化的基因组学基础研究，新型生物质降解酶或微生物的研究等。2009 年 5 月，美国政府宣布成立生物燃料跨机构工作小组，由农业部长、能源部长和环保局长共同领导，与生物质研发委员会合作开展工作，为提升生物燃料原料生产的环境可持续性提供政策参考建议。2011 年 10 月，美国国务院专门成立了能源资源局（Bureau of Energy Resources，BER），该局将提升清洁能源使用和通过能源技术更新在市场变化中保持美国的竞争力，为美国能源快速增长的部门出口打开大门。

2.2 欧　　洲

2.2.1 现状

欧盟国家经济社会发达，能源利用技术先进，且能源消费水平比较高。2002 年欧盟的能源消费量为 21 亿吨标准煤，其中石油占 40％、天然气占 23.4％、核电占 15.6％、煤炭占 14.8％、可再生能源占 6.2％。2002 年欧盟能源的对外依存度达到 50％，其中 80％石油依靠进口，50％天然气依靠进口。而随着欧盟经济的持续发展，欧盟对进口能源的依存度也会加大，预计在未来 20～30 年，将达到 70％。自 20 世纪 70 年代以来，欧洲各国为解决能源短缺和应对石油危机，逐渐发展建立起生物质能利用技术，生物质能利用技术已成为最受欧盟国家重视的可再生能源技术，欧洲也已成为世界上可再生能源发展最迅速的地区。在各国支持可再生能源发展的政策推动下，生物质能利用技术发展很快，生物质能在能源中比例迅速提高，特别是生物质气化或直燃发电供热技术、颗粒成型技术等应用已非常广泛，同时在生物质柴油、燃料乙醇等生物质液体燃料方面进行了深入研究开发和产业化应用，生物质供热发电、生物质联合循环发电（Biomass Integrated Gasification Combined Cycle，BIGCC）、生物质合成柴油等技术处于世界领先水平。2002 年，德国能源消费总量约 5 亿吨标准煤，其中可再生能源 1500 万吨标准煤，约占能源消费总量的 3％。在可再生能源消费中生物质能占 68.5％，主要为区域热电联产和生物液体燃料；瑞典能源消费量为 7300 万吨标准煤，其中可再生能源为 2100 万吨标准煤，约占能源消费量的 28％，而在可再生能源消费中，生物质能占了 55％，主要作为区域供热燃料。在 1998 年瑞典区域供热的能源消费 90％是油品，而现在主要依靠生物质燃料。

生物质固体颗粒除供应发电和供热外，还成为欧洲许多家庭的首选生活用燃料。目前，德国有 100 多家颗粒成型燃料工厂，主要以木屑、木片、枝丫、边角料等生物质为原料；瑞典有生物质颗粒成型燃料加工厂 10 多家，企业的年生产能力达到了 20 多万吨。

　　农作物秸秆和木材加工剩余物进行直燃发电也是当前生物质能利用最成熟的技术之一。目前，以生物质为燃料的小型热电联产（装机多为 $10\sim20MW$）已成为瑞典和德国的重要发电和供热方式。瑞典没有石油资源，1970 年以来其能源消费结构中原油和油制品减少了 40%，电力净生产量增加了 240%，生物质燃料的供应也增加了一倍多。

　　生物质能利用的另一种重要方式就是利用生物质制取液体燃料或气体燃料以代替汽油或柴油。生物液体燃料目前在欧盟总消耗能源所占的比例约 1%。欧洲议会明确提出大力发展生物燃料，要求各国尽快提高其在能源总消耗量的比例，在 2005 年达到 2%，2010 年达 5.75%。2003 年欧洲生物液体燃料包括生物柴油、生物乙醇，总产量达到174 万吨，与 2002 年相比，增长幅度为 26.1%，其中生物柴油占据很大份额，达到82.2%。欧洲林木资源十分丰富，因此，欧洲国家正在开发利用森林木质原料制取燃料乙醇的技术。瑞典的 MTBE 公司已在 $10m^3$ 的发酵罐中进行木屑生产乙醇的中试，生产的乙醇已经以 5%～10% 的比例添加到当地的汽车用油中；2002 年欧洲乙醇产量为31.7 万吨，西班牙是目前欧盟最大的乙醇生产国，2003 年产量为 18 万吨，主要原因是西班牙对使用乙醇实行免税制度。

　　欧盟是全世界目前生物柴油产量增长最快的地区。2003 年欧盟生物柴油的产量达到 143 万吨，年增长率为 34.5%，比 1992 年增长了 25 倍。德国是欧盟最大的生物柴油生产国，产量为 71.5 万吨。生物柴油在德国发展迅猛，主要原因是立法支持、植物油原料低廉而石油燃料价格昂贵。法国发展生物柴油成效卓著，2003 年产量为 35.7万吨。

　　据欧洲 EurObserv 公司于 2010 年 12 月发布的统计报告，2009 年欧洲从固体生物质生产的一次能源又创新高，再次达到 7280 万吨油当量，比 2008 年增长 3.6%。统计表明，欧洲成员国 2008 年从固体生物质生产的一次能源比 2007 年增长 2.3%，即增长达 150 万吨油当量。这一增长尤其来自生物质发电，比 2007 年提高 10.8%，增长5.6TWh。来自固体生物质发电的增长尤为稳定，自 2001 年以来年均增长率为 14.7%，从 20.8TWh 增长到 2009 年 62.2 TWh。2009 年这一生产的大多数即 62.5%，来自于联产设施。欧盟生物质基电力生产自 2001 年以来翻了二番，从 2001 年 20.3 TWh 增长到 2008 年 57.4TWh。

　　欧洲委员会于 2010 年 5 月表示，已采取积极步骤来改善欧盟的生物废弃物管理，并以此取得大的环境和经济效益。生物可降解花草、厨房和食品废弃物等每年产生的城市生活垃圾为 8800 万吨，对环境有可能造成重大的影响。但它也可作为可再生能源和循环再用的材料。来自生物废弃物主要的环境威胁是生成甲烷，它是一种温室气体。如果生物法处理废弃物实现最大化，就可大大地避免温室气体排放，估算到 2020 年可相当于 1000 万吨二氧化碳当量。分析指出，欧盟运输业 2020 年可再生能源目标约 1/3 将可望通过使用来自生物废弃物的生物气体来得以满足。

　　2019 年，可再生能源占欧盟 27 国能源消耗的 19.7%，提前一年接近设定的 2020年占 20% 的目标，仅仅低 0.3%。相较 2004 年水平（9.6% 的占比）增长了一倍。生物质能源仍然是欧盟可再生能源的主要来源，其份额接近 60%。供热和制冷部门是最大的终端用户，使用了大约 75% 的生物能源。

2.2.2 能源发展目标

随着国际市场原油价格的持续攀升，为了减少能源的对外依赖，保证能源供应安全，占领世界能源技术的前沿，同时也是为了履行《京都议定书》规定的到2012年与1999年相比减少温室气体排放8%的义务，欧盟制订了相应战略，积极开发新能源和可再生能源，实现可持续发展、保障能源安全、改善生态环境、减少二氧化碳排放。

欧洲主要国家的生物质能源开发利用均以丰富的森林资源为基础，具有政府重视、起步较早、以市场运作和龙头企业带动为主等特点，主要利用形式有供暖、发电和生物柴油等，其中以供暖为主。

1997年欧盟发布了《欧盟战略和行动白皮书》，提出了可再生能源在一次能源中的比重要由1997年的6%提高到2010年的10%，2020年的20%和2050年的50%，使可再生源将成为重要的战略能源。其中，各种可再生能源的目标为风电4000万千瓦、太阳能300万千瓦、生物质能2亿吨标准煤。白皮书还规定了行动的时间表、行动计划和欧盟内部的市场手段，鼓励可再生能源利用，加强成员国之间的合作，鼓励各国在可再生能源领域内的投资，并加强可再生能源的信息服务，以及可再生能源的信息传播。

2001年欧盟发布了《促进可再生能源电力生产指导政策》，要求到2010年欧盟电力总消费的22%来自可再生能源，并制订各成员国要求达到的目标，如德国为12.5%、瑞典为60%、丹麦为29%、意大利为25%。

2003年欧盟又发布了《欧盟交通部门替代汽车燃料使用指导政策》，要求生物液体燃料，包括生物柴油和乙醇，在交通运输燃料消费中的比例要分别达到：2005年为2%，2010年为5.57%，2015年为8%。

2007年欧盟通过立法提出2020年能源消费总量中可再生能源要占到20%，交通部门燃料消费中生物质能源要占到10%的目标。此外，欧盟将在经济复苏计划下提供8000亿欧元用于发展可再生能源，以实现到2030年减排55%的目标。

2021年开始，欧盟成员国将实施RED Ⅱ或更严格的国内目标，非欧盟成员国实施本国国内目标。德国生物柴油和乙醇使用份额保持不变，而可再生柴油的使用占比则增加到2.5%；法国乙醇使用份额扩大，生物柴油使用水平保持不变，可再生柴油使用占比增加到2%，到2025年生物喷气燃料使用份额将达到2%；西班牙乙醇和生物柴油的使用水平保持不变，但可再生柴油和生物喷气燃料使用占比将增加到3%和0.5%；芬兰、荷兰和英国的乙醇使用占比均接近10%；瑞典生物喷气燃料使用占比将增加到3%；意大利可再生柴油使用占比将增加到5%。

欧盟设定了2%的SAF目标，此外还实施了对RED Ⅱ拟议的更改，重点将交通温室气体碳强度减少13%。此外，欧盟维持并加强了生物燃料的可持续性要求，限制了一些生物燃料的进口，到2025年英国将实现1%的SAF国内生产目标。

2.2.3 政策扶持与相关措施

为了促进生物质能源的发展，欧盟制定了相应的政策，如2009年的《欧盟可再生能源指令》：针对交通领域生物燃料和其他领域的液体生物质给出具有约束力的可持续性标准。2014年的《欧盟委员会气候与能源政策框架通讯［COM（2014）15］》：提出了 2030 年气候与能源的新政策框架，其中包括具有约束力的欧盟减排目标，可再生能源在能源需求中的份额以及到 2030 年提高能源效率。2015 年的《能源联盟框架战略》：为 2020 年后欧洲提出新的可再生能源一揽子计划，其中包括可持续生物质和生物燃料的新政策。2016 年的《欧盟委员会立法提案》：以整合温室气体排放与土地利用，土地利用变化和林业纳入 2030 年气候和能源框架。2021 年，欧盟发布了修改能源法的新提案，以达到 2030 年将温室气体排放量减少 55% 的目标。提出生物燃料关键是，运输业到 2030 年必须减少 13% 温室气体排放量。实现其目标需要约 26% 的可再生能源混合在运输燃料中，高于现在《可再生能源指令（RED Ⅱ）》下的 14%。提案中也包括全欧盟的生物航空燃料（SAF）混合目标。

此外，欧盟还提出了明确的可再生能源发展目标，各成员国也结合实际情况提出了各自的目标和要求，并采取了积极和务实的政策和措施，包括减免税费、电价补贴、投资补贴和配额制度等。

（1）生物质能利用技术开发

在生物质能源技术研发方面，欧盟各国都非常重视，不仅欧盟建立了联合研究中心，每个国家都设有国家级生物质能源技术研发机构。在德国，建在巴伐利亚州的研究中心，全面系统地对生物质原料培育、生产、各种转化技术、产品、市场需求进行研究和示范应用，而且特别加强产业化应用。2008 年 2 月，德国成立生物质能研究中心（DBFZ），通过应用研究，全面科学地支持将生物质高效的整合为宝贵的资源，用作可持续发展的能源储备。

据统计，早在 2002 年，法国科研机构能源研发的总经费为 9.4 亿美元，其中 5000 万美元用于发展可再生能源。2021 年，法国宣布启动第四期未来投资计划（PIA），将在 2021—2025 年期间投入 200 亿欧元，其中一部分用于支持可持续燃料技术研发。从 2004 年开始，德国政府还制定了市场刺激措施，用优惠贷款及补贴等方式扶助可再生能源进入市场，迄今已投入研究经费 17.4 亿欧元，目前政府每年投入 6000 多万欧元，用于开发可再生能源。2017 年，德国投入 10.1 亿美元用于能源相关的研究、开发和示范。德国各州也投入资金支持能源技术研究，2016 年德国各州的支出总额超过了 2.48 亿欧元。2018 年德国政府还公布了"第七期能源研究计划"，计划在 2018—2022 年间共投入 64 亿欧元预算支持能源研究。在瑞典，2017 年投资 16.8 亿欧元用于生物质热电联产项目建设。2022 年，罗马尼亚能源部计划投入 4.6 亿欧元用于可再生能源，3 亿欧元用于热电联产。

在生物质能源产品市场方面，欧盟还注重对生物能源产品标准化的研究，从固体颗粒燃料到生物柴油和燃料乙醇都有严格的质量标准；同时对使用生物质能源产品的燃烧炉、气化炉、运输工具等也进行研究、改造和示范，如奔驰、大众、沃尔沃，甚至美国的通用、福特等汽车公司都推出了使用生物柴油和燃料乙醇的汽车；已建立起较完善的生物质能源产品市场服务体系，有力地促进了生物质能源技术的发展和产品的推广使用。

（2）减免税费

减免税费是欧盟国家促进可再生能源发展的重要措施。欧盟国家对能源消费征收较高的税费，税的种类也比较多，有能源税、二氧化碳税和二氧化硫税，特别是对石油燃料消费的征税额非常高，接近汽油和柴油价格的三分之二。欧盟各国都对可再生能源的利用免征各类能源税，如瑞典是能源税赋比较重的国家，税种包括燃料税、能源税、二氧化碳税、二氧化硫税等，2003 年从能源纳税得到的收入就达到 622 亿瑞典克朗，占政府总收入的 10.2%。2020 年，瑞典政府对所有 500 千伏以下的光伏系统免征可再生能源发电机所发电力的税款。因此，瑞典通过税收政策，即对生物质能开发项目及产品免征所有能源税，有力地促进了生物能的开发与利用。目前，欧盟国家的汽油价格约为每升 1 欧元，其中三分之二为燃料税，而对于使用生物燃料乙醇或生物柴油则免征燃料税。因此虽然目前在欧洲乙醇燃料比汽油成本要高近 1 倍，但通过这种税收政策，较好地促进了生物液体燃料的发展。

（3）电价补贴

近年来，欧盟大多数国家皆采用上网电价补贴政策。瑞典在 1997 年开始实行固定电价制度，对生物质发电采取市场价格给予每千瓦时 0.009 欧元的补贴，另外，还在全国建立起绿色电力交易市场之前，政府再给予每千瓦时 0.013 欧元的补贴，将来由绿色证书来替代这一部分，所以实际上的生物质能上网电价是每千瓦时 0.054 欧元，并给予 10 年保证期。目前，德国对可再生能源上网电价实行硬性规定，存在市场价和保护价同在的"双轨制"。于 2022 年 4 月 6 日通过一揽子法案，计划到 2030 年 80% 的电力由可再生能源提供，2035 年争取实现 100% 可再生能源供电，实行新能源市场竞价和政府补贴相结合的市场化消纳机制。

（4）投资补贴

投资补贴是欧盟国家促进生物质能开发利用的重要措施。如瑞典从 1975 年开始，每年从政府预算中支出 3600 万欧元，支持生物质能源直接燃烧和转换技术，主要是技术研发和商业化前期技术的示范项目补贴。1997—2002 年，对生物质能热电联产项目提供 25% 的投资补贴，5 年总计补贴了 4867 万欧元。另外，2004—2006 年，瑞典政府对户用生物质能采暖系统（使用生物质颗粒燃料），每户提供 1350 欧元的补贴。2022 年，瑞典政府计划投资 4500 万欧元用于沼气工程建设。在丹麦，自 1981 年起，制定了每年给予生物质能生产企业 400 万欧元的投资补贴计划，这一计划使目前丹麦生物质能发电的上网电价相当于每千瓦时 0.08 欧元。2018—2030 年间，丹麦政府投资 78 亿～117 亿欧元用于可再生电力能源项目建设。1991—2001 年，德国联邦政府在生物质能领域的投资补贴总计为 2.95 亿欧元。从 1990 年开始，德国的银行也为私营企业从事生物质能开发提供低息贷款，比市场利率低 50%。然而，可再生能源补贴让欧洲"进退两难"，在经济增长疲软的背景下，补贴政策的争议性日益凸显。2014 年，欧盟宣布逐步取消对太阳能、风能、生物能等可再生能源产业的国家补贴。自 2017 年起，所有欧盟成员国都将被强制限制对可再生能源产业进行补贴。然而，为了完成 2030 年和 2050 年气候目标，2021 年欧盟竞争监管机构正在考虑修改国家援助法，以允许欧盟国家补贴高达 100% 的可再生能源项目。

（5）配额制度

配额制度是一项新的促进可再生能源发展的制度。规定电厂或供电公司在其电力生产或电力供应中必须有一定比例的电量来自可再生能源的发电。通过建立"绿色电力证书"和"绿色电力证书交易制度"来实现。"绿色电力证书"就是可再生能源发电商在向电力市场卖电的同时，还能得到一个销售绿色电力的证明，即"绿色电力证书"；"绿色电力证书交易制度"就是建立"绿色电力证书"自由买卖的制度。电力生产商或电力供应商如果自己没有可再生能源发电量，可以通过购买其他可再生能源企业的"绿色电力证书"来实现；同时，可再生能源发电企业通过卖出"绿色电力证书"可以得到额外的收益，这样起到促进可再生能源发电发展的作用。

目前，瑞典、丹麦和意大利都在推行可再生能源配额制。在瑞典，20世纪90年代开始以各种政策制度支持用可再生资源生产电力，包括对使用生物质、风力和水力发电提供投资和环保补贴。2003年5月1日开始对可再生能源采用一种新的扶持制度，实施绿色电力证书制度，即在国家强制配额基础上，通过市场机制促进可再生能源电力发展的制度。该制度将运行到2035年底。在意大利，2000年规定发电企业或电力进口企业，必须至少有2%的电力来自可再生能源发电，这种配额要求逐年增加。自2020年末开始，意大利政府已停止余电上网的补贴政策，仅以市场价格收购多余电力。在德国，2015年伊始，大型光伏地面电站实行上网电价招标制。自2017年起，德国不再以政府指定价格收购绿色电力，而是通过市场竞价发放补贴。

欧盟国家为了解决可再生能源开发利用投资成本高、产品初期成本高、风险大的问题，各国政府在科研投入、技术应用和市场化等各个环节做出了巨大支持，以降低可再生能源产品和相关服务的成本和价格，培育和扩大市场。多年来，法国政府一直采取投资贷款、减免税收、保证销路等措施扶持企业投资可再生能源技术应用项目，以解决可再生资源技术应用初期运营成本高、风险大的问题。德国作为能源长期依赖进口的国家，为促进可再生能源的开发，出台《可再生能源法》（EEG 2017）、《热电联产法案》（KWKG）和《能源经济法案》（EnWG）等一系列法案，旨在推动生物质发电，提高能源效率并更多地利用生物质能。此外，2020年12月17日，德国通过具有里程碑意义的《可再生能源法》（EEG2021），于2021年1月1日生效，标志着德国进入可再生能源发展新阶段。

2.3　巴西和印度

2018年，巴西生物质发电装机容量为1470万千瓦，发电量达到540亿千瓦时。然而，巴西目前已经成为世界上最大的乙醇生产和消费国。巴西生产乙醇的原料主要是甘蔗，2005—2006年度，甘蔗产量为4.23亿吨，其中49.77%用于生产乙醇；乙醇产量约为128.12亿千克，其中50.5%是用于混入汽油的无水乙醇，其余则是独自作为替代汽油的含水乙醇。2008—2009年度，巴西乙醇产量达到210.9亿千克。巴西法律规定，汽油中必须添加25%的乙醇燃料，巴西国内生产的82%的汽车都采用了混合燃料发动机，可以使用普通汽油也可以使用乙醇，或者两种燃料的混合物。

巴西是世界上最大的乙醇出口国，其乙醇生产总量的15%用于出口，主要销往美国、印度、韩国、日本、牙买加等国。2008年乙醇出口量为51.6亿公升，比2007年增长46%，主要出口市场为美国。此外，巴西还大力利用可再生资源进行发电，其中80%以上的电力都是来自可持续技术，主要是水力发电（占77%）。来自生物质和水力发电厂的能源总量占巴西能源生产总量的45%。

在巴西，生物燃料产值已经占到全国 GDP 的 8％，超过信息产业而排在第一位。燃料乙醇是最重要的生物燃料，占汽油和乙醇总和的 49％。巴西已建成 10 大甘蔗乙醇生产基地和由甘蔗种植—乙醇加工—专用汽车 FFVs（Flexible Fuel Vehicles）—国内市场—国际贸易的一套完善体系。在 2008 年的"国际生物燃料大会"上，巴西全国公民协会主席 Dilma Rossef 在开幕词中讲道："巴西的经济是建立在可再生能源基础上的，目前全国以生物乙醇替代了 50％的汽油，生物柴油替代了 3％的化石柴油，这一比例正在快速提高。2003 年启动了的灵活燃料汽车（FFVs）市场，2010 年 2 月已超过 1000 万辆，汽车销售中 90％以上是 FFVs 汽车"。巴西国内有 1.2 万架小型及农用飞机使用乙醇燃料。2019 年，可再生能源占巴西能源供应总量的近一半（46％），大约 70％的可再生能源供应来自生物质能。生物质能源主要应用是利用固体生物质进行供热，生物质能源占热量供应的 50％以上。巴西政府预计到 2026 年乙醇使用占比将达到 59％，生物柴油使用占比将达到 2％。巴西生产的乙醇、生物柴油、可再生柴油和生物喷气燃料除了完全满足国内需求之外，还具有一定的出口能力。

印度于 2004 年开始石油/农业领域的"无声的革命"，制定了 2011 年全国运输燃料中必须添加 10％乙醇的法令，违者将被起诉。2021 年，印度提出到 2025 年实现 20％乙醇混合汽车燃料的目标。印度的可再生电力能源装机容量逐年攀升。印度的发电装机容量中，可再生能源占比 24％。可再生能源装机容量（包括大型水电）从 2014 年 3 月的 76.37GW 增加到 2021 年 12 月的 151.4GW。印度政府宣布，到 2030 年实现 450GW的可再生电力装机目标，并出台了额外的政策刺激分布式光伏产业的发展。

印度沼气历史悠久，但是与欧美中相比，技术严重落后。大中型沼气工程（5000m³）数量极少，主要以沼气池（1~10m³）为主。在 1975 年启动国家沼气开发计划（NPBO），但真正的发展是在 1981 年提出沼气发展国家计划之后，这个计划在 1985—1992 年取得了巨大的发展，在这一阶段，每年都有 16 万到 20 万的农村沼气池被安装并用来处理动物粪便和下水道污泥。从 2008 年到 2021 年，沼气池数量从 450 万增加至 508 万，为农村无电区的数十万家庭提供了炊事和照明用能。印度可再生能源部计划投资 64 亿美元新建 5000 个沼气工程，并于 2023—2024 年完成。

2.4　日　本

2.4.1　现状

日本学者按照生物质的来源不同将生物质分为废弃物类生物质、未利用的生物质、资源作物和新作物 4 类。日本生物质资源量大致组成如下：废弃物类生物质年产量按能源换算可达 240 亿升原油（2000 年日本国内原油进口约为 2500 亿升），资源量换算为2200 万吨碳（约是日本国内生产的塑料含碳量的 2.2 倍）；未利用生物质按能源换算为55 亿升原油，按物质资源量换算为 530 万吨碳；2020 年左右资源作物类生物质按能源换算为 55 亿升原油，按资源换算为 530 万吨碳。

截至 2019 年，可再生能源在日本能源供应总量中只占 6％，在最终能源消耗中的份额为 8％。大约 1/3 的可再生能源来自生物质能源。2020 年以来，可再生电力（最初主要是水力发电）迅速增长，特别是太阳能。生物质发电的占比很小，但略有增长（目前约为 3%）。

日本十分重视生物质能。生物质能源供应总量从 2000 年初的 200 PJ 增加到 2019 年的 400 PJ。固体生物质燃料是日本生物质能源的主要类型，其中主要增长是用于发电供热行业的生物质燃料。在 2014—2021 财年制定一批当地可持续生物质能源系统示范项目。生物燃料主要集中在生物乙醇上，从 2010 年 8PJ 增加到 2019 年的 17PJ 水平，而生物柴油的使用量要更低约为 0.5PJ。

2.4.2 发展规划

日本早在 20 世纪 70 年代初就开始重视新能源的发展。政府主导研究开发示范项目，并提出一系列计划，主要有 1974 年制定的致力于新能源开发的"阳光计划"，1978 年提出的旨在推进以燃料电池发电技术等为中心的"月光计划"，1992 年的"新阳光计划"。政府每年为"新阳光计划"拨款 570 多亿日元，其中约 362 亿日元用于新能源技术开发。2011 年，由于日本大地震引发的福岛核危机，出现严重的电力供应问题。日本于 2015 年制定了 2030 年新能源政策和目标为：液化天然气 27%、煤炭 26%、可再生能源（水力、地热能和生物质能）22%～24%、核电 20%～22%、石油 3%。

2018 年 7 月，日本经济产业省发布第五期《能源基本计划》，提出了面向 2030 年及 2050 年的能源中长期发展战略，降低化石能源依赖度，加快发展可再生能源，推进日本能源转型。推进能源系统的改革，加大能源系统合理竞争，逐步取消不合理的补贴制度，深化电力体制改革，创设新的绿色电力交易市场。以经济的、独立的脱碳化能源为主力电源，开发高性能低价格的蓄电池等。

2020 年 10 月，日本宣布，到 2050 年将温室气体排放量减少到零，使日本成为碳中和、脱碳社会。日本的目标是到 2030 年将温室气体排放量比 2013 年的水平减少 46%，并计划到 2030 年在电力供应中使用 36% 至 38% 的可再生能源。2021 年 10 月，日本内阁公布第六期能源基本计划决定，制定了到 2030 年温室气体排放量较 2013 年减少 46% 并努力争取减排 50%、到 2050 年实现碳中和目标的能源政策实施路径。到 2030 年，可再生能源发电占比从第五期计划设定的 22%～24% 提高到本次设定的 36%～38%。生物质发电占比目标将从 3.7%～4.6% 提高到 5%。

日本生物质利用技术包括材料利用技术、能源利用技术和生物质的收集运输技术。图 2-1 为日本各类生物质应用技术的实施阶段规划图，图中对废弃物类生物质、未利用生物质、资源作物和新作物 4 类生物质的利用分成 4 个阶段，分别在 2005 年前后、2010 年前后、2020 年前后和 2050 年前后进入实用化阶段。

2.4.3 立法

为实现持续稳定地利用生物质，推进刚刚起步的生物质利用事业，日本构建了一套完整的围绕生物质利用的法律法规体系，大致分 3 类：① 与生物质资源相关的法律；② 与生物质利用设施的建设、运转相关的法律；③ 与促进生物质利用导入相关的法律。表 2-3 列举了近年来日本在生物质能源方面的代表性立法和政策法规。

表 2-3 日本近年在生物质能源方面的立法、规划和政策等举措

时间	名称	主要内容
1997	关于促进新能源利用的特别措施法	为新能源技术研究机构提供低利息贷款保证
2002	促进可再生能源利用特别措施法	发展风能、水能、生物质能等清洁可再生能源的具体措施
2002	日本电力事业者新能源利用特别措施法	规定"可再生能源国家标准"
2003	日本电力事业者新能源利用特别措施法实施细则	规定"可再生能源国家标准"的具体实施细则
2006	国家可再生能源发展战略	规定"支持和促进新能源合作创新计划"等八大能源发展战略计划和配套政策
2012	上网电价（FIT）政策	规定光伏系统发电上网价格
2012	生物质产业化战略	规定实现生物质产业化的特定转换技术和生物质能资源，并为实现生物质产业化设定原则和政策
2021	能源基本计划草案	提高可再生能源在 2030 年电力结构中的占比

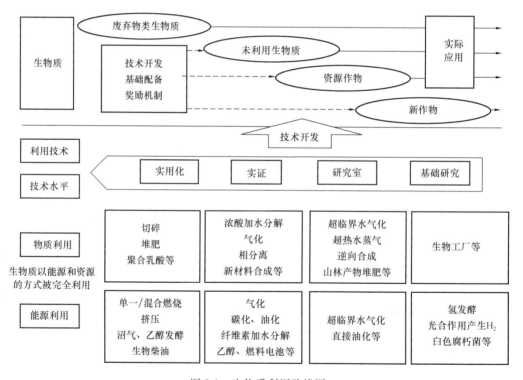

图 2-1 生物质利用路线图

2.4.4 实例

在生物质发电方面，据日本林业厅统计，有 15 个木质类生物质发电设施。2001 年

利用生物质废弃物发电的有 83 家，形式为废弃塑料等与重油等化石燃料混烧发电。日本秋田县能代市能代森林资源利用协作组织 2003 年 2 月投资约 14.5 亿日元（约合人民币 9850 万元）建设了发电量为 3000kW 的生物质发电项目，年利用林业和建材业废旧材料 5.9 万吨。日本各大电力公司与生物质发电 PPA 项目公司签订 20 年的政府保障购电合同，固定购买电价（FIT24～40 日元/kWh 不含税），确保投资人的每年有可以预期的固定的生物质发电收益。在 2020—2021 年，除了日本当地的电力公司外，东芝、三菱、三井、丸红等日本大企业也投运且装机容量越来越大的生物质发电项目（75MW）。

在生物质能源方面，日本在 2014—2021 财年制定一批当地可持续生物质能源系统示范项目。为实现利用区域特色的最佳生物质能源系统，从原材料采购、能源转换技术、能源利用和整体系统四个角度进行了 35 项可行性研究。其中，实施了被评价为具有商业潜力的 7 个示范项目和 1 个技术开发项目。日本新能源和工业技术开发组织委托三菱重工、JERA 公司、东洋工程公司和日本宇宙航空研究开发机构开发生物航空燃料项目，致力于开发以废木为原料的燃料生产技术。此外，IHI 公司致力于开发微藻燃料技术。生物航空燃料于 2021 年 6 月作为可持续航空燃料供应给 JAL 和 ANA 定期航班。就沼气工程而言，日本主要用于城市污水处理上。但近 20 年来，据日本环境省资料，厌氧处理污水设施的数量在逐年下降，处于不景气状态。日本每年产生的食品废弃物和家畜排泄物，大部分用来堆肥或作饲料回收。

2.5　中　　国

2.5.1　现状

我国拥有丰富的生物质能资源，据测算，我国理论生物质能资源为 50 亿吨标准煤，是目前中国总能耗的 4 倍左右。在可收集的条件下，中国目前可利用的生物质能资源主要是传统生物质，包括农作物秸秆、薪柴、禽畜粪便、生活垃圾、工业有机废渣与废水等。据《中国统计摘要》《中国农村能源年鉴（1998—1999 版）》1998—2003 年的统计数据估算，我国的可开发生物质资源总量为 7 亿吨左右（农作物秸秆约 3.5 亿吨，占 50% 上），折合成标煤约为 3.5 亿吨，全部利用可以减排 8.5 亿吨二氧化碳，相当于 2007 年全国二氧化碳排放量的 1/8。由此可见，生物质能作为唯一可存储的可再生能源，具有分布广、储量大的特点，且为碳中性，加强对生物质能源的开发利用，有助于节能减排，是实现低碳经济的重要途径。

在我国，生物质气化供气技术已基本成熟。如中国林业科学院林产化学工业研究所，从 20 世纪 80 年代开始研究开发了集中供热、供气的上吸式气化炉，并且先后在黑龙江、福建得到工业化应用，其气化效率达 70% 以上，最大生产能力达 $6.3 \times 10^6 kJ/h$。江苏省研究开发以稻草、麦草为原料，应用内循环流化床气化系统，产生接近中热值的煤气，供乡镇居民使用的集中供气系统，气体热值约 8000kJ/Nm³，气化热效率达 70% 以上。山东省能源研究所研究开发的下吸式气化炉，主要用于秸秆等农业废弃物的气化，在农村居民集中居住地区得到较好的推广应用，并已形成产业化规模。到 2005 年底，全国已建成秸秆气化集中供气站 539 处，供气 15 亿立方米，用户 22000 户。

我国生物质气化产业主要由气化发电和农村气化供气组成。农村户用沼气利用有着较长的发展历史，但生物燃气工程建设起步于 20 世纪 70 年代。我国生物质气化发电技术的研究始于 20 世纪 60 年代，具有代表性的是稻壳气化发电系统。目前，160kW 和 200kW 的生物质气化发电设备在我国已得到小规模应用，显示出一定的经济效益。"九五"期间进行了 1MW 生物质气化发电系统的研究，旨在开发适合中国国情的中型生物质气化发电技术。1MW 生物质气化发电系统于 1998 年 10 月建成，2000 年 7 月通过科学院鉴定后投入小批量使用。由于受气化效率与内燃机效率的限制，简单的气化-内燃机发电循环系统效率低于 18%。"十五"期间，中国科学院广州能源研究所在国家"863"计划项目支持下，在 1MW 生物质气化发电系统的基础上，研制开发出 4MW 的生物质气化燃气-蒸汽联合循环发电系统，建成了相应的示范工程，系统效率提高到 28%，为生物质气化发电技术的产业化奠定了基础。自 2000 年以来，我国已签订和在建生物质气化发电项目约 30 个，总装机容量超过 40MW。因此，生物质气化发电技术作为我国自主研发的先进技术，在未来生物质发电市场份额中将占有重要的地位，有巨大的发展潜力。截至 2015 年，我国生物质发电总装机容量约 1030 万千瓦，其中，农林生物质直燃发电约 530 万千瓦，垃圾焚烧发电约 470 万千瓦，沼气发电约 30 万千瓦，年发电量约 520 亿千瓦时，生物质发电技术基本成熟。据国家能源局数据显示，2019 年，我国生物质发电累计装机容量达到 2254 万千瓦，同比增长 26.6%；我国生物质发电新增装机 473 万千瓦；我国生物质发电量 1111 亿千瓦时，同比增长 20.4%，继续保持稳步增长势头。

我国目前在生物质气化及沼气制备领域都具有国际一流的研究团队，如中国科学院广州能源研究所、中国科学院成都生物研究所、农业农村部沼气研究所、农业农村部规划设计研究院和东北农业大学等，这为相关研究提供了关键技术及平台基础。近年来，规模化生物燃气工程得到了较快的发展，形成了热电联供、提纯车用并网等模式。

20 世纪 90 年代以来，我国沼气建设一直处于稳步发展的态势，沼气工程基本实现了规范化设计和专业化施工，沼气产业进入了一个新的发展阶段。截至 2015 年年底，全国户用沼气达到 4193.3 万户，受益人口达 2 亿人；由中央和地方投资支持建成各类型沼气工程达到 110975 处，其中，中小型沼气工程 103898 处，大型沼气工程 6737 处，特大型沼气工程 34 处，工业废弃物沼气工程 306 处。以秸秆为主要原料的沼气工程有 458 处，以畜禽粪污为主要原料的沼气工程有 110517 处。全国农村沼气工程总池容达到 1892.58 万立方米，年产沼气 22.25 亿立方米，供气户数达到 209.18 万户。

"十五"期间，我国在吉林燃料乙醇有限责任公司、黑龙江华润酒精有限公司、河南天冠燃料乙醇有限公司和安徽丰原燃料酒精有限公司分别建设了以陈化粮为原料的燃料乙醇生产厂，生产能力达到 102 万吨/年；并从 2002 年开始，先后在东北三省以及河南、安徽、山东、江苏、湖北、河北等 9 个省份分 2 期进行了车用乙醇汽油试点和示范，取得了良好的效果。但面对我国人多地少的实际情况，大规模推广应用粮食生产燃料乙醇显然存在着原料供应的瓶颈问题，从长远来说，必须开发非粮作物的能源作物。为保证原料来源，我国开展了非粮食能源作物——甜高粱培育等关键技术的研究与开发，包括利用甜高粱茎秆汁液和纤维素废弃物等生物质制取乙醇的技术工艺。我国在黑龙江省已建成年产 5000 吨的甜高粱茎秆生产乙醇示范装置，初步具备了规模化开发的基础，但在纤维素废弃物制取乙醇燃料技术方面还存在技术尚不成熟的问题，如预处理、纤维素酶和多糖发酵等关键性问题尚待解决。截至2015年，燃料乙醇年产量约210万吨，纤维素燃料乙醇加快示范。2017年中国的产量只有87.5亿加仑，仅占全世界产量的3%，年消耗玉米量占我国玉米总产量的3.27%左右。我国汽油年产超1.04亿吨，燃料乙醇产量仅占汽油产量2%左右，若未来在全国范围内推广使用E10乙醇汽油，则所需燃料乙醇还有很大的增长空间，若全部利用玉米进行生产，年消耗玉米量将达到我国玉米总产量的15.64%。

我国生物柴油的研究开发也取得了一些重大成果，产生了若干生产生物柴油的企业，如海南正和生物能源有限公司、四川古杉油脂化学有限公司和龙岩卓越新能源股份有限公司。这些企业都已开发出拥有自主知识产权的技术，并相继建成了超过1万吨的生产规模。生物柴油的生产方法有酸碱法和酶法。其中，酸碱法技术已成熟，已大量使用，但污染较重；酶法技术未成熟，成本高。生物柴油作为一种优质的液体燃料，是我国生物质能产业的一个发展方向。截至2015年，生物柴油年产量约80万吨。生物柴油处于产业发展初期，我国自主研发生物航煤成功应用于商业化载客飞行示范。2019年，我国生物柴油产能为26.8亿升，约为214.4万吨；2020年，由于欧盟的需求推动，国内产能有所增加，约为218.1万吨。

2.5.2 发展规划

我国拥有丰富的生物质能资源，我国政府及有关部门对生物质能开发利用也极为重视，国家科委已连续在国家"五年计划"中将生物质能利用技术的研究与应用列为重点研究项目，取得了许多优秀成果，产生了可观的社会效益和经济效益。目前，生物质能利用技术主要有固化、气化、液化和沼气技术。

我国现有森林面积2.31亿公顷，林业生物质废弃物资源量约为3.5亿吨，其中可作为生物质能源资源的有三类：一是木质燃料资源，包括薪炭林、灌木林和林业"三剩物"等，总量约3亿吨/年；二是木本油料资源，我国种子含油率超过40%的植物有154种，麻风树、油桐、黄连木、文冠果、油茶等树种面积约420万公顷，果实产量约559万吨；三是木本淀粉类资源，我国栎类果实橡子产量约2000万吨，可生产燃料乙醇近500万吨。我国编制的《全国林业生物质能源发展规划（2011—2020年）》提出，到2020年我国能源林面积达到2000万公顷；每年转化的林业生物质能可替代2025万吨标煤的石化能源，占可再生能源的比例达到3%。

新型原料的培育、产品的综合利用、高效低成本的转化技术成为我国"十二五"时期生物质能技术三大发展趋势。生物质能技术发展的总趋势，一是原料供应从以传统废弃物为主，向新型资源选育和规模化培育发展；二是高效、低成本转化技术与生物燃料产品高值利用始终是未来技术发展核心；三是生物质全链条综合利用是实现绿色、高效利用的有效方式。"十二五"时期生物质能科技重点任务包括：微藻、油脂类、淀粉类、糖类、纤维类等能源植物及其他新型生物质资源的选育与种植，生物燃气高值化制备及综合利用，农业废弃物制备车用生物燃气示范，生物质液体燃料高效制备与生物炼制，规模化生物质热转化生产液体燃料及多联产技术，纤维素基液体燃料高效制备，生物柴油产业化关键技术研究，万吨级的成型燃料生产工艺及国产化装备，生物基材料及化学品的制备炼制技术等。"十三五"时期重点是大力推动生物天然气规模化发展，积极发展生物质成型燃料供热，稳步发展生物质发电，加快生物液体燃料示范和推广。到2020年，生物质能基本实现商业化和规模化利用。生物质能年利用量约5800万吨标准煤。生物质发电总装机容量达到1500万千瓦，年发电量900亿千瓦时，其中农林生物质直燃发电700万千瓦，城镇生活垃圾焚烧发电750万千瓦，沼气发电50万千瓦；生物天然气年利用量80亿立方米；生物液体燃料年利用量600万吨；生物质成型燃料年利用量3000万吨。国家"十四五"规划中将实现生物燃料使用占比增加到4%，将生物柴油和可再生柴油的使用占比增加到3%，并实现国内航空生物燃料使用占比增加到1%。中国允许从美国和其他国家进口乙醇以满足本国10%的乙醇需求，生物柴油和可再生柴油的出口仍将继续。

2017年1月，发展改革委和农业部联合印发《全国农村沼气发展"十三五"规划》，明确指出，以规模化生物天然气与大型沼气工程为我国农村沼气的主要发展方向，目标为农业秸秆可利用资源量超过1亿吨、禽畜粪便10亿吨，沼气年产量突破227亿立方米。2019年2月20日，国家能源局综合司下发了征求《关于促进生物天然气产业化发展的指导意见》意见的函，指出到2020年，生物天然气年产量超过20亿立方米；到2025年，生物天然气年产量超过150亿立方米；到2030年，生物天然气年产量超过300亿立方米。并表示，要加快生物天然气工业化商业化开发建设，重点发展分布式商业化开发建设。同时，在政策上，国家能源局会研究制定生物天然气产品补贴政策，并落实项目税收、贷款、土地等其他优惠政策。

2.5.3 立法与政策扶持

自2005年以来，国家出台了一系列的政策，支持我国生物能源产业的平稳快速发展。2005年颁发的《中华人民共和国可再生能源法》（以下简称《可再生能源法》），创造了中国法律出台速度最快的纪录，于2006年1月1日正式实施。同时，随着《可再生能源发电价格和费用分摊管理试行办法》《可再生能源发电有关管理规定》《可再生能源发展专项资金管理暂行办法》《关于发展生物能源和生物化工财税扶持政策的实施意见》等相关实施细则的出台，各类投资商、开发商和制造商纷纷涉足该领域，中国可再生能源产业进入了加速发展期。《可再生能源法》确立了以下一些重要法律制度：一是可再生能源总量目标制度；二是可再生能源并网发电审批和全额收购制度；三是可再生能源上网电价与费用分摊制度；四是可再生能源专项资金和税收、信贷鼓励措施。

2017年，国家能源局关于可再生能源发展"十三五"规划实施的指导意见，强调加强可再生能源目标引导和监测考核，加强电网接入和市场消纳条件的落实，加强和规范生物质发电管理，多举措扩大补贴资金来源，加强政策保障。2020年，《关于建立健全清洁能源消纳长效机制的指导意见》明确提出要通过构建以消纳为核心的清洁能源发展机制，建立健全清洁能源消纳长效机制。随着《中国能源体系碳中和路线图》的发布，我国生物质能源与材料行业将迎来新的历史发展机遇。

思政小结

　　党中央、国务院始终高度重视发展生物能源、生物材料和生物化学品等事业。发展生物质资源循环利用产业已成为我国推进能源与资源转型的核心内容和应对气候变化的重要途径，也是我国推进能源与资源生产和消费革命、推动能源与资源转型的重要措施。随着一系列发展规划、政策和法律的制定与实施，我国生物能源与材料行业发展迅速，极大地推动了生物能源与材料技术开发与创新，并为引领未来的颠覆性能源与材料技术和推动我国能源结构调整做出了重要贡献；也为我国全面建成小康社会，全面深化改革，推动落实习近平总书记提出的"四个革命、一个合作"能源发展战略奠定了坚实的基础，同时为保障能源安全、保护生态环境、应对气候变化等做出了重要贡献。随着《中国能源体系碳中和路线图》的发布与实施，我国的生物质资源循环利用产业，将迎来新的历史发展机遇和迈入新的发展阶段。

思考题

　　（1）对比国内外生物能源政策的异同。
　　（2）简述我国可再生能源行业发展过程中的重要历史事件。
　　（3）列举国内外生物质利用相关研究机构，并对比其技术水平。
　　（4）简述国内外生物能源与材料产业发展现状。

3

生物质直接燃烧利用技术

📖 **教学目标**
....

教学要求：通过系统学习生物质直接燃料利用技术，了解并掌握生物质直燃领域的新进展、新发现、新理论、新技术、新工艺和新装备。

教学重点：生物质燃烧污染预防与控制技术、工艺、设备和行业现状。

教学难点：生物质燃料与燃烧原理。

生物质燃烧是在空气中利用不同的过程设备（如窑炉、锅炉、蒸汽透平、涡轮发电机等）将储存在生物质中的化学能转化为热能、电能或机械能的过程。根据燃烧方式不同，可分为直接燃烧、混合燃烧和气化燃烧。生物质直接燃烧技术包括直接燃烧、固化成型和与煤混燃 3 种。直接燃烧是最原始的将生物质中的化学能转化为热能的方式，是我国农村目前利用生物质的主要形式。利用生物质直接燃烧，只需对原料进行简单处理，可以减少项目投资，燃烧余烬还可以作为肥料使用。但直接燃烧能量利用率低（10% 左右），生物质资源浪费严重，同时直接燃烧过程中产生的颗粒排放物会影响人体健康，并引起环境问题。

本章主要从生物质燃料与燃烧原理、生物质燃料压缩成型技术及设备、生物质固硫型煤技术及应用、生物质燃烧污染预防与控制等几个方面作详细介绍。

3.1 生物质燃料与燃烧

3.1.1 生物质燃料与燃烧原理

3.1.1.1 生物质燃料

生物质燃料（Biomass Fuel）是可以通过燃烧方式将化学能转化为热能的生物质，包括植物材料和动物废料等有机物质在内的燃料，是人类使用的最古老燃料的新名称。生物质燃料中较为经济的是生物质成型燃料（图 3-1），农业和林业生产过程中所产生的废弃物通常分布较分散，堆积密度较低，给收集、运输、储藏带来了不便。将农业和林业产生的废弃物压缩为成型燃料，提高能源密度，改善燃烧性能，这种转换技术称为生物质压缩成型技术或致密固化成型技术，这种被压缩后的物质称为生物质颗粒。

生物质成型燃料多为茎状农作物、花生壳、树皮、锯末以及固体废弃物（糠醛渣、食用菌渣等）经过加工产生的块状燃料，其直径一般为 6～8mm，长度为其直径的 4～5 倍，破碎率低于 2%，干基含水量小于 15%，灰分含量小于 1.5%，硫含量和氯含量均小于 0.07%，氮含量小于 0.5%。欧盟标准对生物质燃料的热值没有提出具体要求，但

图 3-1 生物质压缩示例

要求销售商应予以标注。瑞典标准要求生物质燃料的热值一般应在 16.9MJ/kg 以上。

3.1.1.2 燃烧原理

生物质的燃烧是指在空气中，生物质在点燃条件下与氧气发生的一种剧烈的发光发热的化学反应。

生物质燃料的燃烧过程可以分为预热与干燥、挥发分的析出及木炭形成（热分解）、火焰燃烧（可燃挥发分燃烧、固定碳燃烧）和燃尽（表面燃烧）等阶段。生物质受热升温，首先其表面吸附水和缝隙水被蒸发；当温度升高到 200℃ 左右时，生物质中软化点最低的半纤维素开始分解，随着温度的升高，木质素和纤维素也先后开始分解，当温度达到 300℃ 左右时，半纤维素的分解基本结束，而纤维素的分解开始加剧，当温度为 350℃ 左右时，纤维素的分解结束，木质素的分解则较为缓慢，可以一直持续到 500℃ 左右；继续升高温度，进入产生火焰的燃烧阶段，火焰燃烧分为挥发分析出燃烧和固定碳燃烧，前者约占燃烧时间 10%，后者占 90%。热分解产生的可燃性气体与空气中的氧气混合着火并形成火焰燃烧，放出大量的热；火焰燃烧结束后进入表面燃烧阶段，该过程主要由木质素维持，既没有火焰形成也不产生烟。可以看出，燃烧过程不是由上述各阶段机械串联而成，而是这些过程的相互交叉。不同的燃烧条件，各阶段的情况也有所不同。

生物质燃料在燃烧过程中的特点有：温度较低时挥发分分解非常活跃，空气供应不足易造成黑烟或黄烟；焦炭燃烧时，强通风会造成黑絮，降低燃烧效率；焦炭燃烧受到灰分包裹，易有残碳遗留；燃烧过程空气供给量变化较大，在炉灶中不易解决。

3.1.2 生物质燃烧的热化学反应

3.1.2.1 反应热

C、H、O 是组成生物质的三种主要元素，其他组成生物质的少量元素还有 S、N、P、K 等。大部分生物质不含硫或者含硫量极少，P、K 两种少量元素通常以氧化物形式存在于灰分中，而 N 在生物质燃烧温度下一般以 N_2 形式析出。所以，生物质的燃烧实际上是 C、H 两种元素与氧气的化学反应，其化学反应及反应热如下：

（1）C 的燃烧，根据 O_2 量的不同，会产生下列 2 种反应：

$$C+O_2(g) \Longrightarrow CO_2 \qquad\qquad +408.86kJ$$

$$2C+O_2(g) \Longrightarrow 2CO \qquad\qquad +246.45kJ$$

（2）当温度较高（超过 $700℃$ ）时，生成的 CO 向外扩散，遇 O_2 再燃烧：

$$2CO(g)+O_2(g) \Longrightarrow 2CO_2 \qquad\qquad +570.87kJ$$

（3）水煤气(生物质气化)反应：

$$C+2H_2O(g) \Longrightarrow CO_2+2H_2 \qquad\qquad +75.11kJ$$

$$C+H_2O(g) \Longrightarrow CO+H_2 \qquad\qquad +118.63\ kJ$$

$$C+2H_2(g) \Longrightarrow CH_4 \qquad\qquad -752.40\ kJ$$

3.1.2.2 生物质燃烧热值

燃烧热值是评价燃料质量的一个重要指标，生物质的燃烧热是指生物质与氧气进行完全燃烧反应时所释放出的热量。它一般用生物质的单位质量或单位体积的燃料燃烧时放出的能量计量。燃烧热通常可以利用燃料的热值来判定，主要取决于燃料中可燃物质的化学组成，但也与燃料的燃烧条件有关。

一定种类的燃料，其化学组成基本不变，但燃烧条件则可以变化。根据燃烧条件的不同，燃料具有下列三种不同的燃烧热值：

（1）弹筒热值（ Q_{DT} ）

利用量热计进行热值测定，得到的是弹筒热值。它是将燃料在高压氧气的条件下完全燃烧，并将燃烧产物冷却到燃料的原始温度（ $25℃$ ）时，单位重量的燃料所释放出的热量。在该条件下，试样中的碳完全燃烧生成二氧化碳，氢转化成水并处于液态，硫和氮（包括弹筒内空气中的氮）被氧化，生成相应的氧化物，最后溶于水形成硫酸和硝酸。

弹筒热值可按下列公式计算：

$$Q_{DT}^f = \frac{\Delta TW - \varepsilon R}{G} \qquad\qquad (3-1)$$

式中　　Q_{DT}^f ——弹筒热值（kJ/kg）；

　　　　G ——样品的质量（kg）；

　　　　ΔT ——温度差（℃）；

　　　　W ——热容量（kJ/℃）；

　　　　εR ——点火释放的热量（kJ）。

由于发生在弹筒中的化学反应都是放热反应，因而弹筒热值较实际燃烧过程（在空气中，常压）放出的热量值要高，它是燃料的最高热值，在实际应用中，应将 Q_{DT} 转化成高位热值或低位热值。

（2）高位热值（High Heat Value，HHV）

单位重量燃料在常压下的空气中完全燃烧时释放的热量。该条件下，燃烧产物冷却到燃料的原始温度（约 $25℃$ ），燃料的炭燃烧转变为二氧化碳，氢燃烧变成水且呈液态，硫形成二氧化硫，氮变为游离氮气。由弹筒热值减去硫酸和硝酸的形成热和溶解热即为高位热值。它是燃料实际燃烧时的热值，故在评价燃料质量时，可用高位热值作标准值。其计算公式如下：

$$Q_{GW}^f = Q_{DW}^f - (3.6V - 1.5\alpha Q_{DT}^f) \qquad\qquad (3-2)$$

式中　　Q_{GW}^f ——高位热值（kJ/kg）；

V——滴定弹筒洗液所消耗的 0.1M 的 NaOH 溶液的体积（mL）；

α——硝酸校正系数，通常取 0.001。

（3）低位热值（Low Heat Value，LHV）

生物质燃料在燃烧炉中燃烧，燃料中所含的氢与氧化合形成水，它与生物质中所含水分一起呈蒸汽状态，并随燃烧产物（烟气）排出炉外。在形成水并汽化时，要吸收一定的热量（约 2520 kJ/kg），致使燃料在燃烧炉中燃烧时所放出的热量较少，此时测得的热值即为低位热值。低位热值是燃料能够有效利用的热值（也称净热值），在数值上它是高位热值减去水的汽化热。

$$Q_{DW}^{f} = Q_{GW}^{f} - 6 \times (9\,H^{f} + W^{f}) \tag{3-3}$$

式中　Q_{DW}^{f}——低位热值（kJ/kg）；

　　　W^{f}——样品含水量（%）；

　　　H^{f}——样品氢含量（%）。

3.1.2.3　生物质燃烧反应热力学

由于生物质中其他元素的含量非常低，因此，在热力学上，生物质燃烧的化学反应平衡，实际上主要是 C 和 H 元素的化学反应。其中，CO/CO_2 的平衡关系最为重要，这是讨论生物质燃烧是否完全、燃烧效率高低的重要参数。生物质燃烧反应的化学式为：

$$aA + bB + cC + \cdots = xX + yY + zZ + \cdots \tag{3-4}$$

式中　A、B、C——反应物组分；

　　　X、Y、Z——生成物成分；

a、b、c、x、y、z——化学计量数。

则，正反应速度为：

$$v_1 = k_1\,[A]^a\,[B]^b\,[C]^c \tag{3-5}$$

逆反应速度为：

$$v_2 = k_2\,[X]^x\,[Y]^y\,[Z]^z \tag{3-6}$$

式中，k_1 和 k_2 分别为正逆反应速度参数。

反应速度参数通常可以用阿伦尼乌斯定律来计算：

$$k = k_0\,e^{-E_a/RT} \tag{3-7}$$

式中　k_0——频率因子；

　　　R——气体常数 [8.314J/（mol·K）]；

　　　T——绝对温度（K）；

　　　E_a——反应的活化能（J/mol）。

当正逆反应速率相同，即 $v_1 = v_2$ 时，化学反应达到平衡，此时，各种成分浓度之间的关系可表示为：

$$K_\tau = k_1/k_2 = [X]^x\,[Y]^y\,[Z]^z / [A]^a\,[B]^b\,[C]^c \tag{3-8}$$

式中，K_τ 是化学平衡常数，只决定于反应温度，与成分浓度和压力无关。

实际上，燃烧过程中，很难达到化学反应的平衡，而且燃料与空气之间也无法达到理想的混合，燃烧温度无法准确测量，通常很难应用上述方程来计算燃烧中 CO/CO_2 的比值。因此，目前主要还是靠实测方法研究燃烧生成的 CO 成分。

3.1.2.4　生物质燃烧反应动力学

虽然生物质燃烧过程是个复杂的过程，它包含物理过程、化学过程和物理化学相互作用过程等，但化学反应是燃烧的一个主要而且基本的过程。因此，化学反应速率是描述燃烧过程特性的一个重要参数，它通常用单位时间内反应物浓度的减少或生成物浓度的增加来表示。在某个化学反应体系中，随着反应时间的延长，反应物的浓度逐渐降低，同时生成物的浓度逐渐增加，对于大多数化学反应体系，反应物或生成物的浓度随时间变化为非线性关系。

假设化学反应可表示为：

$$aA + bB \longrightarrow cC + dD$$

则反应速率可表达为：

$$v_a = -\mathrm{d}[A]/\mathrm{d}t \tag{3-9}$$
$$v_b = -\mathrm{d}[B]/\mathrm{d}t \tag{3-10}$$
$$v_c = \mathrm{d}[C]/\mathrm{d}t \tag{3-11}$$
$$v_d = \mathrm{d}[D]/\mathrm{d}t \tag{3-12}$$

假设反应体积不变，则上述 4 个反应速率之间存在如下关系：

$$-\mathrm{d}[A]/a\mathrm{d}t = -\mathrm{d}[B]/b\mathrm{d}t = \mathrm{d}[C]/c\mathrm{d}t = \mathrm{d}[D]/d\mathrm{d}t \tag{3-13}$$

则上式可以转化成：

$$v = -v_a/a = -v_b/b = v_c/c = v_d/d \tag{3-14}$$

式中，v 为化学反应体系中的反应速率，其数值是唯一的。因此，反应体系的化学反应速率，可以通过测定体系内任意组分浓度的变化率来确定。

根据质量作用定律，反应体系中 v 与反应物浓度的关系可以写成：

$$v = k[A]^a[B]^b \tag{3-15}$$

式中，k 为反应速率常数，其物理意义是反应物均为单位浓度时的反应速率。

k 值与反应体系的温度和反应物的物理化学性质有关，而与反应物的浓度无关。根据化学反应速率与反应物浓度的关系，反应速率与反应物浓度的一次方成正比的反应称为一级反应、反应速率与反应物浓度的二次方成正比的或与两种反应物浓度一次方成正比的反应称为二级反应，依此类推。若反应速率与反应物浓度无关，则称为零级反应。

反应速率常数 k 的单位，一级反应为 s^{-1}；二级反应为 $(\mathrm{mol/m^3})^{-1} \cdot \mathrm{s}^{-1}$；$n$ 级反应为 $(\mathrm{mol/m^3})^{1-n} \cdot \mathrm{s}^{-1}$。

3.2 生物质燃料直接燃烧技术

生物质直接燃烧主要分为炉灶燃烧和锅炉燃烧。炉灶燃烧如省柴灶等操作简便、投资较省，但燃烧效率普遍偏低，从而造成生物质资源的严重浪费；而锅炉燃烧采用先进的燃烧技术，把生物质作为锅炉的燃料燃烧，以提高生物质的利用效率，适用于相对集中、大规模地利用生物质资源。锅炉按照燃烧方式的不同又可分为流化床锅炉、层燃炉等。

3.2.1 省柴灶

3.2.1.1 省柴灶分类与结构

农村省柴灶是指针对农村广泛利用柴草、秸秆进行直接燃烧的状况，利用燃烧学和热力学原理，进行科学设计而建造或者制造出的适用于农村炊事、取暖等生活领域的用能设备（图 3-2）。顾名思义，它是相对于农村传统的旧式炉、灶、炕而言的，不但改造了内部结构，提高了效率，减少了烟气排放，而且卫生、方便、安全。

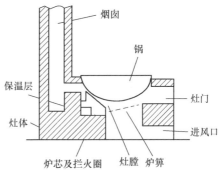

图 3-2 生物质炉灶

我国农村，各地根据当地的生活习惯、传统文化和经济条件，有许多种类型的省柴灶。按照建造方式，可分为手工砌筑灶和商品化灶。商品化灶一般带热水，有水箱、烟管，如我国某厂生产的省柴热水灶采用组合式灶台设计，由钢架构灶体、灶门、圆形灶膛、环绕水箱、圆管烟仓、抽拉式沉灰托盘、水箱保温材料、大理石台面等精心制作而成。按通风助燃方式，可分为自拉风灶和强制通风灶（带风箱或风机）；按烟囱和灶门相对

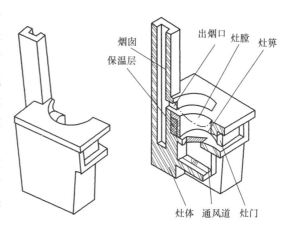

图 3-3 省柴灶结构

位置的不同，可分为前拉风灶和后拉风灶；按锅的数目，分为单、双、多锅灶。

省柴灶结构（图 3-3）一般包括：灶箅与灰室、灶门、拦火圈与回烟道、灶体保温措施。燃料离锅底近，吊火高度小（12～16cm）。

3.2.1.2 省柴灶特点

从灶型的结构方面来看，老式柴灶结构不合理，燃烧不完全，保温性能差，热损失大，所以热效率低。其主要缺点是："两大"（灶门大，灶膛大）、"两无"（无烟囱，无灶箅）、"一高"（吊火高，一般在 30cm 左右）。而省柴灶与老式柴灶相比，具备了"两小"（灶门和灶膛较小）、"两有"（有灶箅和烟囱）、"一低"（吊火较低）的优点。结构比较合理，有一个完整的通风系统，能使燃料得到较充分的燃烧。由于设置了保温层，增加了拦火圈，延长了高温烟气流在灶膛里的回旋路程和时间，从而使热损失减少，热效率提高，既省柴又省时间，并且安全卫生，使用方便。根据全国各地的测试与调查，省柴灶一般比老式柴灶省柴 1/3～1/2，节约时间 1/4～1/3。

从热力学原理来看，省柴灶基本达到了节能的三个条件：一是能将燃料充分燃烧，使燃料中的化学能比较完全地转化为热能。二是传热保温效果好，使有效利用的热值较大，散热的热值较小。三是余热能较好利用，尽可能减少排烟余热和其他热损失。

3.2.1.3　省柴灶技术要点

根据柴灶的结构和特点，柴灶的热损失主要有排烟热损失、化学及机械不完全燃烧热损失、灰渣带走的热损失以及灶体、锅体的蓄热损失等。

省柴灶基本结构包括灶体、灶膛、通风道、灶箅、烟囱等。根据我国各地农村的生活习惯和烹饪方法，省柴灶一般应具备以下性能特点：一是点火容易起火快。例如烧开水或食物加工过程中的加热，要求点火容易、起火快、省时、省工。二是持续加热效能高并温度可调。炊事过程中，需要在一定温度下，持续加温一段时间，且温度可调。例如蒸、煮、炸食物时，三者所不同的仅在于维持的温度不一样，油炸需要的温度要比蒸煮时的高。三是安全卫生和保温性能好。直接利用辐射热和传导热加工食物，例如烤、烙、炒食物时，需要柴灶灶口不冒烟，灶膛保温，余热可利用。四是热效率高。一般省柴灶的热效率要在25%以上，而新建的省柴灶则要求热效率要高于30%，并能适应当地基本生活用能要求。

3.2.1.4　省柴灶的施工技术

省柴灶的外部施工可以按如下步骤进行：

第一步，砌灶体。灶体主要起保温和承担锅台重量的作用。灶体内径大小可以这样确定：即用燃烧室的内径加上燃烧室结构的双边厚度，再加上保温层厚度，三项之和就是灶体的内径尺寸。灶体外表应做得整齐、面平，以利于粉刷。

第二步，砌灶门。灶门的作用是添加燃料和观察燃烧情况，其位置应低于出烟口3～4cm，若高于出烟口，就会出现燎烟现象。一般农村的灶门高12cm、宽14cm，烧草的灶门可大一些，烧煤的灶门可小一些。为了防止热能从灶门散失掉，灶门上应安装活动的带有观察孔的挡板。

第三步，砌灶台。通常把灶台突出灶身4～8cm，做成一种滴水边，既方便使用，又美化了灶形。砌灶台时还要注意内口留出3～4cm，以便做锅边。

第四步，抹锅边。锅边是紧贴和托起铁锅的结构，常用硬泥或混合泥做成。一般大锅的锅边厚度为25～30cm，抹锅边为20～25cm，小锅、特小锅15～20cm。抹锅边时，应边抹边用锅试，力求抹严、不跑气；锅沿超出灶面的高度要控制在3cm以内，以便增大锅的受热面积。

第五步，砌烟囱。烟囱具有一定的抽力，可以保证燃烧室内进入充足的空气，并将燃烧过程中产生的废气排到大气中。户用炉灶的烟囱高度在3m左右，出口内径为12～18cm。在烟囱的适当位置要设置闸板，以控制调节烟囱的抽风量，在烟囱的基部要留掏灰孔。如果采用预制结构烟囱，内径不得小于16cm。一般情况下，烟囱应高出屋脊0.5m。

第六步，粉刷。粉刷要在炉灶测试合格以后进行，一般灶台面、出烟口等部位最好使用1/3的水泥砂浆粉刷。灶台面装饰（贴瓷砖）一般应在灶的各种性能达到技术要求且灶体阴干后进行。

3.2.2　生物质直接燃烧层燃技术

生物质直接燃烧层燃技术被广泛应用在农林业废弃物的开发利用方面。丹麦EL-SAM公司改造的Benson型锅炉采用两段式加热，由四个并行的供料器供给物料，秸秆、木屑可以在炉栅上充分燃烧，并且炉膛和管道内还设置有纤维过滤器以减轻烟气中有害物质对设备的磨损和腐蚀。实践运行证明，改造后的生物质锅炉运行稳定，并取得了良好的社会和经济效益。

根据给料和给风的方向布置，层燃炉可分为顺流、叉流和逆流三种（图3-4）。

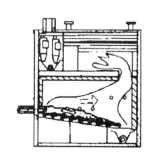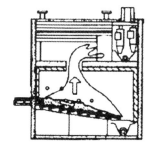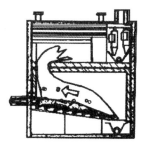

图 3-4　不同层燃系统示意图（依次为顺流、叉流和逆流）

顺流：给风方向与给料方向相同，主要适用于干燥生物质燃料或使用预热空气；

叉流：给风方向与给料方向垂直交叉，有利于烟气循环流通；

逆流：给风方向与给料方向相反，比较适合于热值较低的生物质燃料。

我国研究人员通过对秸秆本身特性的分析研究，在秸秆直燃热水锅炉燃烧室的设计中，采用双燃烧室结构。第一燃烧室为主燃区，设置于炉膛前部；第二燃烧室为辅助燃烧区，设置于炉膛后部，两者间由挡火拱分隔。该布置方式加强了秸秆与高温烟气、空气的相互混合，同时延长了物料在炉内燃烧的停留时间，确保了秸秆燃烧的充分完全，取得了良好的运行效果。

采用层燃技术开发生物质能，锅炉结构简单、操作方便、投资与运行费用都相对较低。由于锅炉的炉排面积较大，炉排速度可以调整，并且炉膛容积有足够的悬浮空间，能延长生物质在炉内燃烧的停留时间，有利于生物质燃料的完全燃烧。但生物质燃料的挥发分析出速度很快，燃烧时需要补充大量的空气，如不及时将燃料与空气充分混合，会造成空气供给量不足，难以保证生物质燃料的充分燃烧，从而影响锅炉的燃烧效率。

3.2.3　生物质直接燃烧流化床技术

目前，国外采用流化床技术开发生物质能已具有相当规模。美国爱达荷能源产品公司已经开发生产出生物质燃烧流化床锅炉，蒸汽锅炉出力为 $4.5 \sim 50t \cdot h^{-1}$，供热锅炉热量为 36.67 MW（1 吨蒸汽产生的热量相当于 0.7MW）；美国 CE 公司利用鲁奇技术研制的大型燃废木循环流化床发电锅炉热量为 $100t \cdot h^{-1}$，蒸汽压力为 8.7MPa；美国 B&W 公司制造的鼓泡流化床（Bubbling Fluidized Bed，BFB）和循环流化床（Circulating Fluidized Bed，CFB）设计非常灵活可靠，可满足许多应用中最严苛的需求，已于 20 世纪 80 年代末投入运行（图3-5 和图3-6）。此外，瑞典以树枝、树叶等林业废弃物作为大型流化床锅炉的燃料加以利用，锅炉热效率达 80%；丹麦采用高倍率循环流化床锅炉，将干草与煤按照 6∶4 的比例送入炉内混合燃烧，锅炉出力为 $100t \cdot h^{-1}$，热功率达 80MW。

我国自 20 世纪 80 年代末开始，对燃烧生物质流化床锅炉进行了深入细致的研究。

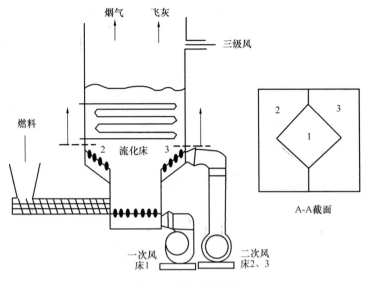

图 3-5　BFB 流程图

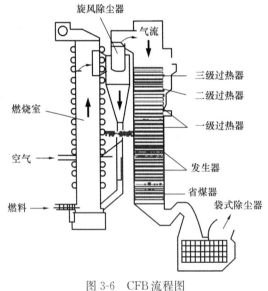

图 3-6　CFB 流程图

为了提高锅炉燃烧效率，研究人员采用细砂等颗粒作为媒体床料，以保证形成稳定的密相区料层，为生物质燃料提供充分的预热和干燥热源；采用稀相区强旋转切向二次风形成强烈旋转上升气流，加强高温烟气、空气与生物质物料颗粒的混合，促进可燃气体和固体颗粒进一步充分燃烧。

流化床锅炉对生物质燃料的适应性较好，负荷调节范围较大。床内工质颗粒扰动剧烈，传热和传质工况十分优越，有利于高温烟气、空气与燃料的混合充分，为高水分、低热值的生物质燃料提供极佳的着火条件，同时由于燃料在床内停留的时间较长，可以确保生物

质燃料的完全燃烧，从而提高了燃生物质锅炉的效率。另外，流化床锅炉能够较好地维持生物质在 850℃ 左右的稳定燃烧，所以燃料燃尽后不易结渣，并且减少了 NO_x、SO_x 等有害气体的生成，具有显著的经济效益和环保效益。

但流化床对入炉的燃料颗粒尺寸要求严格，因此需对生物质进行筛选、干燥、粉碎等一系列预处理，使其尺寸、状况均一化，以保证生物质燃料的正常流化。

近年来，悬浮燃烧技术发展很快，在悬浮燃烧系统中，燃料被气流携带喷入炉膛内，输送燃料的空气称为一次空气。锅炉的启动通过辅助燃烧器来完成。当炉膛达到一定燃烧温度时，关闭辅助燃烧器，同时开始喷入生物质燃料。

目前，国内开始逐渐采用的循环流化床燃烧技术，具有燃烧效率高、污染排放低、燃料适应性广等优点，是高效规模化利用生物质最具有前途的技术之一。它是在传统循环流化床技术基础上开发的一种新型循环流化床技术，采用"三床两返多流程"的独特架构。在生物质资源丰富的地区以及工业废弃物集中的用户，实施"一炉多燃料"，综合利用不同种类的生物质和工业废弃物燃料，既可以有效应对燃料季节性波动，又可以降低运行成本。

3.3 生物质压缩成型及固体燃料

3.3.1 生物质成型的原理

3.3.1.1 生物质成型概念

被粉碎的生物质颗粒，在外力和黏结剂的作用下，形成具有一定形状的生物质成型块的过程，称为生物质成型。一般纤维性生物质含水率在10％以下时，需施加较大的压力，使其非弹性或黏弹性的纤维分子之间相互缠绕胶合，固化成型；对于含木质素等黏弹性组分含量较高的原料，若温度达到其软化点时，则只需施加一定的压力，便可制备成型燃料。

3.3.1.2 生物质压缩成型的工艺类型

根据主要工艺特征，生物质压缩成型可划分为湿压成型、热压成型和炭化成型三种类型。

（1）湿压成型：湿压成型燃料块密度较低，设备简单，易操作，但部件磨损较快，烘干费用高，且多数产品燃烧性能较差。

（2）热压成型：热压成型机械主要有螺旋挤压成型机和机械（液压）驱动活塞式成型机。

（3）炭化成型：首先将生物质原料炭化或部分炭化，然后再加入一定量的黏结剂挤压成型；若不使用黏结剂，成型燃料容易破损、开裂。

3.3.1.3 生物质成型黏结剂

为了使成型块在运输储存和使用时不致破损、开裂，并具有良好的燃烧性能，一些生物质燃料成型工艺中必须使用黏结剂。理想的黏结剂应能保证成型块具有足够的强度和抗潮解性，并且在燃烧时不产生烟尘和异味，最好黏结剂本身可燃。

常用的黏结剂分无机、有机和纤维类三种。

（1）无机黏结剂：水泥、黏土、水玻璃等（灰分增大，热值降低）。

（2）有机黏结剂：焦油、沥青、糖浆（30％）、树脂、淀粉（4％）等（有异味）。

（3）纤维类黏结剂：废纸浆、水解木纤维等工业废弃物。

3.3.2 生物质燃料成型技术及设备

生物质致密成型技术是指应用机械加压（加热或不加热）的方法，将各类原来分散、没有一定形状、密度低的生物质原料压制成具有一定形状、密度较高的各种固体成型燃料的过程。按成型温度可分为加热成型和常温高压成型两种。加热成型又可分为螺旋挤压成型技术、活塞式冲压成型技术和压辊式成型技术。生物质棒状或块状成型设备应用较为普遍的是螺旋挤压成型机和活塞式冲压成型机两种。

3.3.2.1 加热成型

（1）螺旋挤压成型技术

如图 3-7 所示，螺旋挤压成型机主要由挤出螺旋、挤出套筒、加热圈等组成。被粉碎的生物质原料在挤出螺旋的作用下被推入挤出套筒，在挤出套筒周围加热圈的作用下，生物质原料在挤出套筒内被加热到木质素软化状态并随生物质原料不断进入挤出套筒，由于受挤压及胶黏的共同作用使生物质成型。成型后的棒状燃料被源源不断地送出，燃料棒的长度可根据需要截断，这种螺旋挤压式的棒状燃料成型机主要用于生产木炭棒的原料棒。成型机的挤出螺旋由一台功率为 11kW 的电动机驱动，加热电热管的功率为 5kW，成型燃料棒为中空结构，外径为 48mm，内径为 10mm，每分钟可生产长400mm 的燃料棒 2.5 根。

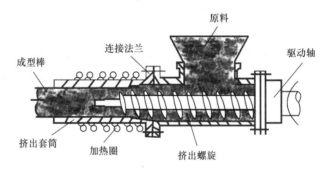

图 3-7　螺旋挤压成型机结构简图

（2）活塞式冲压成型技术

活塞式生物质棒状燃料成型机结构简图如图 3-8 所示，该设备主要由活塞、加热圈和成型喉管组成。活塞由液压或机械驱动做往复运动，已粉碎的生物质原料在活塞的推动和加热圈的作用下，其木质素被软化而产生胶黏作用，在喉管处被挤压成型。活塞式冲压成型机主要用于农作物秸秆的成型，当加热温度达 70～110℃时，秸秆中的木质素软化产生黏接作用，当温度达到 160℃时木质素熔融，此时加压使纤维素紧密黏接而成型，该机每小时可生产棒状燃料 60～80kg，燃料棒的密度为 0.74～0.9g/cm³。

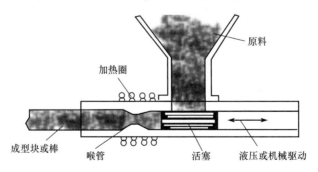

图 3-8　活塞式冲压成型机结构简图

3.3.2.2 常温成型

生物质加热成型技术的最大缺点是能耗较高，每生产 1t 生物质成型燃料一般要耗电 100kW·h。在能源紧缺的今天，常温成型技术成为生物质成型燃料的发展方向。

生物质原料是由纤维构成的，被粉碎后的生物质原料质地松散，在受到一定的外部压力后，原料颗粒先后经历位置重新排列、颗粒机械变形和塑性流变等阶段。由于非弹性或黏弹性的纤维分子之间的相互缠绕和咬合，在外部压力解除后，一般都不能再恢复到原来的结构形状。应用这一原理，可以实现自然状态下的常温压缩成型。常温压缩成型通常可采用压辊式成型机，压辊式成型机又可分为环模式、平模式两种，如图 3-9、图 3-10 所示。

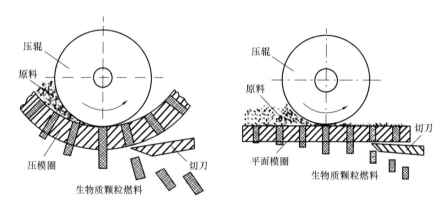

图 3-9　环模、平模式颗粒成型机结构原理图

图 3-10　压力双向挤压常温成型机

环模式压力成型机的主要工作部件是压力室的压辊和压模圈。压模圈的周围钻有许多成型孔，在压模圈内装有两对压辊，压辊外圈加工有齿或槽，用于压紧原料不打滑；压辊装在一个不动的支架上，压辊能跟随压模圈的转动而自转，压辊与压模圈保持很小的间隙，工作时压模圈由驱动轴驱动，等速顺时针回转，进入压模圈的生物质原料被转

动着的压模圈带入压辊和压模圈之间，生物质原料被两个相对旋转件逐渐挤压通过压模孔向外挤出，再由固定不动的切刀将其切成短圆柱状颗粒。

平模颗粒成型机的压模为一水平固定圆盘，在圆盘与压辊接触的圆周上开有成型孔，送料器把原料均匀地撒布于固定压模表面；然后旋转的压辊将原料挤入平模模孔，压出圆柱状的生物质成型燃料，再被与主轴同步旋转的切刀切断成要求的颗粒长度。

该成型技术的工艺流程为：原料→预处理（削片或粉碎）→成型→包装。它比加热成型技术减少了原料烘干、成型时加热和降温三道工序，可节约能耗 44%～67%。

3.3.2.3　影响生物质成型燃料制备的主要因素

（1）原料含水率：过高则加热时产生大量水蒸气，造成表面开裂，严重时产生爆鸣；太低时因水分对木质素具有软化、塑化的作用，则生物质难以成型。原料含水率对成型的影响，一般在 6%～12%。

（2）成型温度：温度对不同物料成型的影响不同。

（3）原料种类：木屑 240～260℃，秸秆 220～260℃。

（4）原料粒度：粒径越小，形变越大，越有利于压缩，通常要求原料粒径小于 5mm。

（5）成型压力与模具尺寸等。

3.3.3　成型生物质燃料的物理特性及燃烧性能

（1）物理特性

主要包括以下几个方面：① 密度：提高几倍乃至几十倍，至 1.1～1.4t/m³，形状规则，便于储存运输。② 热值：16300～20900kJ/kg。③ 强度：轴向压缩最大破坏载荷可达几吨至十几吨，横向压缩最大破坏载荷为 0.26～0.98t，与生物质原料相比，强度大幅提高。④ 吸湿性：无论哪种生物质成型燃料都不能直接和水接触，否则会很快膨胀、软化、松散。

（2）燃烧性能

主要包含以下几个方面：① 成型燃料密度大，从而限制了挥发物的逸出速度，延长了挥发物的燃烧时间。② 成型燃料质地密实，炭燃烧更加完全充分。③ 整个燃烧过程 O_2 的供应趋于平衡，燃烧效率高，过程稳定。

3.4　生物质固硫型煤技术

生物质固硫型煤技术是将煤粉与生物质混合加工成块状固体燃料物的一种资源综合利用技术。该技术被公认为是一种洁净节能技术，不仅可以提高燃烧效率、减少资源浪费，而且可以减少 SO_2、CO_2 和 NO_x 等污染物对环境的污染。生物质型煤总节煤率可达 20%～24%，总减硫率大于 65%，碳减排的潜力可达当年总排量的 10%。实现生物质资源的代煤作用和型煤的节煤作用。

3.4.1　生物质固硫型煤生产工艺

3.4.1.1　成型机理

1962年德国的Rumpf针对不同材料的压缩成型，将成型物内部的黏结力类型和黏结方式分成5类：固体颗粒桥接或架桥；非自由移动黏结剂作用的黏结力；自由移动液体的表面张力和毛细压力；粒子间的分子吸引力（范德华力）或静电引力；固体粒子间的充填或嵌合。

生物质的主要成分是纤维素、半纤维素和木质素，属于高分子化合物，从有机化学结构和化学键合作用理论上看，此类物质同煤之间存在一定的化学键合作用，具有一定的黏结性。生物质型煤的成型有冷压成型和热压成型两种。

（1）冷压成型机理

较长的生物质纤维在型煤的成型过程中可以形成一个网状骨架，在一定粒度范围内，随着纤维长度的增大，生物质之间的交缠作用增强，其成型压力提高，型煤强度增大。另外，根据煤化学理论和近代化学键理论，分子作用力和氢键作用是煤成型的主要作用力。制备型煤时，随着成型压力的增大，物料颗粒间距减小，分子间作用力和氢键作用增强，型煤的强度也随之提高。一般型煤的强度除了与化学键作用力有关外，更重要还取决于型煤本身能否形成一个有序的层状排列的网状骨架结构。当添加一定比例的生物质时，网状骨架结构会随着成型压力的增大而更加牢固。在压缩初期，较低的压力传递至生物质颗粒中，使原先松散堆积的固体颗粒排列结构开始改变，生物质内部空隙率减少；当压力逐渐增大时，生物质大颗粒在压力作用下破裂，变成更加细小的粒子，并发生变形或塑性流动，粒子开始填充空隙并紧密接触进而互相啮合，一部分残余应力贮存于成型块内部，使粒子间结合更牢固。冷压成型制得的型煤燃烧性能和强度较高，且设备及工艺研究成熟，无需高温能耗低，但型煤不具防水性。此外，生物质型煤冷压成型过程只要保证足够的压力，在不加任何添加剂的情况下也可以压制出高强度的型煤。

（2）热压成型机理

生物质中的木质素是非晶体，没有熔点，但有软化点。当温度达70~110℃时，木质素发生软化，黏合力增加；在200~300℃时，软化程度加剧并液化，此刻施加一定压力，可使其与纤维素紧密黏结，并与相邻煤炭颗粒重新排列位置，颗粒发生机械变形和塑性流变。另外，生物质中含有较多的氧，一部分氧以含羧基和羟基的形式存在，该基和煤中的活性基团（如含氧官能团）通过原子间的共用电子对形成共价键或氢键。木质素作为生物质固有的内在胶黏剂，在高温下软化、熔融形成胶体物质，提高了成型物的机械强度和耐久性。木质素发生塑性流变后会渗透到煤的微孔结构中，同时温度也促使共价键的形成，使生物质和煤之间产生了啮合力，从而和煤炭颗粒紧密胶合在一起，冷却后即可固化成型为致密的固体燃料。热压成型虽然可以减小成型压力，但在加热原料的过程中却要消耗一定的能量。经热压的生物质燃烧会产生孔隙结构，有利于分子间共价键的形成，使生物质与煤紧密胶黏在一起，保持较高的强度。同时煤炭会产生煤焦油，使型煤表面疏水化，因此热压生物质型煤具有良好的防水性能。与冷压成型相比，热压成型技术对压力的要求较小，能够延长机器零件寿命，但是加热过程能耗相对较高。

3.4.1.2 成型技术

图 3-11 是生物质固硫型煤生产工艺路线图。生物质型煤一般采用工业对辊成型技术，该技术是利用干料在高压下摩擦生热使生物质软化而成型的。在成型过程中无法避免原料煤相对辊面滑动上翻的现象，特别是在中高压成型中，滑动上翻将贯穿全过程，势必剪断生物质纤维的交联作用。目前此类成型机国外有日本的高压成型机，国内有 GXM60045 工业型煤成型机和 ZZXM30 型煤成型机等。清华大学的研究人员利用生物质纤维的交联作用，开发出一种新型轮，有效地扼制了现有高压成型机物料高压下上翻的弊端，且对成型物料的适应性宽，许可成型水分也成倍提高，并能显著降低成型压力，有利于取消物料烘干工序使成型工艺简单化，有效降低了成本。

3.4.2 生物质固硫型煤特性

（1）点火特性

点火特性是燃料燃烧的重要特性之一。影响点火特性的因素有燃料粒度、形状、长径比等。一般型煤粒度越大，挥发分析出越困难，点火温度越高。因此型煤的点火温度比散煤高，点火性能

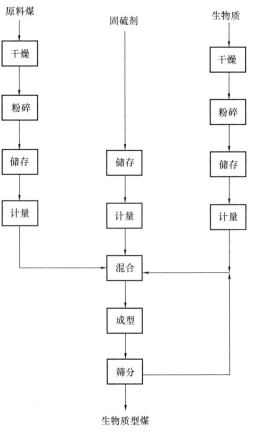

图 3-11 生物质固硫型煤生产工艺

较差。相比而言，生物质型煤的点火性能明显优于普通型煤。生物质型煤一般由高挥发分的生物质和低挥发分煤或高灰分、低发热量的劣质煤组成，混合后的型煤比原煤可燃基挥发分有所提高。点火过程中，易燃的生物质率先点火放热，使生物质型煤在短时间内迅速升温达到着火点，不易点火的原煤也随之很快着火。随着生物质的迅速燃烧，在型煤中生物质燃料原来占有的体积迅速收缩，型煤中空出了许多孔道和空隙，使一个实心的球体变成了一个"多孔球体"，即为氧气的渗透扩散创造了条件，所以点火能深入到球面表层下一定深度，形成稳定的点火燃烧。在高压成型的生物质型煤中，其组织结构决定了挥发分的析出及向型煤内部传递热量较慢，所以形成挥发分点火逐步进行，但点火所需的氧气依然比原煤层状燃烧点火时要少。可见，生物质型煤的点火温度更趋向生物质的点火特性，而且点火温度变化不大。生物质型煤点火的延迟时间与燃料种类、燃料性质（挥发分、灰分、水分等）、混料配比、主燃火焰温度、配风形式及大小等因素有关。

（2）燃烧机理

生物质型煤的燃烧过程属于静态渗透式扩散燃烧，大致可分为挥发分的析出和燃

烧、固定碳的着火和燃烬两个阶段。型煤进入锅炉后，在高温辐射热源的作用下，煤球表层颗粒中有机物开始分解，挥发分析出。当可燃挥发物浓度达到其着火浓度，其环境温度达到挥发物的着火温度便开始局部着火燃烧。随着可燃挥发分从型煤球表面不断析出、燃烧火焰逐渐围绕整个型煤表面，继而燃烧向型煤球深处渗透并带动焦炭的扩散燃烧。最后，可燃物基本燃尽，完成生物质型煤的整个燃烧过程。生物质在燃烧过程中呈多孔球燃烧，有利于氧气向内和燃烧产物向外的扩散，有利于加速传热传质和保证充分燃烧，因而不会产生煤热解过程中因为局部供氧不充分发生的热解析炭冒烟现象。且生物质型煤燃烧充分，能顺利地实现层状燃烧，可改善由于灰渣黏结成片造成的通风不良情况。

日本的有关研究表明：生物质型煤燃烧分挥发分燃烧和焦炭燃烧两个阶段，挥发分燃烧伴随着整个燃烧过程，而焦炭燃烧占整个燃烧时间较长，控制燃烧效率。燃烧效率受化学反应影响较小，主要受边界层和灰层对氧气扩散的影响控制。理论上讲可能影响生物质型煤燃烧速度的主要因素包括生物质与煤的种类、燃烧温度、燃烧时通风情况、固硫剂添加情况、生物质不同掺量、生物质型煤外形与质量大小等。

（3）机械强度

一般评价型煤机械强度的指标有抗压强度、跌落强度和耐磨强度。抗压强度是指型煤被压碎时所能承受的最大压力，一般以单位"N/个"表示。由于型煤是大宗商品，在运输和使用过程中可能会经受跌落、碰撞等冲击，所以要求型煤具有一定的抗冲击能力。型煤的跌落强度指型煤从一定高度落下而不破碎的强度，是衡量型煤抗冲击能力的指标之一。耐磨强度是检测型煤内部粉煤颗粒互相结合的牢固程度。影响生物质型煤机械强度的因素通常有生物质、黏结剂、配煤、生物质的热处理条件、成型压力等。

（4）固硫特性

生物质型煤在成型过程中，不仅需要添加固硫剂（CaO），而且还要加入有机活性物质（如麦秆、稻秆、锯木屑等）。因此生物质燃料中还含有一定量的碱金属和碱土金属，并在燃烧过程中，这些元素能和钙元素一样起到固硫的作用，从而提高生物质型煤的固硫率；经高压成型的生物质型煤具有高强度的组织特性，有机生物质的率先燃尽形成的灰壳使燃烧产物在煤球内的停留时间较长，且燃烧后形成的微孔组织，使固硫剂更容易暴露在 SO_2 气体中，增加了 SO_2 与固硫剂接触的机会和时间，使固硫反应效率提高；由于生物质型煤中挥发分含量高于普通型煤，挥发分在煤球周围的燃烧降低了向煤球中心扩散的氧的量，大大减小了氧气向球内扩散的浓度，使煤球内部始终在缺氧的条件下燃烧，自然抑制了一部分 SO_2 的生成；生物质本身含有一定的木质素和腐殖酸，具有巨大的比表面积，对 SO_2 有较强的吸附能力，在一定程度上延缓了 SO_2 的析出速度，增加了反应比表面积；生物质燃烧后留下的孔隙起到膨化疏松作用，防止了 CaO 的烧结，提高了固硫剂的利用率。

但当温度达到 900℃时，固硫产物 $CaSO_4$ 开始分解，放出 SO_2，而温度一旦超过 1000℃时，$CaSO_4$ 分解会明显加快，SO_2 大量放出，使固硫率降低。因此，提高固硫率的关键是固硫剂的制备，要求固硫剂有尽可能大的比表面积，反应活性尽可能高，同时要求固硫剂能耐较高的温度，并能使所生成的硫酸盐在高温下不易分解。

3.4.3 生物质型煤技术发展方向

生物质型煤既能节省能源，充分利用农林业废弃物，又能明显减少对大气的污染，具有综合的经济、环境和社会效益。生物质型煤生产应面向市场，朝高效、洁净燃烧、生产工艺简化方向发展。

（1）开发低成本、高固硫率和防潮抗水型适用于工业炉窑燃用的生物质型煤。我国现有工业锅炉 62 万台，工业窑炉 16 万台，如此数量的燃烧设备由于型煤的不足而大量燃烧散煤，致使燃烧效率低下，污染严重。

（2）研究开发廉价、易推广的黏结剂，提高生物质型煤的抗水性，满足绿色可持续发展战略；根据生物质具体性能对其进行生物化学预处理以适当提高其黏结能力；开发具有高固硫性能的复合固硫剂，研究复合黏结剂，以增加生物质型煤的抗压强度、机械强度、热稳定性和防水性。

（3）通过应用人工智能、神经网络等先进技术对多种煤配比及生物质配比的调整和配方的优化设计，将生物质型煤的灰分、水分、挥发分、发热量、燃料比、粒径大小、反应活性、焦渣特征、热变形特性等调整到有利于燃烧的最佳值和大幅度降低生产成本，简化生产工艺。

（4）针对我国生物质种类多样的特点，因地制宜地开发适合当地居民和工厂使用的型煤技术，实现生物质资源的就近利用。提高现有的生物质型煤成型技术及设备，实现整体技术和配套技术的规范化。开发适用于工厂生产的生物质型煤成型设备，实现技术和设备的一体化发展。

3.5 生物质直接燃烧发电/热电联产

3.5.1 生物质直燃发电技术

现代生物质直燃发电技术诞生于丹麦。20 世纪 70 年代的世界石油危机以来，丹麦推行能源多样化政策。该国 BWE 公司率先研发秸秆等生物质直燃发电技术，并于 1988 年建立了世界上第一座秸秆发电厂。丹麦的秸秆发电技术现已被联合国列为重点推广项目。目前在发达国家，生物质燃烧发电占可再生能源（不含水电）发电量的 70%，例如，在美国与电网连接以木材为燃料的热电联产总装机容量已经超过 7GW。我国生物质燃烧发电也具有了一定的规模，主要集中在南方地区，许多糖厂利用甘蔗渣发电。例如，广东和广西共有小型发电机组 300 余台，总装机容量 800MW，云南省也有一些甘蔗渣电厂。

目前，生物质发电有 3 种方式：① 生物质直燃发电（图 3-12），就是将生物质直接作为燃料进行燃烧，用于发电或者热电联产。生物质直燃发电是在传统的内燃机发电技术上进行设备改型而实现的技术，该技术基本成熟并得到规模化商品运用，是生物质发电的主要方式。② 生物质与矿物燃料（主要是煤的混合燃烧发电），混合燃烧可提高物质发电的效率，可达 35% 以上，且当生物质所占比重不高于 20% 时一般不需对现有设备进行改动，是未来生物质发电的发展方向。③ 生物质气化联合循环发电。生物质气化是在高温下部分氧化的转化过程。该过程是直接向生物质通气化剂（空气、氧气或水蒸气），使之在缺氧的条件下转变为小分子可燃气体的过程。该技术还不成熟，有待于商品化。

图 3-12　生物质直燃发电厂外观

3.5.2　生物质秸秆直接燃烧发电工艺特征

（1）设备组成

秸秆直接燃烧发电主要由含秸秆处理与输送在内的上料系统、生物质锅炉系统、汽轮机发电系统和环保除尘系统四大组成部分，如图 3-13 所示。

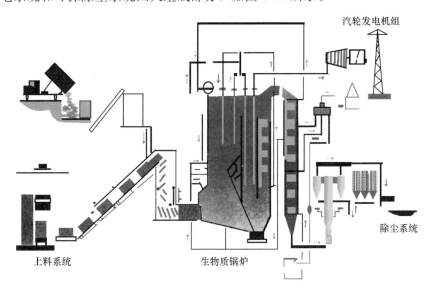

图 3-13　秸秆直接燃烧发电原理图

（2）工艺流程

秸秆直接燃烧发电技术是创新锅炉燃烧技术和传统蒸汽循环系统带动汽轮机发电技术的结合。与燃煤电厂相比，主要差别在于锅炉燃烧系统和燃料输送系统，其他系统相同。主要工艺流程框图如图 3-14 所示。

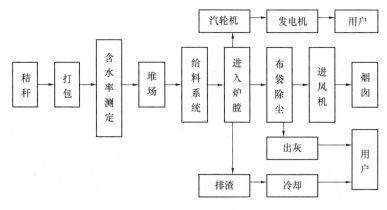

图 3-14　工艺流程框图

生物质热电联产项目作为可循环、可再生低碳能源开发利用的有效、可行载体，其消防安全值得关注。密切结合生产工艺，经济适用、安全可靠地界定其消防设防标准、优化其消防安全对策，尚待进一步实践和研究。

（3）生物质燃烧技术未来的趋势

近年来，我国对于生物质燃料的技术的研发和使用上面有了质的飞跃。然而，与发达国家相比，仍有较大差距。因此我国政府相关部门应制定优惠政策，相关技术部门投入资金进行燃烧机理相关研究，并开发燃烧技术与设备。由于我国生物质发电产业也在不断地增大。因此，需要电力企业配合生物质发电产业，保证生物质燃烧技术的充分利用。此外，在投资上，需要充分考虑产业结构，综合比较每个环节的优缺点，对发展潜力大且环境污染小的项目加大投资。并且有效利用国家补贴和配比电价等优惠政策，优化投资结构。建立健全生物质燃料收集、处理和配送一系列体系，优化生物质发电系统并制定发电规划，并加强人才培养。

3.6　生物质直接燃烧主要污染物与控制技术

生物质是仅次于煤炭、石油和天然气的第四大能源，占世界能源总消费量的 14%，世界上约 1/2 的人口使用生物燃料作为生活用能源。长期以来，生物质能源一直是我国的主要能源之一，特别是在农村地区，1979 年以前，生物质能源占整个农村能源消费量的 70% 以上。生物质燃料燃烧对环境的影响主要体现为燃烧排放物对大气环境的污染。生物质燃料燃烧产生的 SO_2、NO_x、NH_3、挥发性有机物（Volatile Organic Compounds，VOC）等在局部造成了空气污染。同时，生物质燃烧过程产生的细粒子如 PM_{10}、$PM_{2.5}$ 等，影响城市和区域空气质量，降低大气能见度，损害人体健康，甚至影响区域和全球气候，已成为城市、区域乃至全球范围内重要污染源之一。尤其在亚洲棕色云团和其演化生成的大气棕色云团被发现之后，生物质燃烧导致的细粒子污染及引发的相关问题已受到世界的关注。

3.6.1 生物质燃烧过程中污染物生成机理

生物质燃料燃烧所产生污染物的数量和种类依赖于燃料的性质、燃烧技术、燃烧过程和控制措施等因素。生物质燃料燃烧装置所产生的大气污染物分为两大类：有毒有害气体污染物和悬浮微小颗粒物污染物，其生成机理如下：

3.6.1.1 硫氧化物生成机理

硫作为植物生长的必需元素之一，是植物细胞的结构性组成元素，其主要通过根系吸收土壤中的硫酸盐进入植物体内。在大气污染严重的地区，SO_2 与 H_2S 可以通过叶片进入植物体内。生物质硫含量与煤炭等化石燃料相比较低，其中木本燃料硫含量一般在 0.1%（基于干燥无灰基，下同）以下，部分草本燃料硫含量较高，如油菜秸秆硫含量能达到 0.3%，但由于生物质热值低，折算为标煤含硫量会变高。

生物质燃烧过程中，硫主要以气相 SO_2 和碱金属及碱土金属硫酸盐的形式存在，其中硫酸盐沉积在换热器表面或存在于底灰和飞灰中。一般认为，SO_2 析出分别发生在挥发分析出及其燃烧和焦炭燃烧两个阶段，且挥发分析出及其燃烧阶段生成的 SO_2 主要为有机硫氧化生成，焦炭燃烧阶段生成的 SO_2 则主要为无机硫酸盐的分解。

3.6.1.2 氮氧化物生成机理

生物质燃烧过程中，燃料氮的转换途径分 3 个阶段（图 3-15）：

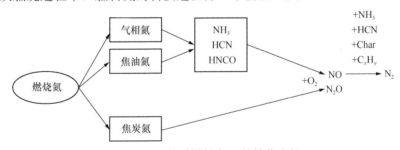

图 3-15　生物质燃料中 N 的转化途径

（1）挥发物析出阶段

生成产物是焦炭和挥发分，含氮挥发分由焦油氮和气相氮组成，其中气相氮即为生成 NO_x 和 N_2O 的主要前驱物：NH_3、HCN 和少量的 HNCO。因此，经历过挥发分析出阶段的燃料氮以气相氮、焦油氮及焦炭氮的形式存在。

（2）挥发分（主要是焦油）的二次热解和燃烧阶段

含氮挥发分进一步转化为 NH_3 和 HCN，NH_3 再进一步氧化生成 NO_2 或将 NO 还原为 N_2，HCN 进一步氧化形成 N_2O 和 NO，或将 NO 还原为 N_2，同时生成的 NO_x 也能在碳氢化合物及焦炭的还原下生成 N_2。

（3）焦炭燃烧阶段

一部分焦炭氮进一步氧化生成 NO_x 和 N_2O，剩下的被还原为 N_2。

3.6.1.3 颗粒物产生机理

微小颗粒物有多种来源，包括炉灰（烟气中夹带的颗粒物），由 K、Na 与 Cl、S 生成的盐类（KCl、NaCl 和 K_2SO_4 等），以及煤烟、木炭或冷凝的重质碳氢化合物（焦油等）不完全燃烧物。

生物质燃烧的颗粒物排放因子取决于燃料的燃烧状态和燃料类型。燃料密度、尺寸、含水量以及燃烧器的结构和空气补给等情况都可以影响燃烧状态，进而影响颗粒物的产生。其中在中国，秸秆燃烧对总悬浮颗粒物（Total Suspended Particulate，TSP）的贡献最大（表 3-1）。

表 3-1　不同原料对各种颗粒物的贡献

	秸秆	薪柴
TSP（%）	72.72	25.82
PM_{10}（%）	71.86	26.87
$PM_{2.5}$（%）	60.94	37.26

当生物质如秸秆燃烧状态不同时，排放因子有着明显的差异：闷火燃烧的排放颗粒物因子明显比明火燃烧高。秸秆燃烧的排放颗粒物还存在着一定的地域性差异。如图 3-16 所示，颗粒物排放因子大小顺序是华东＞中南＞东北＞西南＞华北＞西北。

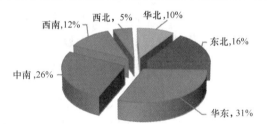

图 3-16　各地生物质燃烧 TSP 排放量

3.6.2　生物质燃烧污染预防与控制技术

3.6.2.1　清洁燃烧技术

通过采取避免污染物生成的措施（清洁燃烧技术）或烟气净化技术，可以清除烟气中的有害污染物。污染预防也可以称为清洁燃烧技术。清洁燃烧技术包括：燃料要求、燃料设备的选择、燃烧优化控制、分级配风、分阶段供给燃料和再燃烧、低氮氧化物燃烧技术等。

（1）燃料要求

生物质成型燃料必须由农林废弃物（如秸秆、稻壳、木屑、树枝等）为原料，通过专门设备在特定工艺条件下加工制成的棒状、块状或颗粒状等生物质成型燃料，严禁使用由废木制家具、废纸、城市生活垃圾等含有人工合成化合物的可燃废物加工成型的燃料。表 3-2 和表 3-3 分别为《生物质固体成型燃料技术条件》（NY/T 1878—2010）对生物质燃料性能的要求和辅助性能指标要求。

此外，还可采取技术措施，一定程度上清除燃料中有害元素。例如，对秸秆进行水洗能有效地去除其中的 Cl 和 K。水洗有两种途径，一是在收获之后将秸秆遗留在农田内一段时间，让雨水沥滤；二是人工方法。Cl 元素是生成二噁英和呋喃的必备元素，因此，水洗秸秆可达到降低二噁英和呋喃的目的。水洗、干燥和沥滤有机物的能量相当于秸秆热值的 8%，同时避免了腐蚀（因 K、Cl 含量降低）。虽然存在能量损失，但可通过延长锅炉寿命来弥补。

燃料颗粒尺寸大小对于选择燃烧工艺十分重要。一般要求生产出的燃料尺寸应趋于一致，如果燃料尺寸不均匀，包括特大和特小的颗粒，可使用破碎机或削片机将其中的大块破碎，使燃料颗粒尺寸趋于一致。

此外燃料进料方式，主要包括上进料、下进料、水平进料方式以及特殊进料方式等，进料量过大或过小都不利于燃烧，容易产生污染物。

表 3-2　生物质成型燃料的性能要求

项目	颗粒状燃料		棒（块）状燃料	
	草本为主	木本为主	草本为主	木本为主
直径或横截面最大尺寸 D（mm）	≤25		≤25	
长度（mm）	≤4D		≤4D	
成型燃料密度（kg/m³）	≥1000		≥800	
含水率（%）	≤13		≤13	
灰分含量（%）	≤10	≤6	≤12	≤6
低位发热量（MJ/kg）	≤13.4	≤16.9	≤13.4	≤16.9
破碎率（%）	≤5			

表 3-3　生物质成型燃料的辅助性能指标要求

项目	性能要求
硫含量（%）	≤0.2
钾含量（%）	≤1
氯含量（%）	≤0.8
添加剂含量（%）	无毒、无味、无害≤2

（2）燃料设备的选择

根据生物质成型燃料及设备特性选择适合的燃烧设备是生物质成型燃料污染预防的另一个重要措施。表 3-4 中列出主要燃烧技术的优缺点及适用领域，在使用现有设备或选择新设备时可作为参考。

表 3-4　不同燃烧技术的优缺点和适用领域的总结

燃烧技术	优点	缺点
下饲式	1）小于 6MW，系统投资低； 2）连续进料，进料控制简便； 3）良好的定量给料，低负荷运行时污染物排放量低	1）仅适用于低灰分含量和高灰熔点的生物质燃料（如木材）； 2）对燃料颗粒尺寸要求较高，缺乏灵活性炉排技术
炉排技术	1）小于 20MW，系统投资低； 2）运行成本低； 3）烟气含尘浓度低； 4）与流化床相比，对灰分结渣的敏感性低	1）不能使用木材和草本燃料的混合燃料； 2）需要特殊技术减排 NO_x； 3）过量空气系数高，效率低； 4）燃烧状态没有流化床均匀； 5）低负荷运行时，难以实现低污染物排放
悬浮燃烧	1）过量空气系数高，效率高； 2）高效的分阶段配风和良好混合，大幅度降低 NO_x 排放量； 3）良好的进料控制，可快速改变负荷	1）限制燃料颗粒尺寸（<10~20mm）； 2）耐火材料损害速率较快； 3）需要额外的辅助燃烧器

续表

燃烧技术	优点	缺点
鼓泡流化床	1）燃烧室内无移动部件； 2）分阶段配风，降低了 NO_x 排放量； 3）燃料的含水量和种类具有灵活性； 4）低过量空气系数，提高了效率且减少了烟气流量	1）投资高，仅应用于 20MW 以上系统； 2）运行成本高； 3）燃料颗粒尺寸的灵活性低； 4）烟气除尘量高； 5）低负荷运行时需要专门技术； 6）对灰分结渣中度敏感； 7）流化床中换热管中度腐蚀
循环流化床	1）燃烧室内无移动部件； 2）分阶段配风，降低了 NO_x 排放量； 3）燃烧状态均匀； 4）强扰动，传热系数高； 5）燃料含水量和种类具有灵活性； 6）易于使用添加剂； 7）低过量空气系数，提高了效率且减少了烟气流量	1）投资高，仅应用于 30MW 以上系统； 2）运行成本高； 3）燃料颗粒尺寸的灵活性低； 4）烟气除尘量高； 5）低负荷运行需要副床； 6）对灰分结渣高度敏感； 7）床料在灰分中损失； 8）流化床中换热管中度腐蚀

（3）分级配风

应用分级配风技术将挥发分析出和气相燃烧阶段分开，降低了不完全燃烧产生的污染物和 NO_x，并促进了可燃气和助燃空气的混合程度。初始阶段，初级空气在热解阶段加入，可燃气的主要成分为 CO、H_2、CH_4、H_2O 和 N_2。可燃气中的 NH_3、HCN 及 NO 对于脱硝是有益的，在第二阶段提供充足的二级空气，确保完全燃烧并降低因不完全燃烧产生的污染物。当 O_2 充足时，NH_3 和 HCN 会通过不同反应途径转化为 NO。而当燃料充足时，NO 将与 NH_3 和 HCN 反应生成 N_2。这个机制被用作脱硝。通过优化初级空气过量系数、温度及在炉内滞留时间，最大限度地将 NH_3 和 HCN 转化为 N_2。

（4）分阶段供给燃料和再燃烧

分阶段供给燃料和再燃烧在生物质燃烧设备中也是一种脱硝措施。首先，初级供给燃料在过量空气系数大于 1 时发生燃烧，此时没有明显出现 NO_x 还原现象。然后，在没有额外供给空气情况下，在初级燃烧区域后部烟气中加入二次燃料，形成了亚化学计量的还原气氛，烟气通过与二级燃料形成的 NH_3 和 HCN（假设二次燃料中含有氮）发生反应，在初级燃烧区还原成 NO_x。另外，NO 与源自二次燃料中乙烯酮（$HCCO$）的 CH_i 自由基（$i=0\sim3$）反应重新生成 HCN，这称为再燃烧。在典型再燃烧条件下，$HCCO$ 是脱除 NO 最有效的自由基。最后，在还原区后部加入充足的空气，使初级空气过量系数大于1，从而实现完全燃烧。采用分阶段供给燃料燃烧需要配有初级和二级燃料自动进料装置，同时二级燃料必须易于控制，这是因为需要有适合的两次进料系统以及燃烧精确控制系统的燃烧过程设计，限制了分阶段供给燃料燃烧技术在大型生物质燃烧系统中的应用，天然气、燃料油、生物质粉末、锯末或其他类似燃料均可作为二级燃料。

（5）低氮氧化物燃烧技术

烟尘、NO_x、SO_x、CO、C_xH_y 为生物质成型燃烧较为主要的污染物，而生物质成型燃料含硫较少，烟尘主要靠烟气净化去除，又因为 NO_x 清洁燃烧技术较为成熟，且在实施这些技术时，也大大降低了 CO、C_xH_y 的排放量，因此在此仅重点介绍 NO_x 污染预防技术，即低 NO_x 燃烧技术，详见表3-5，有部分预防措施与上文重复。

表 3-5　低氮氧化物燃烧技术

燃烧方法		技术要点	存在问题
二段燃烧法 （空气分级燃烧）		燃烧器的空气为燃烧所需空气的 85%，其余空气通过布置在燃烧器上部的喷口送入炉内，使燃烧分阶段完成，从而降低 NO	二段空气量过大，会使不完全燃烧损失增大，一般二段空气比为 15%～20%，煤粉炉由于还原性气氛易结渣，或引起腐蚀
再燃烧 （燃料分级燃烧）		将 80%～85% 的燃料送入主燃区，在 $\alpha<1$ 条件下形成还原气氛，将主燃区生成的 NO_x 还原为 N_2，可减少 80% 的 NO_x	为减少不完全燃烧损失，需加空气对再燃区的烟气进行三段燃烧
排烟再循环法		让一部分温度较低的烟气与燃烧用空气混合，增大烟气体积和降低氧气的分压，使燃烧温度降低，从而降低 NO_x 排放浓度	由于受燃烧稳定性的限制，一般再循环烟气率为 15%～20%；投资和运行费较大；占地面积大
浓淡燃烧法		装有两只或两只以上燃烧器的锅炉，部分燃烧器供给所需空气量的 85%，其余部分供给较多的空气，由于都偏离理论空气比，使 NO_x 降低	
低 NO_x 燃 烧 器	混合促进型	改善燃料与空气的混合，缩短在高温区的停留时间，同时可降低氧气剩余浓度	需要精心设计
	自身再循环型	利用空气抽力，将部分炉内烟气引入燃烧器，进行再循环。	燃烧器结构复杂
	多股燃烧型	用多只小火焰代替大火焰，增大火焰散热面积，降低火焰温度，控制 NO_x 生成量	
	阶段燃烧型	让燃料先进行浓燃烧，然后，送入余下的空气，由于燃烧偏离理论当量比，故可降低 NO_x 浓度	易引起烟尘浓度增加
	燃烧室大型化	采用较低的热负荷，增大炉膛尺寸，降低火焰温度，控制温度型 NO_x	炉膛体积增大
	分割燃烧室	用双面露光水冷壁把大炉膛分割成小炉膛，提高炉膛冷却能力，控制火焰温度，从而降低 NO_x 浓度	炉膛结构复杂，操作要求高
	切向燃烧室	火焰靠近炉壁流动，冷却条件好、再加上燃料与空气混合较慢，火焰温度水平低，而且较为均匀，对控制温度型 NO_x 十分有利	

3.6.2.2 烟气净化技术

（1）除尘技术

将炉灰从烟气中进行分离，可以采用多种设备和方法，主要有：沉降室、旋风式除尘器、多管旋风除尘器、静电除尘器、袋式除尘器和洗涤除尘器。针对生物质成型燃料燃烧，表3-6中列出各类除尘技术的原理、特性及优缺点、适用性等。各除尘技术工作原理图见图3-17至图3-22。

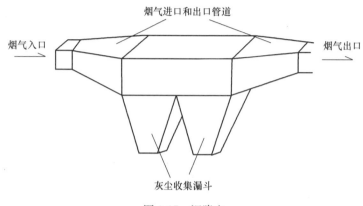

图 3-17　沉降室

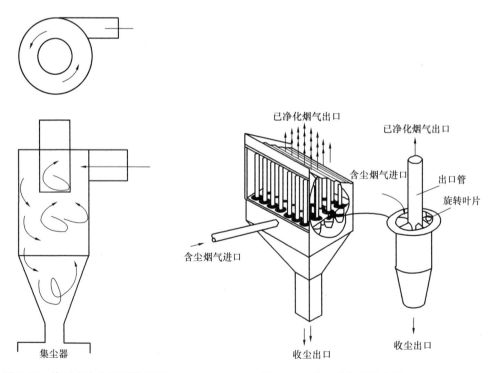

图 3-18　旋风式除尘器工作原理　　　　图 3-19　多管式旋风除尘器

表 3-6 生物质成型燃料燃烧除尘技术

除尘技术	工作原理	颗粒物尺寸 (μm)	除尘效率 (%)	流速 (m/s)	温度范围 (℃)	压力范围 (bar)	应用场合	优点	缺点
沉降室 (图3-17)	沉降室分离颗粒物的原理是利用重力作用	>50	粒度<30μm: ≈10 粒度<90μm: ≈40	1~3	<1300	<100	第一级分离处理	压力损失小、设计和维护简便、产量高、成本低、可熄灭火焰	所需空间大、除尘效率低
旋风除尘器 (图3-18)	基于重力与离心力分离颗粒物。离心力通过两种方式作用于烟气和固体颗粒物：烟气沿切向进入旋风式除尘器；烟气沿轴向进入旋风式除尘器，并由风驱动发生旋转。由于离心力的作用，颗粒物击打除尘器内壁并滑落至集尘器内	>5		15~25	<1300	<100	第一级或第二级颗粒物的分离	设计和维护简便、占地面积小、对收集粉尘可采用连续干式清灰、压力损失低至中等、可以处理大粒度的颗粒物、除尘容量大、成本低、度受温度影响、可熄灭火焰	需用更多的上部空间，对细小颗粒的除尘效果差，对除尘量和流速过敏感、焦油会凝结在旋风式除尘器内壁
多管旋风除尘器 (图3-19)	通过缩小旋风式除尘器的直径来增加离心力，可提高除尘效率。为了避免降低除尘容量，可并联多台旋风式除尘器	>5	<90	—	<500	—	—	木材燃烧飞灰一般颗粒较大，其中将它们有效分离。对温度不是特别敏感、应用广泛	结构复杂、成本较高

续表

除尘技术	工作原理	颗粒物尺寸（μm）	除尘效率（%）	流速（m/s）	温度范围（℃）	压力范围（bar）	应用场合	优点	缺点
静电除尘器（图3-20）	在静电除尘器首先使颗粒物带上电荷，然后置于电场中被电极吸引，通过周期性振动可清洁电极，使粉尘从电极上脱离并落入集尘室内	<1	95～99.99	0.5～2	<480	<20	末级处理	除尘效率大于99%；能处理非常细小的颗粒物；干湿颗粒物均能处理；与其他除尘设备相比，压降和能耗较低；除了腐蚀性或黏性颗粒物，不需额外的维护；无活动部件；可在高达480℃的温度条件下正常运行；可处理大流量烟尘	初投资相对较高，对处理能力有流速敏感，阻系数高使某些材料在经济上不可行；电压高，有安全方面要求。察觉不到除尘效率逐渐恶化。占地面积大
袋式除尘器（图3-21）	袋式除尘器结构相对简单，由悬挂于密闭装置内、用特殊纤维织成的过滤器或滤布组成。烟气从其中流过	<1	>99	—	150～200	—	一般安装在多管旋风除尘器下游，供进一步净化用	除尘效率高达99%以上，易于发现效率下降；可干式除尘，可收集小颗粒	对滤速敏感；高温气体需预先经过冷却处理（冷凝）的影响；易受湿度对化学侵蚀敏感；滤布纤维体积庞大，温度低时，焦油易凝结在滤布上；滤布使用寿命较短（2～3年）
洗涤除尘器（图3-22）	含尘气流通过水或其他液体，利用惯性碰撞、拦截和扩散等作用，尘粒留在水体或其他液体内，而干净气体通过水或其他其他液体	喷淋塔：>10 旋风洗涤器：>3 文丘里：>3 管洗涤塔：>0.5	<90	—	—	—	—	可同时吸附多种气体（SO₂, NO₂, HCl）且清除颗粒物、冷却和清洁高温、高湿气体、清除（或中和处理）腐蚀性的气体或混合物，减少大气粉尘爆炸性的风险，效率可调	易发生腐蚀、侵蚀及磨损问题。处理亚微细颗粒物效率较低，产生的液体雾沫污染问题、存在冬季结冰回收同题，浮力减小和烟羽上升；某些大气条件下，产生的水蒸气易使烟羽可见，增加了废水处理和回收成本

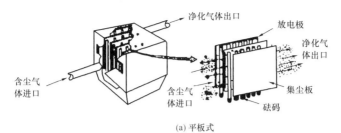

(a) 平板式

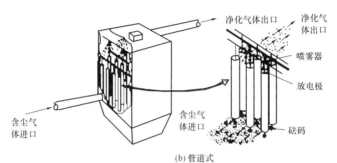

(b) 管道式

图 3-20 静电除尘器

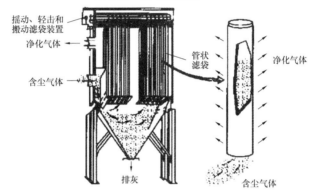

(a) 振动式袋式除尘器

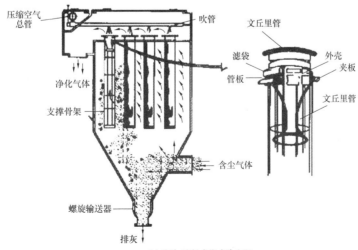

(b) 脉冲-喷射式袋式除尘器

图 3-21 袋式除尘器

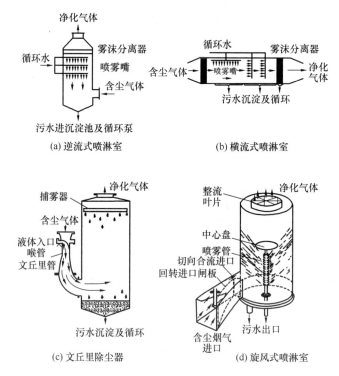

图 3-22　洗涤式除尘器

除尘器的选择方法：第一，黏性颗粒（如焦油）必须在液体中（例如洗涤器）收集，亦可使用集尘表面附有连续液膜的旋风式除尘器、袋式除尘器或静电除尘器来收集。另外，还必须具备废水处理工序。第二，黏附在一起但未形成坚固表面的颗粒物较易收集。而与其性质相反颗粒物的处理则需要具有特殊表面的除尘器，例如，敷以聚四氟乙烯纤维的除尘器。第三，颗粒物的电特性对于静电除尘器极为重要，这对其他控制设备也十分重要。因为在于颗粒物摩擦时产生的静电荷可能有助于（或阻碍）收集。第四，直径大于 $5\mu m$ 的非黏性颗粒物，只能使用旋风式除尘器来收集；直径远小于 $5\mu m$ 的颗粒物，通用静电式除尘器、袋式除尘器或洗涤器来收集。第五，对于产生流量大的液体，使用水泵会使洗涤器的运行成本非常高，因而适合采用其他类型的除尘器。此外，还必须考虑除尘器材质的抗腐蚀性和烟气露点。根据生物质成型燃料燃烧产生的烟尘特点，通常使用袋式除尘和旋风除尘技术，可达较好效果。

（2）烟气脱硝

生物质燃料氮含量较低，其排放的 NO_x 主要来自于燃料中的氮。降低 NO_x 排放量的污染预防措施有：使用含氮量低的生物质燃料、分阶段燃烧、在第一阶段供给较低的过量空气、较低的火焰温度和烟气再循环等。

生物质燃烧装置 NO_x 烟气净化措施主要包括选择性催化还原法（Selective Catalytic Reduction，SCR）和选择性非催化还原法（Selective Non-catalytic Reduction，SNCR）。这两种方法均喷入还原剂（主要是氨或尿素），分别使用和不使用催化剂将 NO_x 转化为 N_2。脱硝机理主要有 2 种：Eley-Rideal（ER）和 Lamgmuir-Hinshelwood（LH），其中 ER 机理认为 NH_3 首先吸附于催化剂活性点位上，然后与气相中的 NO 结合反应。LH

机理则认为 NH_3 和 NO 首先都吸附在催化剂表面，然后在相邻的活性位点上结合反应生成 N_2 和 H_2O。

第一种，SCR 通常以铂、钛或钒氧化物为催化剂，使用氨或尿素将 NO_x 转化为氮气（N_2），化学反应方程式为：

$$4NO+4NH_3+O_2\longrightarrow 4N_2+6H_2O$$
$$2NO_2+4NH_3+O_2\longrightarrow 3N_2+6H_2O$$

SCR 是还原 NO_x 使用最广泛的方法，化石燃料燃烧时可将约 80% 的 NO_x 还原；

氨使用的最佳温度范围为 $220\sim270℃$，尿素使用的最佳温度范围为 $400\sim450℃$，此时喷入挥发性还原剂，通常使用铂基催化剂，催化剂一般以氧化铝为载体，催化剂必须具备克服燃料性能及其纯净度的特性。

对于选择性催化还原法，催化剂的长效性能是一个问题，容易出现活化失效现象。图 3-23 和图 3-24 为在生物质成型燃料燃烧系统应用低尘及高尘选择性催化剂还原 NO_x 的工艺路线。

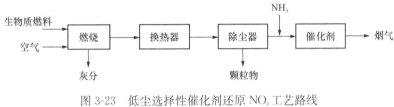

图 3-23　低尘选择性催化剂还原 NO_x 工艺路线

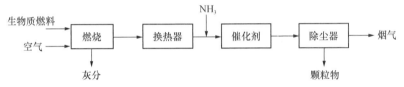

图 3-24　高尘选择性催化剂还原 NO_x 工艺路线

第二种，SNCR 由于选择性催化还原法需要使用催化剂，因此人们继而开发出了选择性非催化还原法（SNCR）。SNCR 不需催化剂，而是在高温条件下发生反应。使用 SNCR 时，通常将氨或尿素喷入温度为 $850\sim950℃$ 的烟气中。

由于温度很高，SNCR 不需要使用催化剂，喷入的氨与被还原 NO_x 浓度比例范围为 $1:1\sim2:1$（摩尔比）；采用 SNCR 可还原 60%～90% 的 NO_x。

SNCR 过程需要精确的温度控制才能够取得最佳的还原效果。如果温度过高，氨就会被氧化为 NO_2，反之，如果温度过低，氨则根本不会发生反应，并与 NO_x 一起被排出。因此，SNCR 需一个最佳使用温度范围，$840\sim920℃$ 被证明是最佳还原温度范围。

氨的使用量必须与烟气中 NO_x 含量成正比，充分混合对于取得最佳还原效果也非常重要。图 3-25 为在生物质成型燃料燃烧装置上应用 SNCR 的工艺流程示意图。

（3）烟气脱硫

生物质燃烧设备的 SO_x，排放量通常都比较低。主要生成物为 SO_2（>95%）。由于木柴中含硫量较低，所以木质类成型燃料燃烧装置的 SO_2 排放量不高。然而，对于芒属植物、禾本科植物以及秸秆等生物质成型燃料，SO_2 排放量可能稍高，依实际情况适当采取适当脱硫措施。按脱硫过程是否加水和脱硫产物的干湿状态，烟气脱硫又可分为

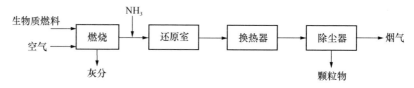

图 3-25　选择性非催化剂还原 NO$_x$ 工艺路线

湿法、半干法和干法三类工艺，湿法脱硫又包括石灰石-石膏法脱硫、氨法脱硫、海水法脱硫、双碱法脱硫、镁法脱硫等，半干法脱硫包括喷雾干燥脱硫、循环流化床烟气脱硫等，干法脱硫包括炉内喷钙烟气脱硫、炉内喷钙尾部烟气增湿活化脱硫、干式催化脱硫等。表 3-7 对常见脱硫技术进行简单介绍。

表 3-7　典型脱硫技术原理及优缺点

脱硫技术	原理	优点	缺点
石灰石-石膏湿法烟气脱硫（图 3-26）	目前世界上技术最为成熟、应用最多的脱硫工艺。该工艺以石灰石浆液作为吸收剂，通过石灰石浆液在吸收塔内对烟气进行洗涤，发生反应，以去除烟气中的 SO$_2$，反应产生的亚硫酸钙通过强制氧化生成含两个结晶水的硫酸钙，脱硫后的烟气从烟囱排放	①技术成熟，运行可靠，目前国内烟气脱硫的 80% 以上采用该法；② 设备和技术很容易取得，脱硫剂石灰石易得，价格便宜；③ 对锅炉负荷变化有良好的适应性，在不同的烟气负荷和 SO$_2$ 浓度下，脱硫系统仍可保持较高的脱硫效率及系统稳定性	①占地面积较大，脱硫塔的设备投资较高；② 脱硫塔循环量大，能耗较高；③系统有发生结垢、堵塞的倾向
CFB-FGD 循环流化床烟气脱硫	锅炉排出的烟气直接进入流化床反应塔与塔内高浓度的脱硫剂反应，完成脱硫。脱硫后的烟气进入电除尘器除尘净化后，经引风机，由烟囱排出	①系统阻力低，确保锅炉正常运行；② 断面风速高，床体瘦长，占地少；③ 负荷调节比例大，负荷调节快，适合负荷波动大的场合；④ 系统对烟气的含尘量要求不高；⑤ 系统不运行时，可直接作为烟道使用，系统可用率较高	① 脱硫效率相对较低，国内目前运行的系统中脱硫效率基本在 80% 左右；② 适用范围较小，适用范围为一炉一塔或两炉一塔，对多炉一塔系统的稳定性较差；③ 脱硫产物由于含量比较复杂，基本无法利用
氧化镁湿法烟气脱硫	利用 MgO 浆液或水溶液作为脱硫剂通过洗涤烟气达到脱硫的目的。吸收了 SO$_2$ 的亚硫酸盐和亚硫酸在一定温度下分解产生 H$_2$S 气体，再用于制造硫酸，而分解形成的金属氧化物得到了再生，可以循环使用	① 技术成熟，运行可靠；② 脱硫效率高，可达 95%～98%；③ 副产品亚硫酸镁是造纸工业的化工原料，亚硫酸镁/硫酸镁是重要的肥料，可以生产含镁复合肥	在生产过程中有 8% 的 MgO 流失而造成二次污染

脱硫技术	原理	优点	缺点
氨-肥法脱硫	以水溶液中的 SO_2 和 NH_3 的反应为基础。采用氨将废气中的 SO_2 脱除，得到亚硫酸铵中间产品，再采用压缩空气对亚硫酸铵直接氧化，并利用烟气的热量浓缩结晶生产硫铵铵化肥，尤其适用高硫煤	① 将回收的二氧化硫、氨全部转化为硫酸；② 脱硫效率较高，可达 90%～95%；③ 占地面积相对较小；③ 系统阻力较小（≤200mg/m³），如烟气中尘含量达 350mg/m³	① 对烟气中的尘含量要求较高；② 脱硫成本主要取决于氨的价格，氨的消耗为 1t SO_2 消耗 0.5t 氨。如氨的价格上涨较多，将影响脱硫成本；③ 平均每天有近 1t 的滤料要清理
双碱法脱硫技术	用碱金属盐类，如钠盐的水溶液吸收 SO_2，然后在另外的石灰反应器中用石灰或石灰石将吸收了 SO_2 的溶液再生，再生的溶液返回吸收塔再使用，而 SO_2 仍以亚硫酸钙和石膏的形式沉淀	其固体的产生过程不发生在吸收塔中，从而避免了石灰石/石灰法的结垢问题	固体废弃物处理困难，易于造成二次污染
海水烟气脱硫技术 (图 3-27)	利用天然海水固有的碱度来吸收 SO_2。pH 为 7.8～8.3	① 技术成熟，工艺简单，备品备件少，设备投资费用低；② 适合低硫煤锅炉的烟气脱硫；③ 只需海水，不需添加剂；④ 不存在固体副产品及废水排放；⑤ 运行维护费用低，工作量少，建设周期短；⑥ 脱硫效率可达 95% 以上	海水供排的管线防腐要求高
喷雾干燥法 (SDA) 烟气脱硫 (图 3-28)	由空气加热器出来的烟道气进入喷雾式干燥器中，与高速旋转喷嘴喷出的充分雾化的石灰、副产品泥浆液相接触，并与其中 SO_x 反应，生成粉状钙化合物的混合物，再经过除尘器和吸风机，然后再将干净的烟气通过烟囱排出	① 脱硫效率可达 90% 以上；② 系统非常简单，可用率更高；③ 投资费用较低，运行、维护费用低	① 副产品利用价值不高；② 吸收塔塔径直径大，受场地限制；③ 运行中主要存在吸收塔内固体沉积，喷雾器磨损和堵塞等问题
炉内喷钙＋后部增湿活化脱硫	将磨细的石灰石粉用气流输送方法喷射到炉膛上部温度为 900～1250℃ 的区域，$CaCO_3$ 立即分解并与烟气中的 SO_2 和少量的 SO_3 反应生成 $CaSO_4$。在活化器内炉膛中未反应的 CaO 与喷入的水反应生成 $Ca(OH)_2$，SO_2 与生成 $Ca(OH)_2$ 快速反应生成 $CaSO_3$，有部分被氧化成 $CaSO_4$	① 设备占地面积较小；② 脱硫装置本身无废水产生；③ 烟气温度可控制在适当的范围内，无需再加热	① 石灰石喷入炉膛 1100～1200℃ 部位要消耗热量，热损耗增加 0.4%～1.0%；② 工艺流程复杂，投资大；③ 国产化技术不成熟，运行要求高

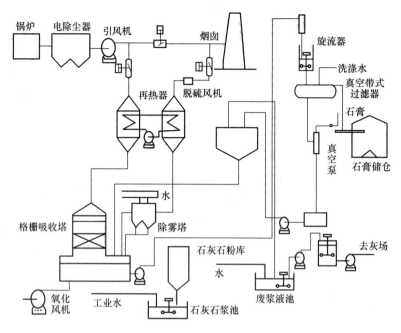

图 3-26　湿式石灰石-石膏烟气脱硫工艺流程图

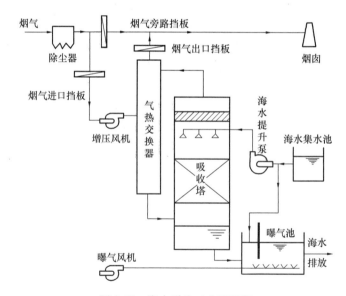

图 3-27　海水脱硫工艺流程图

　　脱硫技术的选择：目前国内并没有针对生物质成型燃料燃烧的脱硫技术进行比选，但因生物质成型燃料含硫量低，可参照低硫煤标准选择合适脱硫技术。

　　相对来说，从经济性看，湿式脱硫更适用于中、高硫煤烟气脱硫，不适合生物质成型燃料，但也可用较经济的简易湿法脱硫。临海地区燃用中低硫煤的电站锅炉可利用海水进行烟气脱硫。喷雾干燥法烟气脱硫，目前主要用于含硫 2.5% 以下的煤，因此也适合于生物质成型燃料。干式循环流化床烟气脱硫技术在烟气中 SO_2 浓度较低的情况下尤其适用，因此也适合于生物质成型燃料。氧化镁脱硫法、炉内喷钙＋后部增湿活化脱硫

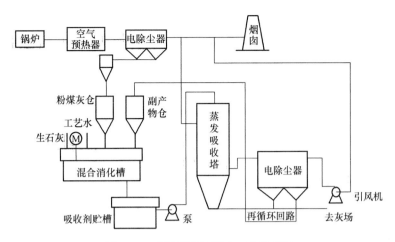

图 3-28 喷雾干燥法脱硫工艺流程图

等适用于低硫煤，因此也适于生物质成型。

生物质燃料的合理选择、进料系统以及供风系统的合理设置能有效减少烟气污染物的排放，保证生物质的高效燃烧环保利用，从而促进生物质燃烧设备的实际运行。通过综合考量各个控制参数在烟气污染物排放中的影响，并经过试验研究确定最优的燃烧工况参数，使烟气污染物超低排放，能有效促进生物质燃烧技术的推广应用。

思政小结

生物质直接燃料利用技术具有广阔的应用前景。能有效缓解工业型煤需求量大与生产水平有限、技术不过关的矛盾，为我国工业型煤的研制、生产和加速推广应用注入新的活力，对显著缓解我国的电力资源短缺危机，提高清洁、可再生电力比例，改善能源结构、保护生态环境、应对气候变化、实现经济社会可持续发展，具有重要意义。此外，也是响应国家"节能减排"和"双碳"目标的重要举措，对我国的可持续发展以及增加农民收入，起着不可估量的作用。发展生物质直接燃料利用技术，符合当下绿色发展理念、缓解国家能源安全危机的重要战略要求。

思考题

（1）简述我国生物质直燃技术现状及未来发展策略。

（2）简述生物质直接燃烧主要污染物与控制技术及烟气净化技术中除尘器如何选择。

（3）如何降低烟气中氮氧化物排放？烟气脱硫脱氮工艺有哪些？

（4）固硫型煤固硫特性？简述低氮氧化物燃烧技术及其特点。

（5）以秸秆为例，设计直燃发电完整的工艺流程。

4

生物质热解与直接液化技术

📖 **教学目标**
....

教学要求：通过系统学习本章，了解并掌握生物质炭化领域的新技术、工艺与装备，形成自主跟踪国内外最新进展、关注国内外研究和产业化应用最新动向的意识。

教学重点：生物质热解和液化技术、工业和设备，以及生物质炭化技术与应用。

教学难点：生物质热解和液化技术原理。

本章主要从生物质热解过程与原理、生物质炭化技术与应用、生物质直接液化技术与工艺、生物质直接液化产物的分离与应用等 4 个方面进行详细介绍。

4.1 生物质热解过程与原理

4.1.1 生物质热解过程

生物质热解通常可看成纤维素、半纤维素和木质素 3 种主要组分独立热解的线性叠加，纤维素和半纤维素主要产生挥发性物质，木质素主要分解为炭。按升温速率、固体停留时间、反应时间和颗粒大小等条件可将生物质热解分为：①炭化（慢热解），温度 <500℃，产物以炭为主；②快速热解，温度一般在 500~600℃，产物主要为可冷凝气，冷凝后即为生物燃油；③气化，温度在 700~800℃，产物以合成气为主。

生物质热裂解过程：①热量通过外部热源以对流和辐射的方式传递给物料表面，再从表面传导到物料内部，温度升高；②构成生物质的聚合物受热裂解成更小、更具挥发性的气体分子（CO、CO_2、H_2O、C_xH_y），同时伴随着内部自由水分的蒸发，内部压力升高，挥发性气体通过颗粒的微孔逸出；③挥发分的逸出过程中，挥发分（热）和未热解的物料（较冷）之间发生对流传热，传热的结果使得部分挥发分冷凝形成焦油；④裂解过程总是导致碳元素的剩余，以炭的形式留在颗粒内，挥发分气体与炭的相互作用会导致二次热解自催化反应的发生。

4.1.2 生物质热解动力学

尽管生物质热解过程复杂多变，但可以用相应的反应模型来描述。常用的反应动力学模型主要有：简单反应模型、连续反应模型、独立反应模型和竞争反应模型。

为计算热解过程的相关动力学参数，首先设 α 为生物质热解转化率：

$$\alpha = \frac{w_0 - w}{w_0 - w_\infty} \tag{4-1}$$

w_0——生物质初始质量；

w——生物质热解后剩余物质的质量。

生物质热解过程中，较为常见的热解表观动力学函数 $f(\alpha)$ 的表达式为：

$$f(\alpha) = (1-\alpha)^n \tag{4-2}$$

（1）简单反应模型

简单反应模型常用于非等温热解反应，其数学表达式如下：

$$\alpha/dt = A\exp(-Ea/RT)(1-\alpha)^n \tag{4-3}$$

式中　Ea——活化能；

　　　A——前因子；

　　　R——通用气体常数。

一级反应模型（$n=1$）适用于固体有机物的热降解，而二级反应模型则适用于固体内部不参与反应的过程。此类模型可以较好地预示生物质热解过程中的失重，也是应用最为广泛的一类模型，但是简单反应模型，不能反映出热解三态产物的分布比例。

（2）连续反应模型

向连续反应模型引入变量，来表征参与反应的量占原始质量的比例，那么生物质热解总失重率可表达为：

$$w/dt = \sum c_i dw_i/dt \tag{4-4}$$

对于各类反应物：

$$dw_i/dt = -(1-c_{i-1})dw_{i-1}/dt - A_i\exp(-Ea_i/RT)w_i^m \quad i=2,3\cdots \tag{4-5}$$

利用连续模型对生物质热解过程进行模拟，发现一次热解和二次热解是连续的，得出的模拟结果与实验相吻合。

（3）独立反应模型

独立反应模型常用于反应物中含有两种或两种以上物质，同时它们在反应过程中相对独立，无相互影响，其数学表达式如下：

$$da_i/dt = A_i\exp(-Ea_i/RT)(1-a_i)^m \tag{4-6}$$

整体热解动力学方程为：

$$w/dt = \sum c_i da_i/dt \tag{4-7}$$

式中，c_i 为热解过程中各类挥发分的相对质量。

利用独立反应模型来描述桉树和松木的热解反应过程，发现两种物质的热解过程相互独立，可以利用叠加原理进行研究。

（4）竞争反应模型

竞争反应模型常用于反应物中含有两种或两种以上物质，同时它们在反应过程中相互竞争参与热解，其数学表达式如下：

$$\alpha/dt = \sum A_i\exp(-Ea_i/RT)(1-\alpha)^m \tag{4-8}$$

由于生物质热解是大分子有机物以不同方式进行裂解，而往往有一个分反应作为主导，故热解过程中的焦炭和不可冷凝气体的产生与生物油的产生形成竞争反应。

4.1.3　生物质热解机理

生物质热解机理模型大多是在热失重数据基础上构建起来的全反应动力学模型，它没有对热解产生的挥发分组分给出很好的解释。一些研究者针对主要的热解产物提出了相应的热解机理反应模型。

由于纤维素在生物质中占据了几乎一半的含量，其热裂解行为在很大程度上体现出生物质的热解规律，因而当前研究基本上都从纤维素的热解行为入手开展工作。纤维素热解机理的探索源于对纤维素燃烧过程的研究，Broido 发现纤维素在低温加热条件下一部分纤维素转化为脱水纤维素。Broido 和 Nelson 在研究纤维素的燃烧实验中发现纤维素在 230～275℃预处理后焦炭产量由没有预热的 13%增加到 27%，由此提出了竞争反应动力学。Shafizadeh 提出纤维素在热解反应初期存在一高活化能从"非活化态"向"活化态"转变的反应过程，建立了 Broido-Shafizadeh 模型。活性纤维素是重要的中间态物质。由于 B-S 模型存在一些疑问，因此随后的研究者对其进行了改进，如图 4-1 所示。

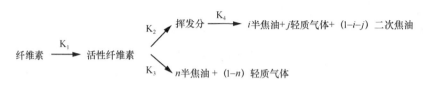

图 4-1 生物质热解反应机理示意图

Piskorz 等提出的纤维素热解反应机理模型为：热解初期涉及低温碳化反应和纤维素聚合度快速降低之间的竞争过程。当纤维素聚合度降低到 200 时，葡萄糖环的破裂生成乙醇醛和通过转糖基作用的解聚反应生成左旋葡萄糖之间形成了竞争反应，而且葡萄糖环的破裂需要较高的活化能。同时，两种途径中还有一些其他小分子产物没有列出。浙江大学的廖艳芬等认为乙醇醛等化合物的生成来源于两种方式：一是通过与左旋葡萄糖生成反应的竞争获得，另外一种则是作为左旋葡萄糖的二次裂解产物存在，并最终提出了如图 4-2 所示的反应机理模型。

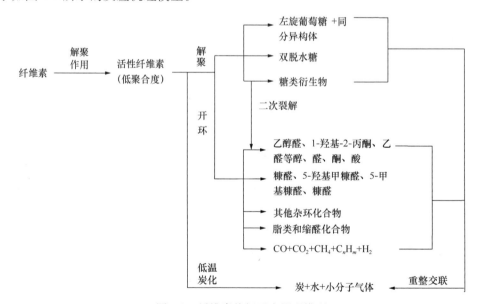

图 4-2 纤维素热解反应机理模型

4.2　生物质炭化技术

4.2.1　生物炭

目前，国内外生物炭的制备技术主要包括批式（Batch Process）和连续式（Continuous Processes）两种。批式制备是一种传统的制炭方法，一般将土覆盖在点燃的生物质上，使之长时间无焰燃烧。或者以"窑"的形式将生物炭加温，在缺氧环境条件下燃烧。如表4-1所示，批式制备设备一般比较简单，易于实施，并且成本低，但产率不高，且无热量回收并会产生新的污染。随着生物炭应用与需求的不断扩大，用传统方法生产生物炭已不切实际。现代制备生物炭常用连续制备，具有产率更高、原料更灵活、副产物的能量可回收用于反应本身、操作更简单、产物更清洁、可连续生产等特点，是未来生物炭生产的主流方式。

表4-1　两种不同生物炭制备方式比较

制备方式	反应器类型	生物炭产率（%）	优点	缺点
批式	地窑、砖窑、搅拌式等	10~30	设备简单、成本低廉	产率较低、能量无法回收、裂解气直接排入大气
连续式	回转窑、流动床、螺杆式等（图4-3和图4-4）	25~40	产率高、原料来源多、副产物的能量可回收用于反应本身、操作简单、产物清洁、可连续生产	设备复杂、成本较高

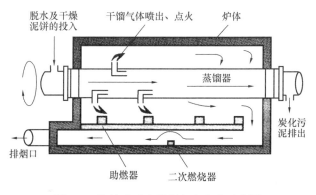

图4-3　旋转式反应器制备生物炭示意图

生物质干馏炭化技术是在完全无氧或只提供极有限氧的情况下对生物质进行加热分解而取得多种产品的方法，干馏炭化过程主要分为干燥、预炭化、炭化和煅烧4个阶段，其产物有固体炭、生物油和可燃气体。干馏炭化属于吸热反应，通常需要提供热源以使反应顺利进行。按照供热方式，可将干馏技术分为外热式和内热式两种。

干馏炭化技术开发历史最为悠久，其产品不仅在传统的民用、制糖、发酵、制药、食品、轻工、医药、冶金、化工、兵工等领域中被广泛应用，而且正在向着与人类生存环境息息相关的环保、净水、空气分离、电子信息、原子能及生物工程、纳米材料、高能电极材料、高效催化剂载体等高新科技领域渗透扩展。

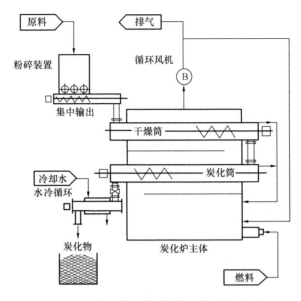

图 4-4　螺杆式反应器制备生物炭示意图

4.2.2　生物质基活性炭

4.2.2.1　活性炭特点

活性炭是一种具有特殊微晶结构、发达孔隙结构、巨大比表面积和较强吸附能力的含碳材料。其化学稳定性好，具有耐酸、耐碱、耐高温等特点。作为一种优良的吸附剂，人们对活性炭的应用、开发和研究越来越多。20 世纪 70 年代前，活性炭在国内的应用主要集中于制糖、制药和味精工业，后来又扩展到水处理和环保等行业；20 世纪 90 年代，其用途又进一步扩大到溶剂回收、食品饮料提纯、空气净化、脱硫、载体、医药、黄金提取、半导体等众多应用领域。但活性炭制备成本高，这大大限制了其发展和应用。因此，寻找价格低廉、产量丰富的原料是目前活性炭研究的发展方向之一。

4.2.2.2　活性炭原料

活性炭的原料应满足碳含量高、有机物含量低、来源广、成本低、数量大、易活化、降解速率慢等条件，目前主要可分为 4 类：植物生物质类，如优质木材、锯木屑、椰壳、竹子、果核等；矿物类，如烟煤、石油沥青、石油焦等；塑料类，如聚氯乙烯、聚丙烯、呋喃树脂、酚醛树脂、聚碳酸酯、聚四氯乙烯等；其他含碳废弃物，如废轮胎、除尘灰、剩余污泥等。其中，植物生物质是最早被用来制备活性炭的原料，也是目前生物质利用中研究的热点之一。

4.2.2.3　生物质基活性炭制备方法

目前，活性炭的制备方法主要有：化学活化法、物理活化法、化学物理法和催化活化法等。

（1）化学活化法

该方法采取的一般工艺步骤是，先用化学试剂浸渍含碳原料，然后在一定温度惰性气体保护下活化，直接得到活性炭，工艺流程见图 4-5。常用的活化剂有 $ZnCl_2$、H_3PO_4、KOH、NaOH 和 K_2CO_3 等。化学法的优点是：不同活化剂及其用量可制得孔径分布及表面化学性质不同的活性炭，对活性炭的孔径分布控制更加容易。

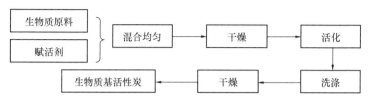

图 4-5　化学法制备工艺流程

（2）物理活化法

物理活化法是将炭化材料在高温下用水蒸气、二氧化碳或空气等氧化性气体与炭材料发生反应，在炭材料内部形成发达的微孔结构。炭化温度一般为 600℃，活化温度一般在 800～900℃。物理活化法制备微孔活性炭的工艺已比较成熟，特别是用于制备价格低廉的生物质基活性炭，效果非常显著。但此过程中原料活性低，所需活化时间较长，微孔孔径分布较难控制，制得活性炭的质量不稳定，比表面积较低，且中孔不够发达，限制了活性炭的应用。

（3）化学物理法

一般认为采用活化前对原料进行化学改性浸渍处理，可使原料活性提高，并在炭材料内部形成传输通道，有利于气体活化剂进入孔隙内进行刻蚀。化学物理活化法可通过控制浸渍比和浸渍时间制得孔径分布合理的活性炭材料，且所得活性炭既有很高的比表面积又含大量中孔，可显著提高活性炭对液相中大分子物质的吸附能力。此外，利用该方法可在活性炭材料表面添加特殊官能团，从而可利用官能团的化学性质，使活性炭质吸附材料具有化学吸附作用，提高其对特定污染物的吸附能力。

（4）催化活化法

高比表面积活性炭材料的孔径大多集中在微孔（<2nm），对气体或液体中小分子的吸附比较有利，但对一些聚合物、有机电解质和无机大分子的吸附性能较差，因此采用特殊方法制备中孔（2～50nm）发达、高比表面积活性炭材料成为人们研究的热点。Tomita 等在研究焦炭气化反应时，发现载有添加剂 Ni 的焦炭部分气化后在焦炭中出现了 10nm 左右的中孔。

4.2.3　生物质基碳材料制备技术进展

（1）微波炭化法

微波加热是通过被加热体内部偶极分子的高频往复运动，使分子间相互碰撞产生大量摩擦热量，继而使物料内外部同时快速均匀升温。微波加热具有操作简单、升温速率快、反应效率高、可选择性均匀加热等优点。微波炭化法的影响因素有微波功率、活化剂种类、活化剂浓度、浸泡时间和加热时间。

（2）生物质水热合成炭微球

炭微球作为一种新型功能炭材料，具有非常好的化学和热稳定性、良好的导热导电性，其规整的球形结构有利于液相反应物与产物的传质，因此在气体储存、催化剂载体、药物输送、锂离子二次电池电极材料等许多新技术领域有着巨大的潜在应用价值。模板法、化学气相沉积法，以及电弧放电法等皆可制备出不同尺寸、不同结构的炭微球，但要准确地控制其大小，制备出单分散、纯度高的炭微球难度仍然较大（图 4-6 至图 4-8）。此外，这些方法需要高温或先合成适宜的模板，存在制备过程复杂、能耗高以及炭微球表面化学官能团较少等缺点。

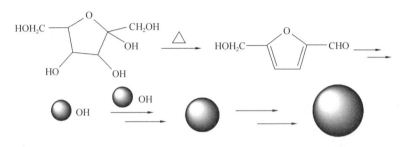

图 4-6　果糖水热成碳示意图

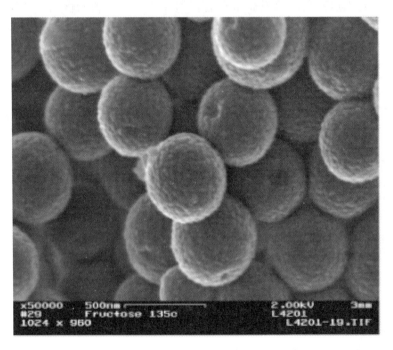

图 4-7　果糖水热法制得的炭微球扫描电镜图

　　目前，生物质水热法已经成为制备炭微球的一种重要方法，所采用的原料有木糖、葡萄糖、果糖、蔗糖、环糊精、淀粉以及纤维素等，这些物质廉价、易得，均可再生，并且其分子内含有多个反应活性较强的羟基，因此水热反应温度相对较低，一般小于 250℃ 即可脱水成炭。水热温度对形貌影响明显，升温降低材料表面的含氧基团含量。反应速率不可控，很难得到较小尺寸的炭球。生物质水热反应通常有两种产物：一是不可溶的炭质粉末，即具有壳-核微观结构的炭微球，其表面含有大量羟基、羧基等亲水性官能团；二是可溶性的有机副产物，如糠醛类化合物、有机酸、醛类。

图 4-8 葡萄糖水热法制得的球形碳扫描电镜图

除了炭微球之外，还有一种性能更优的多孔碳材料。其具有高的比表面积、可调控的物理化学性质、价廉易得等优点，在能源储存和转换、催化、吸附分离等领域展现出了巨大的应用前景。按照孔径的大小，多孔材料可以被分为三类：微孔碳材料（<2nm）、介孔碳材料（介于 2~50nm）和大孔碳材料（>50nm）。多孔碳材料孔隙结构的大小在实际应用中对其性能有较大的影响。根据多孔碳材料的实际用途制备不同孔径大小的碳材料已经成为多孔碳材料的研究热点。随着时代的发展和科学技术的进步，人们发现碳质材料的开发蕴藏着无限的可能性，越来越多的新型碳质材料以及新颖的优良性质被发现。

（3）电磁感应热解制备磁性生物炭

优异的吸附能力和快速磁分离使得磁性生物炭在除去重金属应用方面非常具有吸引力。磁性生物炭的更多羟基分解并与铁离子反应形成新的化学键，表现出强磁化和铁负载稳定性。热解过程中，交变电磁场通过洛伦兹力影响铁的负载能力和稳定性。磁性生物炭具有更粗糙的表面和致密规则的孔隙结构，高的比表面积（~236m^2/g）和微孔体积（0.144m^3/g）。磁性生物炭对废水中的 Cr（Ⅵ）表现出较好的吸附性能。

（4）杂原子掺杂的生物质基碳材料

金属原子 Fe 等整合到碳材料中导致结构变形并改变电子能带结构，从而改变碳材料本身物理化学特性，如热稳定性、电子和光学特性、表面化学和磁性，并赋予碳材料以催化、环境和能源技术可调节的功能。代表性材料有：N、S、Fe 掺杂的生物炭，Fe_3O_4 修饰的生物炭，Fe_3O_4 修饰的污泥基生物炭，Fe_3O_4/N 掺杂的污泥基生物炭。

4.3　生物质液化技术

生物质液化技术是通过化学或生化方式把低能量密度生物质转化为高能量密度液体

产物的一种新型生物质能利用技术。该技术很大程度上能缓解当今社会的能源危机以及环境污染，是人类开发可再生资源的一种非常有效的途径。生物质液化技术可以分为直接液化法和间接液化法（图 4-9）。

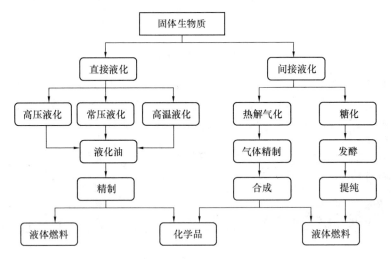

图 4-9　固体生物质热化学转化方式及产物

间接液化法就是把生物质气化后，再进一步合成为液体产品，或采用水解法把生物质中的纤维素、半纤维素转化为多糖，然后再用生物技术发酵成燃料乙醇。

直接液化法则是指以水或其他有机溶剂为介质，将生物质转化成少量气体、大量液体产品和少量固体残渣的过程（图 4-10）。直接液化法根据液化时使用压力的不同，又可分为常压快速直接液化、高压直接液化和低压（常压）液化法。

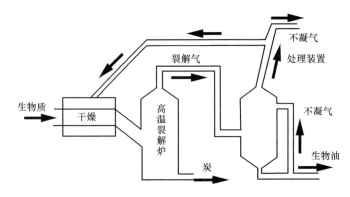

图 4-10　Lynn 裂解制油示意图

生物质的液化一般要经过干燥、粉碎、热解、分离、冷凝等一系列过程。

（1）干燥

为减少最终产物与生物原油的含水量，必须对原料进行干燥处理。一般将原料的含水量控制在 15% 以下。

（2）粉碎

为提高加热速率、获得高的产油率，原料的进一步粉碎和细化是十分必要的。该工艺一般要求粉碎粒度≤2mm。

（3）热解

将原料送入特制的反应器中进行高速热解气化。该工艺的技术关键在于原料在600℃左右的特制反应器中，在很短的滞留时间、极快的加热和热传导速率下迅速转变成热解蒸汽。

（4）分离

热解蒸汽含有一定量的炭和灰分。由于炭在热解蒸汽的二次裂解中起催化作用，并在生物原油中产生不稳定因素，而灰分是不需要的成分。因此，从热解反应器引出的热解蒸汽必须快速、彻底地予以分离。

（5）冷凝

为防止二次裂解、增加不凝气的比例、提高油的获得率，对分离后的热解蒸汽进行快速冷却。

4.3.1 生物质快速热解技术

生物质快速热解技术也称生物质热解液化技术，它是在生物质传统裂解技术的基础上发展起来的一种技术，其目的是尽可能增加液体产物。生物质快速热解技术的关键是在无氧条件下中等反应温度（400~550℃）、较快的升温速率（$10^3 \sim 10^4$ K/s）、较短的停留时间（1s 以内）、快速反应终止技术等可控的热解条件。其反应式为：

生物质──→生物油＋炭＋气体（$CO + CO_2 + CH_4 + C_x H_y O_n$）

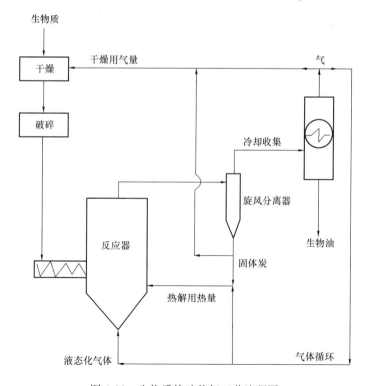

图 4-11 生物质快速热解工艺流程图

反应结果：生物质原料分解，产物经冷却后，得到深棕色生物油，其主要成分及其相对成分比例如表4-2所示。另外，热解过程中还有少量固体产物（炭）和气体生成。

表4-2　生物质油主要成分的相对比例

成分（Components）	相对比例（Relative Proportion）（%）
乙酸 acedtic acid	100
吡啶 pyridine	5.027
2-环戊烯-1-酮 2-cyclopentene-1-ketone	7.225
丁醚 n-butyl ether	7.729
丙酸 propionic acid	12.336
对甲基酚 p-methyl phenol	5.758
甲醇 methanol	13.098
1-羟基-2-丙酮 1-hydroxy-2-propanone	74.019
1-羟基-2-丁酮 1-hydroxy-2-bytanone	16.076
甲酸 formic acid	8.918
苯酚 phenol	13.764
间甲基苯酚 m-methyl phenol	2.526

生物质快速热解工艺流程，见图4-11。目前，各国相继开发出输送流式热解、真空热解、快速热解、快速升温热解、漩涡热解、热解磨、旋转锥式闪速热解、等离子体快速升温热解和流化床热解等十几种热解液化装置及相应的技术，其共同特点是反应停留时间极短、加热速率极快。其产物主要是液体，仅有少量气体，产物中含有少量甚至不含焦炭，液体油呈黑色，热值最高可达 22MJ/kg。由欧盟与美国、加拿大等国家和地区联合开发的生物质超短快速热解液化技术，获得了占原料质量 70%～80% 的液体燃油，这一技术被称为是对现代工业技术最大的贡献，是将生物质能源转变为高品位现代能源的重要技术突破。我国科研人员在生物质催化热解过程中，通过添加分子筛类催化剂实现生物质快速热解，并成功制备出高品质生物原油。

世界各国通过反应器的设计、制造及工艺条件的控制，开发了各种类型的快速热解工艺。几种有代表性的工艺介绍如下，各装置的规模、液体产率等参数列于表4-3。

表4-3　6种快速热解反应器典型实验结果比较

装置	Twenle	GIT	Ensyn	GIEC	NREL	Laval
规模（kg/h）	10	50	650	5	20	30
颗粒直径（mm）	2	0.5	0.2	0.4	5	10
温度（℃）	600	500	550	500	625	400
压力	常压	常压	常压	常压	常压	减压
蒸汽停留时间（s）	0.5	1.0	0.4	1.5	1.0	3.0
液体质量产率（%）	70	60	65	63	55	65
含水质量分数（%）	25	29	16	20	15	18
高位热值（MJ/kg）	17	24	19	22	20	21

（1）旋转锥式反应器

荷兰吐温大学（Twente）的科研人员研制了旋转锥式反应器（Twente Rotating Cone Process），处理量 10kg/h，之后还建立了相应的中试示范和商业化生产装置。该过程不用载气，不仅大大减少了装置体积，而且减轻了冷凝器负荷，液化效率较高。生物质颗粒与惰性热载体一起加入旋转锥底部，在沿锥壁螺旋上升过程中发生快速热解反应，但其最大的缺点是生产规模小，能耗较高。工艺流程如图 4-12 所示。

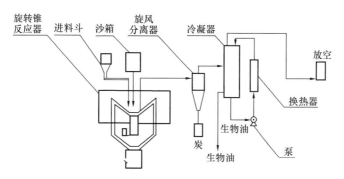

图 4-12　Twente 大学的旋转锥型反应器

（2）烧蚀反应器

英国阿斯顿大学（Aston）研究了一种新型烧蚀反应器，进行了生物质快速热解，原料处理量为 3kg/h，生物油产率可以达 80%。该实验室规模的设备如图 4-13 所示，主要用于反应机理的研究。

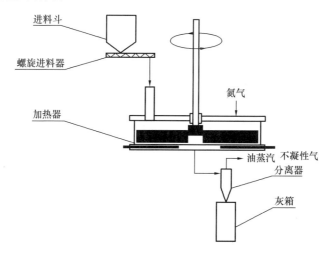

图 4-13　Aston 大学的烧蚀反应器

（3）常压流化床反应器

加拿大滑铁卢大学（Waterloo）开发了以氮气为载气的常压流化床热解设备。类似闪速热解工艺（WFPP）。主要用于优化条件的选择，高效、快速地利用生物质资源，特别是林业剩余物来生产生物油。流化床的工艺流程如图 4-14。装置规模为 5250kg/h，液体产率可达 75%。

（4）携带床反应器（Entrained Flow Reactor）

该技术由美国佐治亚理工学院（GIT）研发（图 4-15）。其工作原理为空气与丙烷按化学当量比引入反应管的下部燃烧，把 0.3~0.4mm 的生物质颗粒带入到反应器中，得到液体产物。当处理量为 15kg/h、停留时间 1~2s、745℃、载气/原料＝8/1 时，可得最大产油率为 58％和 12％焦炭。该装置的缺点是需要大量热烟气，不可冷凝气体热值低。

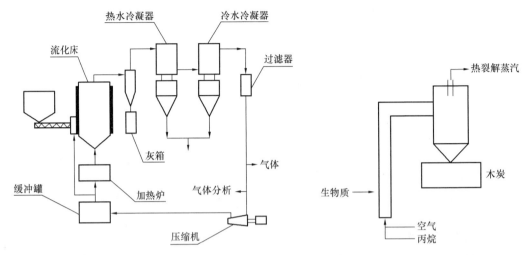

图 4-14　Waterloo 大学的流化床反应器　　　　图 4-15　GIT 携带床反应器示意图

（5）循环流化床反应器（Circulating Fluid Bed Reactor）

该技术出自加拿大 Ensyn 工程协会。其工作原理为生物质颗粒与砂子先混合预热然后被循环的产物气体吹进反应器中，产物经过旋风分离器过滤出砂子和焦炭，气体产物进入冷凝器中冷凝成生物油，不可冷凝气体作为载气循环利用。该工艺主反应器设计处理能力为 625kg/h，在反应温度 550℃时，以杨木粉作为原料可产生 65％的液体产品。该装置的优点是采用了砂子作为热载体，设备小巧；难点是如何使生物质和砂子良好混合。其工艺流程见图 4-16。

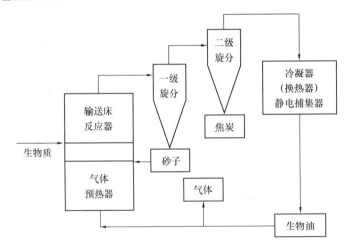

图 4-16　循环流化床热解工艺

（6）熔盐加热真空热解液化器

该法是加拿大采用的一种新的热解液化工艺。较冷物料在一定真空度下进入到反应器后落在有搅拌功能的加热盘上加热，盘下方是内有炽热熔盐流动的管道，热解气从反应器上方的出口导出送入，冷凝装置残渣部分在下方引出并经水冷却。该工艺的优点一是以熔盐为传热介质并佐以电子感应调温，容易实现严格中温控制条件下的热解；二是从反应器中出来的残渣直接与水接触进行冷却处理。其工艺流程见图4-17。

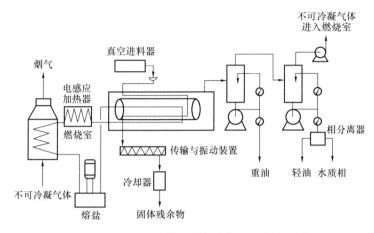

图 4-17 熔盐加热真空热解液化法工艺流程图

（7）涡旋反应器（Vortex Reactor）

该技术是由美国国家可再生能源实验室（NREL）研发的。其工作原理为生物质颗粒用速度 400m/s 的氮气或热蒸汽引射，沿切线方向进入反应器，由于离心力的作用物料在反应器壁上发生烧蚀，留在反应器壁上的生物燃油膜迅速蒸发，经过滤器旋风分离器后冷凝得到生物油。该装置的产油率为 55%。缺点是油中氧的含量较高，工艺实现起来比较困难。其工艺流程见图4-18。

（8）热辐射反应器

热辐射反应器技术是一种间接式加热反应器。Chan 设计了一个用于研究单颗生物质热解行为的反应器及相关的分析系统。该反应器的热源是一盏 1kW 的氙灯，其均匀提供约 0～25W/cm² 的一维高强度热通量给内置在玻璃内套管的试样，反应器、氙灯以及热通量测定装置固定在光学台架上进行精确校正。采用熔热电偶测量

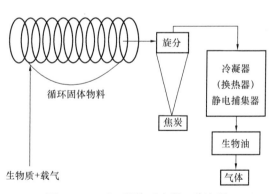

图 4-18 SERI 涡旋反应器工艺流程

颗粒温度，而红外高温计则用来确定颗粒受热辐射表面的温度，氙气流使得颗粒热解析出的挥发分快速冷却并将其送到收集器和分析系统。在 3L/min 的通用流量下颗粒表面采样点气相产物的停留时间约为 2.8s，单颗粒生物质量的热解试验在常压下进行，得到 40% 左右的生物油。该类反应器中生物质颗粒以及各热解产物的辐射吸收特性存在差异，使得温度控制较为困难，并导致对生物油二次反应的抑制作用较差，同时需提供高温热源，故使得实际应用受到了限制，通常仅在机理性研究时才采用。

生物质热解液化技术能以连续的工艺将低品位的生物质转化为高品位的易储存、易

运输、能量密度高且具有商业价值的生物质油。该技术的研究开发将为我国生物质及有机废弃物的无害化处理和可再生能源的生产探索出一条新的途径。

4.3.2 生物质高压液化技术

生物质高压液化是指在较高的压力（通氢气或惰性气体），一定温度、溶剂和催化剂等存在条件下的热化学反应过程，反应物的停留时间常需几十分钟，主要产物是碳氢化合物（称为液化油）。其典型工艺流程见图 4-19。

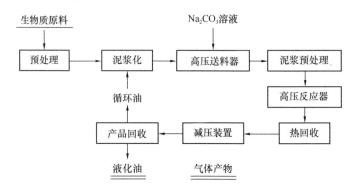

图 4-19　生物质高压液化典型工艺流程

生物质高压液化反应的产物为气体和液体，离开反应器的气体被迅速冷却为轻油、水及不能冷凝的气体。液体产物包括油、水、未反应的木屑和其他杂质，可通过离心分离机将固体杂质分离开，得到的液体产物一部分可用作循环油使用，其余液化油作为产品。高温高压直接液化技术获得的液体产品一般物理稳定性和化学稳定性均较好。

4.3.2.1　影响因素

加压气体（液化气氛）、溶剂、反应温度、反应压力和催化剂等因素是提高生物原油产率的关键。

（1）气氛与压力

液化反应可以在惰性气体（如 N_2）或还原性气体（如 H_2、CO）中进行。使用还原性气体有利于生物质降解，提高液体产物的产率，改善液体产物的性质，但在还原性气氛下液化生产成本较高。在还原性气体氢气气氛下液化时，提高氢气压力可以明显减少液化过程中焦炭生成量。通常液化反应压力为 $10\sim29MPa$。

（2）催化剂

生物质液化过程中催化剂有助于降解生物质、抑制缩聚、重聚等副反应，可减少大分子固态残留物的生成量，抑制液体产物的二次分解，提高液体产物的产率。常用的催化剂有碱、碱金属的碳酸盐和碳酸氢盐、碱金属的甲酸盐、酸催化剂，还有 Co-Mo、Ni-Mo 系加氢催化剂等。例如，当用碱催化剂，原料最初的 pH 为 $11\sim12$ 时，生物质液化效果最好，碱催化剂的最佳加入量为干生物质质量的 $1\%\sim10\%$。

（3）溶剂

溶剂可以溶解生物质，促进原料的液化，从而获得较高的液体产物的产率。常用的溶剂有水、醇（甲醇、乙醇、丙醇、丁醇、戊醇、己醇、二元醇、多元醇、聚乙二醇、聚醚类多元醇和聚酯类多元醇)、酮、有机酸、四氢萘、酚和酯等。用水作溶剂时,增加水量可以减少焦炭的产量,增加液体产物的产量。

(4) 反应温度

反应温度是影响生物质液化的重要因素。木质生物质中半纤维素比纤维素容易降解,而纤维素比木质素容易降解。碱催化液化过程中纤维素中的糖苷键在170℃以下是稳定的,高于170℃就开始分解成小分子物质,大部分是酸。在温度200~400℃时木质素单元间的键断裂,但温度过高会导致液体产品降解,形成强的碳碳键而生成焦炭。在267~292℃温度范围内,温度对产物没有明显的影响,但在低于260℃时,液化得到的主要产物是固体残留物而不是液体产品。随着反应温度的提高,液体产物中重油的碳含量增加,氢含量几乎不变,氧含量减少。所以适当提高反应温度对液化是有利的,生物质最佳液化温度为250~350℃。较高的升温速率有利于液体产物的生成。

(5) 反应时间

反应时间也是影响生物质液化的重要因素之一。时间太短反应不完全,但反应时间太长会引起中间体的缩合和再聚合,使液体产物中重油产量降低。通常最佳反应时间为10~45min,此时液体产物的产率较高,固体和气态产物较少。

生物质高压液化具有许多优越性,如原料来源广泛,不需要对原料进行脱水和粉碎等高能耗预处理步骤;操作简单,不需要较高的加热速率和很高的反应温度;产物中含氧量较低,热值较高等。与快速热解液化相比,目前加压液化还处于实验室阶段,还没有实现大规模工业化生产,且高压液化反应器主要采用间歇式操作的高压釜,连续流动式的高压液化将是未来更具有实际意义的研究。

4.3.2.2 工艺

(1) PERC (Pittsburgh Energy Research Center) 工艺

20世纪70年代初,美国匹兹堡能源研究中心的Appell等对生物质的液化进行了大量开创性的研究。他们以多种生物质为原料、Na_2CO_3为催化剂、蒸馏水或高沸点有机物为溶剂,在充入CO或H_2的条件下对生物质进行液化。该反应的温度为300~350℃,压力为14~24MPa,反应时间为1h,反应的转化率为95%~99%(产物占原料的质量分数),以苯萃取的液体产物生物质粗油的产率为40%~60%,这就是著名的PERC法(图4-20)。

(2) LBL (Lawreme Berkeley Laboratory) 工艺

该工艺由美国DOE出资、加利福尼亚大学劳伦斯伯克利研究所研发。其特征为:在前处理中,用硫酸对木材进行水解浆化,浆液在催化剂Na_2CO_3和以CO为主要成分的合成气体作用下进行液化。其工艺流程如图4-21所示。水解温度为180℃、压力为10atm、停留时间为45min、硫酸与木材的用量比为0.17%;液化条件与PERC相同(280atm,360℃)。估计商业规模的液化收率为35%(质量分数)。

(3) HTU (Hydrothermal Upgrading) 法

HTU法是一种适用于湿生物质的液化转化工艺(图4-22)。

将湿木片溶于装水的高压容器中软化成糊状(200℃、30MPa、15min),然后送入下一反应器液化(330℃、20MPa、5~15min)。经脱羧处理并移去O_2可获得50%的生物原油(含氧量10%~15%和20%的CO_2)。该技术可获得优质生物油,经一定的催化

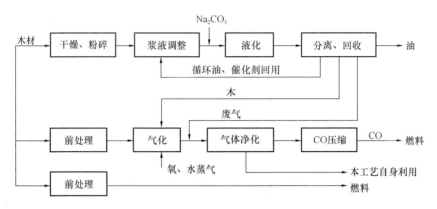

图 4-20　PERC 工艺流程图

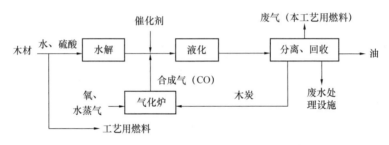

图 4-21　LBL 工艺流程图

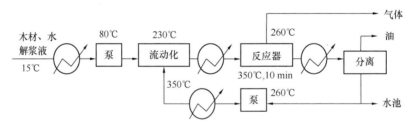

图 4-22　HTU 工艺流程图

工艺还可获高质量的汽油和粗汽油。其优点是可对湿生物质进行加工从而降低了成本有利于工业生产。

　　（4）超临界液化技术

　　超临界液化技术是指生物质在超临界流体中被萃取，液化成燃料的工艺。利用超临界流体对生物质进行液化，目前的研究主要集中在利用超临界水液化生物质。在超临界或亚临界条件下，水（水的临界温度 374.15℃，临界压力 22.124MPa）本身高度离子化，可作为一种酸催化剂，对生物质的转化起催化作用，总反应速率比通常酸催化过程高 10～100 倍。其基本流程为：物料和加压的超临界流体进入萃取器混合，高密度超临界流体可选择性地萃取出物料中所需要分离的成分，萃取器中的含有萃取物的超临界流体进入分离器，通过调节温度和压力使其密度降低，萃取物和超临界流体在分离器中分开，经降温和压缩，流体被送回萃取器中循环利用。高扩散性和低表面张力的特点使得超临界流体能够更好地渗透到固体介质中去，高密度又能使它具有较强的溶解性。由于生成物周围充满溶剂分子，使其二次反应受到抑制，从而提高了液体产品的获得率。此法不需要催化剂和还原剂，拥有良好前景。但此法还主要存在着要求高温、高压条件和超临界水对设备具有较强的腐蚀性等问题。其工艺流程见图 4-23。

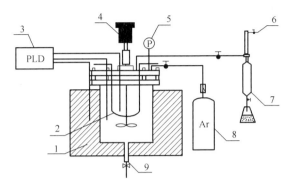

图 4-23　超临界液化工艺流程图

1—蒸压器；2—冷凝盘管；3—温控仪；4—搅拌器；5—压力表；
6—气体采样；7—液体采样；8—Ar 气筒；9—排水阀

此外，在超临界甲醇条件下，也可以实现生物质快速液化，并转变成为醇类液体燃料。该途径称为超临界甲醇和催化剂进行加氢脱氧（SCM-DHDO），可以得到高得率的醇和极少的副产物，其中一元醇可以通过不同的反应进行进一步加工，是较优的中间体。基于此途径，美国威斯康星大学设计一种半连续的流通反应器，将枫木的溶解反应与填充 $CuMgAlO_x$ 催化剂的反应器结合，一步转化生物质所有组分得到一元醇产物。

（5）纳米木粉液化

木材尺寸在变成纳米后，其材料特异性质、尺寸效应及其变化机理都发生相应变化，这种变化对改进木材加工技术带来优越性。纳米形态木粉其原来细胞结构被破坏，纤维组织结构也相应发生变化，纤维素、半纤维素、木质素可使用机械的方法在加工过程中分离出来。在纳米细粉状态下，使得木材液化变得更加容易，且可改进现有木材液化工艺，降低成本，纳米木粉将成为未来木材液化的主要原料。

（6）其他工艺

20 世纪 80 年代人们发现，木材的脂肪酸酯在 200～270℃可以溶于特定的溶剂，羧甲基化木材在 170℃也可溶于某些溶剂，且液化后木材组分仍可保持其高分子化合物性质。此后，人们为了提高液化的实用性，从研制新型催化剂、合理使用有机溶剂和选择适当的温度、压力入手，在不加入 H_2 和 CO 的情况下直接将木材液化。到目前为止，已有多种类型催化剂例如 Na_2CO_3、锌-铬-铁氧化物、Lewis 酸、磷酸、草酸等用于植物纤维原料的液化反应。进入 20 世纪 90 年代后，高压液化技术取得较快发展，研究更加深入。Shinya 等开发出了一套在高压惰性气体中用 Na_2CO_3 等催化剂、不使用 H_2 或 CO 等还原性气体的生物质液化技术；Pu 等在没有利用任何催化剂的条件下，可将木材直接液化；Selhan 等采用中碱催化剂碳酸钠和碳酸铯进行生物质高压液化等。我国学者在生物质高压液化方面也做了一些研究。此外，为了提高液化技术的实用性，近年来许多研究者进行了生物质与煤高压共液化的研究工作，在技术和经济层面上，生物质与煤共液化优于二者的单独液化，但这方面的研究目前尚处于起步阶段。

4.3.3　生物质直接液化技术研究发展方向

国内外生物质直接液化技术研究的发展趋势有以下几个方面。

（1）液化机理的深入探索

直接液化的目的是最大限度地将木质生物质中的活性基团转化为液态的有机物质并加以利用，所以明晰在不同液化条件下木质生物质主成分液化的反应路线、活性基团的产生途径和液化生成物的结构与分布至关重要，这也是控制液化路径必须具备的理论依据。采用核磁共振波谱法、气相色谱-质谱连用分析法、红外吸收光谱法等现代化分析手段进行机理分析是一个重要的发展趋势。随着液化机理的进一步深入研究，设计、控制液化产物中的构成与分布将逐步成为可能。

（2）绿色液化溶剂及催化剂的研制

目前，直接液化主要采用酚类或醇类化学溶剂，相对应的催化剂是硫酸、磷酸等。采用这些溶剂和催化剂直接液化所得产物虽然可应用于制造胶黏剂、模注材料和碳纤维等，但均存在不同程度上的环境污染、反应速率慢、生产效率低等问题，尽快开发新型绿色液化溶剂和催化剂十分必要。超临界流体既有类似气体的强扩散能力、易传热传质，又有类似液体的良好溶解能力，用作液化溶剂时，无环境污染、反应速率快、残渣率低，具有较大的发展空间。在催化剂的研发方面，液态的酸根离子和固态的无机酸性化合物复合而成的超强酸多相催化剂，不腐蚀反应器、催化效率高、寿命持久，被认为是一种具有发展潜力的绿色催化剂。

（3）液化工艺及设备的产业化开发

目前对于直接液化技术的研究主要集中在实验室层次上的探索。为推进该技术的产业化应用，有必要深入进行工业规模上液化工艺和设备的研发。在液化工艺上，主要的研究内容是低温快速液化。降低液化温度可以减少能量消耗，防止对环境的热效应，而缩短液化时间可以提高生产效率。在液化设备上，研发高效、稳定、易于工业放大的液化设备也是需要进一步研究的内容。

可持续的生物炼制依赖于开发高效的转化工艺，将当地储量丰富的、能源密度高的可再生生物质资源转化为燃料、化学品和材料。水热处理一直被认为是一种既能将生物质转化又能减少环境负担的很有潜力的处理方法。水热液化（HTL）和水热炭化（HTC）技术相比于其他过程更为环保。虽然在可持续生物炼制工艺的开发方面研究者们已做出相当大的努力，将创新技术在实验室规模上建立起来，但其扩大生产仍受到生物量不均一性的阻碍。

（4）液化产物的高效利用

采用精细化学合成技术，最大限度地拓展木质生物质直接液化产物的应用范围，制备可生物降解的高附加值产品，探索成熟的制备工艺，是直接液化产物高效利用的发展方向。具体而言有以下几个方面：改进现有的配方及合成工艺，制备环保、阻燃的低成本树脂胶黏剂；将液化产物与纳米材料复合，开发具有特殊物理力学性能的林木-纳米功能性材料；研发新型高强度结构材料，制备碳纤维、聚氨酯发泡材料、木陶瓷等。

4.4 生物质直接液化产物的分离与应用

生物油是含氧量极高的复杂有机成分的混合物，这些混合物主要是一些相对分子质量大的有机物，其化合物种类有数百种之多，从属于数个化学类别，几乎包括所有种类的含氧有机物，诸如醚、酯、醛、酮、酚、有机酸、醇等。生物质热解液化产生的生物油具有高度的氧化性、不稳定性、黏稠性、腐蚀性、强吸湿性和化学组成复杂等特点，若直接用它来取代传统的石油燃料必然会受到很大限制。因此，需要建立合适的分离方法，用于对生物油进行分析及精制，提高品质，达到燃料油使用的要求。图 4-24 是液化产物的分离与处理过程示意图。

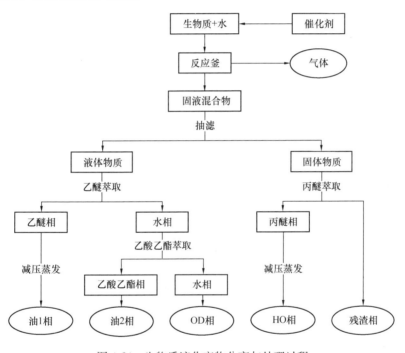

图 4-24 生物质液化产物分离与处理过程

目前，生物油精制方法可分为物理精制法和化学精制法，包括脱水、添加溶剂、乳化等物理方法和催化加氢、催化裂解、催化酯化、水蒸气重整等化学方法。

4.4.1 物理法精制技术

（1）脱水

生物油的含水率最大可达到 30%～45%，其水分主要来自于物料自身所携带的水和热解液化过程中产生的水。虽然水分的存在有利于降低油的黏度，提高油的稳定性，但却降低了油的热值。为此，往往需要对生物油进行脱水处理，降低生物油的含水率，提高热值和可燃性；脱水还可以提高生物油研究分析的准确度。根据生物油中水分的来源，可通过改变制备工艺来适当降低生物油的含水量。例如，降低热解反应温度、减少挥发分的停留时间、酸洗物料等都可抑制生物质脱水反应的发生。此外，还有分子筛、固体脱水剂等脱除生物油中水分的方法，但这些方法还有待进一步研究。到目前为止，还未见有效脱除生物油水分方法的报道。

（2）添加溶剂

添加溶剂是提高生物油稳定性和降低黏度的有效手段，如添加甲醇和乙醇等溶剂不仅可以减小生物油的黏度和酸性，还能增加生物油的挥发分和热值，是常用的生物油稳定方法。研究表明，甲醇是最好的添加剂，含10%甲醇的生物油可以在90℃下稳定存放96h，而不加甲醇的生物油放置2.6h后黏度就超标了。所添加的溶剂主要通过以下3种机制影响生物油的黏度：①物理稀释；②降低反应物浓度或改变油的微观结构以降低反应速率；③与生物油中活性成分反应生成酯或缩醛，从而阻止了导致生成大分子聚合物反应的进行。但是单纯添加溶剂不能有效地改善生物油的含氧量、含水量、热值以及燃烧性能。目前采用该方法对生物油进行精制改性的研究报道较少。

（3）乳化

利用生物油作为液体燃料最简单的方法，就是借助于表面活性剂的乳化作用，将生物油与柴油等烃类混合。采用乳化工艺将去掉重质部分的生物油，其与柴油混合，可生产出稳定均相的乳化油，此乳化油可直接应用于柴油发动机，不需要对柴油机进行较大的改动。虽然乳化精制方法无需过多的化学转化单元操作，但乳化的成本和需要的能量投入较大，且作为汽车用油，乳化油对发动机的腐蚀比较严重。该技术目前还处于研究阶段。

4.4.2 化学法精制技术

（1）催化加氢

物化催化加氢（Hydrogenation，Hydrodeoxygenation）是在高压（10～20MPa）和有氢气及供氢溶剂存在条件下，通过催化剂作用对生物油进行加氢处理，生物油中的氧以 H_2O 或 CO_2 的形式除去，是较早期的生物油改性方法。该方法可显著降低含氧量，使 H/C 比增大，提高生物油的能量密度。一般认为，在高温、高压、高氢/原料比、高活性催化剂作用下进行加氢处理，会发生许多诸如加氢裂化、加氢作用、芳烃化、浓缩化、加氢去硫、加氢去氮、脱氧、去金属、异构化等反应，其中温度、压力、催化剂是影响加氢处理效果的重要因素。采用催化加氢方法虽能显著降低生物油中的含氧量，提高热值，但高压加氢条件苛刻、设备复杂、成本较高。为了降低成本和操作难度，采用将热解得到的生物油蒸汽与氢气混合后再与催化剂作用，不仅可以利用热解时的反应热量，减少能耗，而且催化剂使用寿命可得到一定的延长。但由于生物油的催化加氢产品热稳定性差，聚合反应强烈，催化剂易失活，设备较复杂，技术含量和成本较高，在操作中还容易发生反应器堵塞的现象。

电催化加氢可在常温常压下进行，无须外部氢气供应，工艺简单；通过调节电位即可快速实现反应启停和产物选择性调控，运行简便；系统规模灵活，便于组成分布式系统；可利用可再生能源（太阳能、风能）提供电力，实现全过程碳中和。电催化提质还有助于减少温室气体排放。电催化加氢可将生物油模型化合物转化为含氧量低、酸度低的产物，还可降低生物油水溶性组分酸度，提高其化学稳定性。电催化反应装置简单，可在未分隔电解池或由质子交换膜分隔的 H 形双腔室电解池中进行，当加氢产物不会被阳极氧化时可优先使用未分隔电解池。对于 H 形电解池，电催化反应过程可以被分成不同的半反应，包括阴极还原和阳极氧化，每个反应独立进行，而热化学过程中氧化还原反应很难区分开。

（2）催化裂解

催化裂解（Catalytic Pyrolysis）一般是将生物油的蒸汽（700～800℃）通过催化剂（常用沸石分子筛催化剂）床层，在催化剂的作用下裂解，使生物油脱氧（脱羧）、脱水，相对分子质量变小，变成轻烃（C1～C10），而氧以 H_2O、CO 和 CO_2 的形式被除去，并产生大量芳烃（尤其是单环芳烃）。该方法一般在常压下进行，不需要还原性气体，设备也较催化加氢简单，成本相对较低，受到很多研究者的青睐。目前，常采用的沸石分子筛催化剂有 ZSM-5、HY 沸石等，其催化作用主要通过两种方式进行：①沸石分子筛将生物油催化裂解为烷烃，然后将烷烃芳构化；②将生物油中的含氧化合物直接脱氧形成芳香族化合物。虽然催化裂解有很多的优点，但是其普遍收率很低，而且仍未找到选择性好、转化率高、结焦率低的催化剂，仍需在催化剂性能、催化机理和产物形成机理等方面加强研究。

（3）催化酯化

生物质快速热解产物生物油中有机羧酸含量较高，种类较多，导致生物油的酸性和腐蚀性很强。催化酯化（Catalytic Esterification）就是在固体酸或碱的作用下，将生物油中的羧基成分进行酯化反应，降低羧酸的腐蚀性，达到提高生物油物化性能的目的。通过将羧基转变为酯基，不仅提高了生物油的 pH，降低了生物油的腐蚀性；而且固体酸催化剂反应后容易与体系分离，一般还能够再生使用，因此催化酯化固体酸是生物油精制十分有效的方法。

（4）水蒸气重整

氢气是一种重要的清洁能源，将生物油中水溶性组分重整制取氢气是提升生物油品质的又一重要方法。水蒸气重整（Steaming Reforming）是在催化剂作用下将生物油转化为氢气的一种精制技术，其反应原理为：

$$C_nH_mO_k + (2n-k)H_2O \longrightarrow nCO_2 + (2n+m/2-k)H_2$$

由于生物油成分复杂，与天然气重整催化剂相比，水蒸气重整催化剂失活得更快，为此，在缓解催化剂积炭失活、提高对水蒸气的吸附效果、强化催化剂表面积炭的气化、减少结焦、催化剂再生、新型催化剂开发等方面开展了很多工作。但是由于生物油的水蒸气重整存在炭沉积（即焦炭生成）的影响，传统上用于天然气重整和石脑油重整的固定床反应器不适用于复杂的生物油，此项技术的推广也困难重重。

（5）超临界流体提质

将生物油置于超临界溶剂介质中，如甲醇、乙醇、异丙醇、水、丙酮、二氧化碳等，进行催化提质。超临界甲醇中酯化率高；燃料的产率和质量较高。然而实现超临界工况能量成本高；溶剂成本高；溶剂脱除成本高。

4.4.3　生物质液化产物的性质及应用

生物质液化有气、液、固 3 种产物，气体主要由 H_2、CO、CO_2、CH_4 及 C2～C4 烃组成，可作为燃料气；固体主要是焦炭，可作为固体燃料使用；作为主要产品的液体产物被称为生物油，有较强的酸性，组成复杂，以碳、氢、氧元素为主，成分多达几百种。从组成上看，生物油是水、焦及含氧有机化合物等组成的一种不稳定混合物，包括有机酸、醛、酯、缩醛、半缩醛、醇、烯烃、芳烃、酚类、蛋白质、含硫化合物等，实际上，生物油的构成是裂解原料、裂解技术、除焦系统、冷凝系统和储存条件等因素的复杂函数。生物质转化为液体后，能量密度大大提高，可直接作为燃料用于内燃机，热效率是直接燃烧的 4 倍以上。但是，由于生物油含氧量高（质量分数约 35%），因而稳定性比化石燃料差，而且腐蚀性较强，因而限制了其作为燃料使用。虽然通过加氢精制可以除去 O，并调整 C、H 比例，得到汽油及柴油，但此过程将产生大量水，而且因裂解油成分复杂，杂质含量高，容易造成催化剂失活，成本较高，因而降低了生物质裂解油与化石燃料的竞争力。这也是长期以来没有很好解决的技术难题。生物油提取高价化学品的研究虽然也有报道，但也因技术成本较高而缺乏竞争力。

思政小结

　　生物质热解与直接液化利用，是开发利用生物质能的有效途径之一，对于解决可持续发展、节能降耗、环境保护与治理等领域面临的复杂问题，构建低碳高效经济发展模式，以及保障国家环境、能源、粮食安全意义重大。同时，对我国新能源建设、减排二氧化碳、碳中和、肥料农药减量、土壤改良修复及食品安全具有战略意义。我国在生物质热解碳化与水热液化等领域，研发出新型智能化生物质热解气化多联产关键技术、设备和高值化产品，并形成了一系列的原创研究成果，提升了我国生物质能源多联产工程的硬核实力，引领了我国生物质能源产业的发展。

思 考 题

（1）简述生物质热解与液化技术的异同点。

（2）简述生物质热解与液化技术现状、应用研究进展以及发展前景。

（3）思考未来生物质热解与液化技术的研发方向。

（4）简述生物炭、水热炭等碳材料在能源与环境领域的研究进展。

（5）阐述我国在生物质热解和液化技术开发与应用方面所做的贡献。

5

生物质气化技术

📖 **教学目标**

教学要求：深刻认知我国秸秆集中供气技术的优点和不足，了解并掌握国内外生物质气化领域的新技术、工艺与装备，关注国内外产业化应用最新动向和科技前沿。

教学重点：生物质气化技术工艺、设备和行业现状。

教学难点：生物质气化原理。

本章主要从生物质气化基本原理、生物质气化技术与设备、生物质燃气及其应用、生物质气化制氢技术和秸秆集中供气技术等 5 个方面做详细的介绍。

5.1 生物质气化基本原理

5.1.1 生物质气化定义及分类

5.1.1.1 生物质气化定义及技术特点

生物质气化是利用氧气（空气、富氧空气或纯氧气）、水蒸气或氢气等为气化剂（也叫气化介质），在高温条件下通过热化学反应将生物质原料中的可燃部分转化为可燃气体（主要是 H_2、CO 和 CH_4）的过程。20 世纪 70 年代，Ghaly 首次提出了将气化技术应用于生物质这种含能密度低的燃料。生物质的挥发分含量一般在 $76\% \sim 86\%$，几种常见生物质燃料的工业分析成分见表 5-1。生物质受热后在相对较低的温度下就能使大量的挥发分物质析出。因此，气化技术非常适用于生物质原料的转化。将生物质转化为高品质的燃料气，既可以供生产、生活直接燃用，也可通过内燃机或燃气轮机发电，进行热电联产联供，从而实现生物质的高效、清洁利用。

表 5-1 几种生物质的工业分析成分

种类	工业分析成分				
	水分（%）	挥发分（%）	固定碳（%）	灰分（%）	低位热值（MJ/kg）
杂草	5.43	68.77	16.4	9.46	16.192
豆秸	5.10	74.65	17.12	3.13	16.146
稻草	4.97	65.11	16.06	13.86	13.970
麦秸	4.39	67.36	19.35	8.90	15.363
玉米秸	4.87	71.45	17.75	5.93	15.450

种类	工业分析成分				
	水分（%）	挥发分（%）	固定碳（%）	灰分（%）	低位热值（MJ/kg）
玉米芯	15.0	76.60	7.00	1.40	14.395
棉秸	6.78	68.54	20.71	3.97	15.991

5.1.1.2　生物质气化分类

根据燃气生产机理的不同，可分为热解气化和反应性气化，其中后者又可根据反应气氛的不同细分为空气气化、水蒸气气化、氧气气化、氢气气化等（图5-1）。

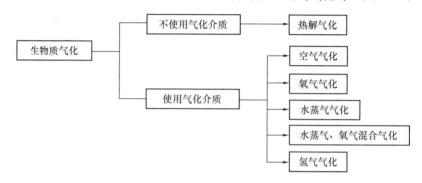

图5-1　生物质气化分类

根据采用的气化反应炉的不同又可分为固定床气化、流化床气化和气流床气化。另外，还可以根据气化反应压力的不同对气化技术进行分类。

在气化过程中使用不同的气化剂、采取不同的过程运行条件，可以得到3种不同热值的气化产品燃气：低热值燃气，热值<8.4MJ/m³（使用空气和蒸汽/空气）；中等热值燃气，热值为12～33.5MJ/m³（使用氧气和蒸汽）；高热值燃气，热值>33.5MJ/m³（使用氢气）。

5.1.1.3　生物质气化技术特点

生物质气化技术对推动能源的可持续发展具有重要的现实意义，其特点有：①气化技术对于原料的种类没有严格要求，城市固体废弃物（MSW）、农业和林业废物都能气化；②气化产气可作多种用途，如供热发电，生成合成气、甲烷、氢等；③与生物质热解和直接燃烧相比，气化气的利用污染少；④生物质气化发电能提高发电效率。采用燃气发动机或燃气轮机的生物质气化发电供热技术，其发电效率可达20%～37%，而采用汽轮机的生物质直接燃烧发电技术的发电效率仅15%～18%。如果生物质气化气用于燃料电池发电，发电效率可进一步提高至25%～50%；⑤气化技术用于供热发电与直接燃烧的成本相当，甚至与包括天然气联合循环在内的所有其他发电技术的成本相比，也同样具有竞争力。

5.1.2　生物质气化过程

生物质气化过程可分为：干燥、热解、氧化和还原。①干燥过程。生物质进入气化炉后，在热量的作用下，析出表面水分。在200～300℃时为主要干燥阶段。②热解反应。当温度升高到300℃以上时开始进行热解反应。在300～400℃时，生物质就可以释放出 70%左右的挥发组分，而煤要到 800℃才能释放出大约 30%的挥发分。热解反应析出、挥发分主要包括水蒸气、氢气、一氧化碳、甲烷、焦油及其他碳氢化合物。③氧化反应。热解的剩余木炭与引入的空气发生反应，同时释放大量的热以支持生物质干燥、热解和后续的还原反应，温度可达到 1000～1200℃。④还原过程。还原过程没有氧气存在，氧化层中的燃烧产物及水蒸气与还原层中木炭发生反应，生成 H_2 和 CO 等。这些气体和挥发分组成了可燃气体，完成了固体生物质向气体燃料的转化过程，如图 5-2 所示。

图 5-2　生物质气化过程

在生物质气化过程中，如果在高温下使用气化剂，则生物质一次热解的重焦油可能转化为轻烃、焦炭、灰分，甚至永久气体（H_2、CO、CO_2 和 CH_4）和少量污染物。在下游加工中，从气态产物中去除焦油、碱金属化合物和其他污染物（含氮和硫的化合物）是最主要的目的。然而，由于生物质中碱含量较高，焦油的形成是生物质气化中的严重问题，会污染设备并导致维护成本增加。考虑到能耗问题，焦油的热去除不是一种经济适用的方法。

5.1.3　生物质气化原理

生物质气化是在一定热力学条件下，将组成生物质的碳氢化合物转化成含有 CO 和 H_2 等可燃气体的过程。图 5-3 是生物质气化原理图。气化与燃烧的区别在于：燃烧过程给足氧气，目的是获取热量，产物是 CO_2、H_2O 等；气化只供给热化学反应所需氧气，尽可能将能量保留在可燃气体中，产物是 H_2、CO 和低分子烃类等可燃气体。

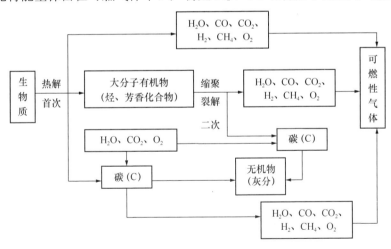

图 5-3　生物质气化原理图

生物质气化技术包含两个内容，即热化学过程和保证热化学过程顺利进行所需条件的装置。生物质气化的热化学过程相当复杂，下述化学反应式可以近似地描述该过程。

$$C + O_2 \longrightarrow CO_2 \qquad +394kJ \qquad\qquad (1)$$
$$C + CO_2 \longrightarrow 2CO \qquad -172kJ \qquad\qquad (2)$$

$$H_2O+CO \longrightarrow CO_2+H_2 \qquad -2.89kJ \qquad (3)$$

$$H_2O+C \longrightarrow CO+H_2 \qquad -175kJ \qquad (4)$$

$$C+2H_2 \longrightarrow CH_4 \qquad +75kJ \qquad (5)$$

其中，式（1）是至关重要的，通过式（1）的氧化反应所放出的热量使炉内的温度升高，保证其余反应能够顺利进行。试验表明，温度是衡量气化过程进行顺利与否的一个重要影响因素。要使气化过程顺利地进行，能量的供给是必不可少的，装置内反应区的温度对气体中可燃成分的比例以及气化强度有重要影响。随着反应温度的升高，气化速率随之加快，CO 含量减少，可燃成分增加。如将上述 5 个化学反应式相加，则得：

$$4C+O_2+2H_2O \longrightarrow CO_2+2CO+CH_4 \qquad +121kJ \qquad (6)$$

5.2 生物质气化技术与设备

气化炉是生物质气化系统中的核心设备，生物质在气化炉内进行气化反应，生成合成气。目前，生物质气化炉可以分为固定床气化炉、流化床气化炉、气流床气化炉及等离子体气化炉（Plasma）等类型（图 5-4）。

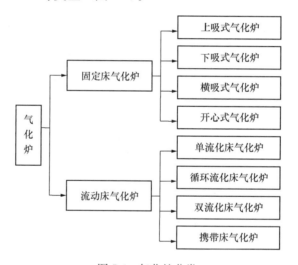

图 5-4 气化炉分类

5.2.1 生物质固定床气化炉

固定床气化炉是一种传统的气化反应炉，其运行温度在 1000℃ 左右。固定床气化炉中气化反应是在一个相对静止的物料床层中进行，即相对于气流而言，物料处于静止状态。固定床气化炉的炉内反应速度较慢。物料在炉内可分为四个阶段，即干燥阶段、热解阶段、燃烧阶段和还原阶段。固定床气化炉的优点：气化炉结构简单、投资少、运行可靠、操作简单，对原料的种类及粒度要求不高。缺点：固定床气化炉通常产气量比较小，多用于小型气化站或小型热电联产或户用供气，不适合大规模生产。

固定床气化炉可分为逆流式、并流式。逆流式气化炉是指气化原料与气化介质在床中的流动方向相反，而并流式气化炉是指气化原料与气化介质在床中的流动方向相同。

根据炉内气化剂的流动方向，可将固定床气化炉分为四类：上吸式、下吸式、横吸式和开心式。

（1）上吸式固定床气化炉

如图 5-5，在上吸式固定床气化炉中，生物质原料从位于气化炉顶部的加料口送入炉内，整个料层由位于炉膛下部的炉栅支撑。气化剂从炉底下部的送风口进入炉内，由炉栅缝隙均匀渗入料层底部区域的灰渣层，通过热交换，灰渣被冷却，气化剂被预热后进入燃烧层，与原料中的炭发生氧化反应，产生 CO_2，同时放出大量的热量，炉内温度达到 1000℃，这一部分热量可维持气化炉内的气化反应所需热量。气流接着上升到还原层，气化剂中的水蒸气将燃烧层生成的 CO_2 还原，生成 H_2 和 CO。这些气体与气化剂中未反应部分一起继续上升，加热上部的原料层，使原料层发生热解，脱除挥发分，生成的焦炭落入还原层。热解层的热气体继续上升，将从进料口入炉的原料预热、干燥后，进入气化炉上部，经气化炉气体出口引出。上吸式气化炉的优点是结构简单、适于不同形状的原料，炉子的热效率较高，出炉的可燃气温度较低、灰分较少。最明显的缺点是在裂解区生成的焦油没有通过气化区而直接混入可燃气体排出，这样产出的气体中焦油含量高，且不易净化。

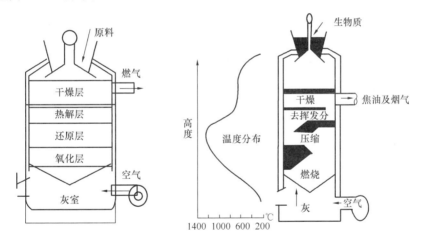

图 5-5　上吸式固定床气化炉

（2）下吸式固定床气化炉

如图 5-6，在下吸式气化炉中，气流是向下流动的，通过炉栅进入外腔。原料由上部加入，依靠重力下落。生物质原料经过干燥区干燥后，在裂解区受热分解出 CO_2、CO、H_2、焦油等热气流，热气流向下流经气化区并发生氧化还原反应，炉内运行温度范围在 400～1200℃。最后生成的燃气从反应层下部吸出，灰渣则从底部排出。下吸式固定床气化炉工作稳定，产生的气体成分相对稳定；同时由于氧化区的温度高，焦油在通过该区时发生裂解，转变为可燃气体，可燃气中焦油含量较少。但可燃气中灰分含量较多，出炉可燃气温度高，炉内热效率低；且炉内气体流动阻力大，消耗功率较多。

（3）横吸式固定床气化炉

如图 5-7，在横吸式气化炉中，生物质原料由气化炉顶部加入，气化剂从位于炉身侧向一定高度处进入炉内，灰分通过炉栅落入灰室，燃气呈水平流动并从炉身的另一侧

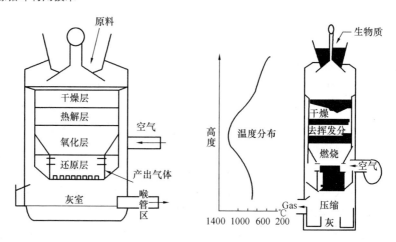

图 5-6　下吸式固定床气化炉

抽出（图 5-5）。横吸式气化炉的燃烧区温度可达到 2000℃，超过灰熔点，容易结渣。因此该气化炉只适用于如木炭等焦油和灰分含量低于 5% 的生物质。目前在南美已投入商业运行。

（4）开心式固定床气化炉

如图 5-8，开心式固定床气化炉是下吸式气化炉的一种特别形式，其结构与气化原理与下吸式固定床气化炉相类似，所不同的是，它的喉管区为转动炉栅，炉栅中间向上隆起。主要反应在炉栅上部的燃烧区进行。运行时炉栅沿其中心垂直轴作水平的回转运动，以防止灰分堵塞炉栅，保证气化反应连续进行。开心式固定床气化炉由我国率先研制并已投入商业运行多年。其结构简单、运行可靠，主要用于稻壳等灰分含量较高的生物质的气化。

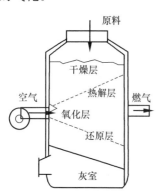

图 5-7　横吸式固定床气化炉

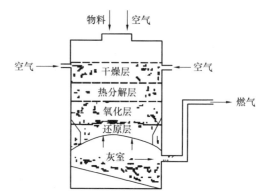

图 5-8　开心式固定床气化炉

5.2.2　生物质流化床气化炉

流化床燃烧是一种先进的燃烧技术，始于 1975 年，其在生物质燃烧上已获得成功应用，但用于生物质气化还是一个新的课题。该气化炉运行时炉内呈"沸腾"状态，因此又叫沸腾床。与固定床相比，流化床没有炉栅，气化剂通过布风板进入流化床反应器中，生物质的燃烧和气化反应都在流化床气化炉的热砂床上进行，反应温度一般为 750

～850℃。颗粒状的物料被送入炉内，并掺有精选的惰性材料（砂子和橄榄石等）作为流化床材料，在炉体底部以较大压力通入气化剂，使炉内呈沸腾、鼓泡等不同状态，让物料和气化剂充分接触，发生气化反应。流化床气化炉的优点：温度稳定均匀；使用燃料的颗粒很细小，传热面积大；气化反应速度快，产气率高；适用于连续运转，适合大规模的商业应用。但可燃气中灰分含量较多，结构比较复杂。

按气化炉结构和气化过程，可将流化床气化炉分为鼓泡流化床、循环流化床、双流化床气化炉及携带床气化炉四种类型；如按气化压力，流化床气化炉可分为常压流化床和加压流化床（图5-9）。

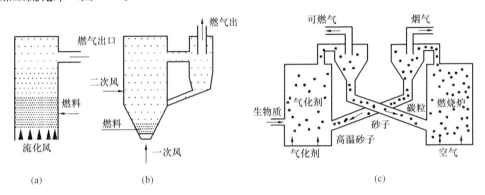

图5-9　流化床气化炉类型
（a）鼓泡流化床气化炉；（b）循环流化床气化炉；（c）双流化床气化炉

（1）鼓泡流化床气化炉（BFB）

鼓泡流化床气化炉是最简单的一种流化床气化炉［图5-9（a）］。气化剂由布风板下部吹入炉内，与生物质原料混合并发生反应，生成的高温可燃气由上部排出。气流速度相对较低，几乎没有固体颗粒从流化床中逸出，适用于颗粒较大的生物质原料，一般需要加热载体。由于飞灰和碳颗粒夹带严重，运行费用高，适于大中型气化系统。

（2）循环流化床气化炉（CFB）

循环流化床气化炉［图5-9（b）］中流化速度相对较高，从床中带出的颗粒通过旋风分离器收集后，重新送入炉内进行气化反应。循环流化床气化炉具有良好的混合特性和较高的气固反应速率，适于较小的生物质颗粒，通常不需加热载体，运行简单，炉温一般控制在700～900℃。

（3）双流化床气化炉（Dual）

双流化床气化炉［图5-9（c）］由两个循环流化床并列，构成气化炉和燃烧炉，第Ⅰ级反应器（气化炉）的流化介质在第Ⅱ级反应器（燃烧炉）中加热。在第Ⅰ级反应器中进行裂解反应，第Ⅱ级反应器中进行气化反应。双流化床气化炉把气化与燃烧过程分开，碳转化率较高。但结构复杂，两床间的温度、热载体的循环速度难以控制。此外，带有吸附增强重整功能的增氧燃料燃烧和气化技术，可以生成富氢气体，而采用水蒸气和CO₂作为气化介质的双流化床气化技术，则可以生成富碳气体。

（4）携带床气化炉

携带床气化炉是流化床气化炉的一种特例，它不使用惰性材料沙子，气化剂直接吹动细小颗粒的生物质原料，其运行温度高达1100～1300℃，产出气体中焦油成分和冷凝物含量很低，碳转化率可以达到 100%。但其反应温度高、易烧结，故选材较难。

（5）气流床气化炉

已被粉碎的原料和被加压的气化剂（氧气或水蒸气）从塔顶同时进入气化炉。塔顶部的湍流火焰燃烧部分原料，为整个气化过程提供足够的热量。气流床的特点：合成气出炉的温度可达 1300℃，大部分焦油可在半焦气化过程中裂化，出炉的合成气中几乎不含焦油，且气化炉壁上的灰融物可当作熔渣除去。

（6）等离子体气化炉

原料从塔顶进入气化炉，接触到常压、温度为 500～1500℃ 的由电生成的等离子体后，原料中有机物转化为高质量的合成气，无机物变成玻璃化的惰性熔渣。这种炉的气化效率很高，能得到不含焦油的合成气。等离子弧也可以用于净化合成气。

（7）太阳能辅助生物质双流化床

在双流化床气化炉中引入太阳热能的辅助生物质气化。以固体颗粒物作为热载体循环工作在太阳能接收器和气化炉之间。其优点在于太阳能接收器和气化炉之间是非耦合的，可以独立控制。由于热载体固体颗粒直接应用在气化炉中，因而能源效率较高。在太阳能-生物质双流化床气化炉系统中，以固态颗粒物作为热载体，循环工作在太阳能吸收器和气化炉之间。热载体在太阳能吸收器中被加热后存入高温物质储罐中，然后送入气化炉中。热载体将气化炉中生物质加热后转变为低温物质存入温物质储罐中。生物质在热解炉中发生分解，得到挥发性气体和半焦。部分半焦与水蒸气发生水煤气反应。剩余的半焦进入燃烧炉中与鼓入的空气发生燃烧反应。该系统中，气化炉被来自燃烧炉和高温物质存罐的循环热载体加热。夏天采用较多的外部太阳能加热，将半焦存储起来；到了冬天或者晚上，来自太阳能的热量减少，系统燃烧储存的半焦提供热量。

5.2.3　气化炉性能及主要参数

表征气化炉的性能主要指标有：气化强度、燃气质量、气化效率、气化剂用量、产品气产率、碳转化率、气化炉输出功率等。由于生物质气化是近期发展的技术，又兼生物质种类较多，尚没做到全面、细致的检测、分析和判定，设备结构、技术指标也不够规范，因此，本书所介绍的有关数据不是很精确，但是具有宏观的参考价值。

（1）气化强度

生物质气化炉的气化强度是指在单位时间内气化炉单位横截面能气化的原料量，以 $kg/(m^2 \cdot h)$ 表示，它是表示气化炉生产能力大小的指标。固定床气化炉的气化强度为 100～250$kg/(m^2 \cdot h)$，而流化床气化炉的气化强度可达 2000$kg/(m^2 \cdot h)$，比固定化气化炉提高了 10 倍左右。

（2）燃气质量

生物质气化炉产出燃气的质量如何，主要是指燃气的低位热值的大小；燃气里所含焦油与灰尘的多少，也是评价它的指标。燃气的热值与燃气的成分有直接关系，燃气中含一氧化碳、氧气和甲烷数量越多，燃气的热值越高。现将有关生产生物质气化炉的厂家对自己产品产出的生物质燃气检测数据汇总于表 5-2。

表 5-2 中的燃气均是由下吸式固定床气化炉生产的，同样原料用流化床气化，由于反应充分，得到的燃气热值比表 5-2 中的量值要高一些。

表 5-2　可燃气主要成分及热值

原料品种	燃气成分（%）						热值（kJ/m³）
	CO	H₂	CH₄	CO₂	O₂	N₂	
木片	18.62	9.34	4.52	18.96	0.36	47.67	5989
稻草	14.32	7.93	1.47	18.92	0.86	54.83	3624
玉米秸	20.34	8.67	2.65	15.93	0.65	52.63	4565
麦秸	14.96	7.32	1.23	16.34	0.53	56.76	3502
稻壳	15.63	6.32	3.26	17.83	0.47	55.75	3893
锯末	18.32	6.86	3.17	15.46	0.45	54.83	5430
棉秸	17.52	9.23	1.94	16.23	0.47	53.12	4729
树叶	15.10	9.26	0.92	19.63	0.74	53.96	3700
精煤	21.67	12.53	9.73	17.58	0.32	43.15	2032

从气化炉出来的燃气中焦油含量大体为：上吸式固定床气化炉＞下吸式固定床气化炉＞流化床气化炉。含灰尘量大体为：流化床气化炉＞下吸式固定床气化炉＞上吸式固定床气化炉。

燃气热值还与气化剂种类有关。国内气化剂都用空气，产出燃气为低热值燃气（标准状态下 4200～7560kJ/m³）。若用氧气或水蒸气做气化剂，能产出中热值可燃气（标准状态下 10920～18900kJ/m³）。若气化集中掺入氢气，则可产出高热值可燃气（22260～26040kJ/m³）

（3）气化效率

生物质气化炉气化效率是指产出燃气的热值与使用原料的热值之比，即

$$\eta = \frac{V_m H_m}{H} \times 100\% \tag{5-1}$$

式中　η——气化效率；

　　　V_m——每千克原料产出的燃气量（m³/kg）；

　　　H_m——燃气的热值（kJ/m³）；

　　　H——原料热值（kJ/kg）。

国家行业标准规定 $\eta \geqslant 70\%$，国内固定床气化炉的气化效率通常为 70%～75%，流化床的气化效率在 78%左右。

（4）气化剂用量（空气量）

计算生物质气化所需空气量时，应首先根据生物质原料的元素分析结果，计算出完全燃烧所需理论空气量 V，然后再按气化试验比中 φ，算出气化实际需要空气量值 V_L。所需理论空气量 V 用下式计算：

$$V = \frac{1}{0.21}(1.866[C] + 5.55[H] + 0.7[S] + 0.7[O]) \tag{5-2}$$

式中　V——原料完全燃烧理论上所需要的空气量（m³/kg）；

　　　[C]——原料中 C 元素含量（%）；

　　　[H]——原料中 H 元素含量（%）；

　　　[S]——原料中 S 元素含量（%）；

　　　[O]——原料中 O 元素含量（%）。

几种生物质气化试验比如表 5-3 所示。由表 5-3 可见，φ 值取 0.25～0.30 为宜，即

气化反应所需的氧仅为完全燃烧耗氧量的 25%～30%，产出的燃气成分较理想，当原料中水分较大或挥发分较小时应取上限，反之取下限。这样，1kg 生物质原料气化时需空气量 V_L 为：

$$V_L = \varphi V \tag{5-3}$$

式中　V_L——空气实际需要量（m^3/kg）；

　　　V——理论需要量（m^3/kg）；

　　　φ——气化试验比。

表 5-3　几种生物质气化实验比 φ 值

原料	含水率（%）	灰分（%）	φ 值	气化炉型
木片	12～24	0.8	0.16～0.32	上吸式
稻壳	8～18	2.2	0.26～0.42	上吸式
畜禽粪便	16～26	42.43	0.3～0.6	上吸式
木片	12～24	0.8	0.2～0.38	下吸式
稻壳	8～18	2.2	0.28～0.56	下吸式
畜禽粪便	16～26	42.43	0.36～0.62	下吸式
木片	12～24	0.8	0.16～0.28	流化床
稻壳	8～18	2.2	0.22～0.38	流化床
畜禽粪便	16～26	42.43	0.3～0.56	流化床

（5）产品气产率

气化 1kg 原料所得到气体燃料在标准状态下的体积称为产品气产率，产品气产率可分为湿气产率和干气产率，产品气产率与生物质种类、气化条件等因素有关，对于同一类型的原料，惰性气体与水分越小，可燃气组分含量越高，则气产率越高。

（6）碳转化率

碳转化率指生物质燃料中碳转化为气体燃料中碳的份额，即气体中含碳量与原料中的含碳量之比。

$$\varphi = \frac{12([CO_2] + [CO] + [CH_4] + 2.5[C_nH_n])}{22.4 \times (298/273) \times C} B \tag{5-4}$$

式中　　　　　　　　　　φ——碳转化率（%）；

　　　　　　　　　　　B——气体产率（m^3/kg）；

　　　　　　　　　　　C——生物质中 C 的含量（%）；

$[CO_2]$ $[CO]$ $[CH_4]$ $[C_nH_n]$——燃气中 CO_2、CO、CH_4、C_nH_n 以及碳氢化合物总体积含量（%）。

（7）气化炉输出功率

气化炉的输出功率有两种表示方法：一种是按每小时产出的气体热值（国内常用）表示，如气量为 200m^3/h（标准状态下），燃气热值一般按 5000kJ/m^3（标准状态下）计，则输出功率为 200×5000＝1000000（kJ/h）＝1000（MJ/h）；另一种表示方法是按每秒钟计算，上数应为 200×5000/3600＝277.78（kW）＝0.28（MW）。表 5-4 列出了国内常用的气化炉输出功率值。各种类型气化炉，均有可供选型时参考的最佳功率范围。

表5-4 各种气化炉功率范围

名称	下吸式气化炉	上吸式气化炉	鼓泡床气化炉	循环流化床气化炉	加压流化床气化炉
功率（MW）	0.1~5	3~12	4~17	17~80	80~500

5.2.4 气化影响因素

生物质气化是非常复杂的热化学过程，受很多因素的影响。影响气化指标的因素取决于原料特性、气化剂、气化过程的操作条件和气化反应器的构造。

5.2.4.1 生物质特性

生物质原料特性不但影响气化指标，而且也决定气化方法的选择。生物质作为气化原料比煤作为气化原料有下面几个优缺点。

（1）挥发分

生物质特别是秸秆类生物质，固定碳在20%左右，而挥发分则高达70%左右。在较低的温度（约400℃）时大部分挥发组分分解释放出。一般原料中挥发分越高，燃气的热值就越高。但燃气热值并不是按挥发分含量成比例地增加。挥发分中除了气体产物外，还包括焦油和合成水分。当这些成分高时，燃气热值就低。

（2）生物质碳反应性

生物质碳反应性较高，在较低温度下，以较快的速度与CO_2及水蒸气进行气化反应。例如，在815℃、2MPa下，木炭在He（45%）、H_2（5%）及水蒸气（5%）的气体中，只要7min，即可80%被气化，泥煤炭只能有约20%被气化，而褐煤炭几乎没有反应。

（3）原料含水率

含水率越高，干燥时消耗热量越多，会降低气化效率。燃气冷却后要析出水分，这是不利的。国家行业规定，入炉的原料含水率不大于20%。而煤的水分一般比生物质原料要小。

（4）原料的结渣性

反应性好的原料，可以在较低温度下操作，气化过程不易结渣，有利于操作，也有利于甲烷生成。矿物成分往往可使燃料在燃烧反应中起催化作用，如将木灰（1.5%）喷在加热中的木材表面上，就可使反应性加强，使其反应时间减少1/2，如加入CaO（5%）也具有同样效果。生物质灰分的组成主要有：SiO_2、Al_2O_3、Fe_2O_3、TiO_2、CaO、MgO、K_2O等，对于反应性和结焦性差的原料，应在较高温度下操作，但不得超过生物质灰分的熔化温度，以促进CO_2还原反应加强，提高水蒸气的分解率，从而增加燃气中的H_2和CO的含量。

（5）原料粒度及粒度分布

原料粒度及粒度分布对气化影响较大，粒度较小能提供较多的反应表面，并且生物质粒子的热解反应直到加热到一定温度时才能发生，生物质的粒径主要影响其加热速率，而生物质粒子的加热速率又影响产品气的产率和组成。粒径的大小还决定了反应是由动力学控制还是扩散反应控制。粒径很小，热解过程主要通过反应动力学控制。随着粒径的增加，气体扩散过程影响增加。

颗粒粒度分布的均匀性是影响气流分布的主要因素，如果将未筛分过的原料加入固定床内，会造成大颗粒在床层中的分布不均，形成阻力较大和阻力较小的区域，造成局部强烈燃烧，温度过高，造成气化局部上移或烧结形成"架空"现象。严重时，气化层可能越出原料层表面，出现"烧穿"现象。此时，从"烧穿"区出来的气化剂就会把气腔产生的气体燃料烧掉，严重降低气体燃料质量，使气化器处于不正常操作状态。因此，气化器用原料必须经过筛分，原料最大与最小粒度比一般不超过 3cm。

5.2.4.2　炉中物料高度

为保证炉内气体与物料有适当的接触时间，满足气化工艺过程的需要，各反应层应有适宜的高度。干燥层的高度取决于原料的含水率和块状尺寸的大小，原料含水多、块大，就得适当增加其高度。通常干燥层的高度取 0.1～3.0m。热分解层高度与原料中挥发分的含量及其块状尺寸大小有关，挥发分多、尺寸大，势必得增加高度，一般取 0.3～2.0m。氧化层与还原层的高度，除与块状原料尺寸大小有关外，还与要求该反应区的温度和反应能力的大小有关，一般取 0.18～0.3m。总的来看，增加炉中物料高度，能提高燃气质量并可降低燃气出炉时的温度。

5.2.4.3　气化剂

生物质气化所用的气化剂有空气、水蒸气、空气-水蒸气、二氧化碳、水蒸气-氧气、水蒸气-二氧化碳等，气化剂不同，气化炉出口产生的气体组分也不同。在工业规模中，气化剂一般是用空气，当量比为 0.2～0.3，出口气体包括 N_2（50%）、H_2（8%～12%）、CO、CH_4、CO_2、H_2O 等，这个组成只适用于发电和供热，气体确切的组成随操作条件而变化。此外，我国学者研究发现，当使用 CO_2 作为气化剂时，生物质可通过 Boudouard 反应产生富含 CO 的合成气，同时实现 CO_2 减排。在该过程中，常通过钙循环或乙醇胺来吸收气化过程中产生的 CO_2。其中 CaO 由于廉价易得，可应用于合成气的下游净化或直接添加到气化床中。

5.2.4.4　气化条件

反应温度、反应压力、物料特性、气化设备结构等也是影响气化过程中的主要因素，不同的气化条件，气化产物成分的变化很大。在生物质气化过程中，温度是一个很重要的影响因素，温度对气化产物分布、产品气的组成、产气率、热解气热值等都有很大的影响。随着温度的提高，固体产率减少，气体产率增加。气体产率的增加部分归因于液体部分的减少。在热解的初始阶段，温度增加气体产率增加，归因于挥发物的裂解。焦油的裂解也随着温度的升高而增大，生物质气化过程中产生的焦油在高温下发生裂解反应生成 C_mH_n、CO、H_2、CH_4 等。

气体的产率和转化率随着水蒸气压力增加而增加，增加压力使反应速率加快。压力增大，脱挥发分的速度减慢而加强了裂解反应，产生的焦油量也减少。

5.2.5　气化炉应用实例

气化炉是气化过程的最关键设备，选择用于生产液体燃料的生物质气化炉时需要从五个方面进行考虑：对原料的要求、生产合成气的质量、研发状态和操作经验、规模放大的潜力、成本。目前，常用的生物质大规模气化制合成气的气化炉主要有 BCL（Battelle）双流化床气化炉、IGT（Institute of Gas Technology）鼓泡流化床气化炉和

CHOREN 公司新开发的 Carbo-V 气流床气化炉。

（1）BCL 气化炉

BCL 气化炉是常压、间接加热的双流化床气化炉，气化反应以深度热解为主。气化炉由流化床气化反应器和半焦燃烧室组成。经过干燥的生物质原料从气化反应器下部进入，从底部通入蒸汽作气化介质，蒸汽与木材比（质量比）为 0.4。使用合成橄榄石作为流化介质和热载体，在气化反应器和半焦燃烧器之间循环。

（2）IGT 气化炉

IGT 气化炉是吹氧式、高压鼓泡流化床气化炉，因反应气体中含氧高，燃烧部分生物质提供热量，不需另加入能量；如果改用空气送氧，生成气中还含一定量的氮气。IGT 压力气化炉在提高蒸汽用量后，可按"最大氢气量"模式操作，IGT 压力气化炉生产的合成气含 CO 较高（30%～35%，干基）。合成气中的甲烷组分可经过重整生成氢气，也可直接用作透平燃料；生成气的 $H_2/CO=1.4$。

（3）Carbo-V 气流床气化炉

经过预处理的生物质原料首先在回转式气化炉中进行低温气化，生成可燃气和焦炭组分。含焦油的可燃气体经过烧嘴进入 Carbo-V 高温气化炉，从炉顶送入预热的空气/氧气。低温气化生成的焦炭也送入 Carbo-V 高温气化炉中部，最终生成不含焦油的合成气。Carbo-V 气化炉的优点：合成气中不含焦油，无需采用催化净化处理；气化效率较高，达到 80% 以上；合成气可用作发电燃料，发电效率可达 40%；原料来源广泛，可加工各种干燥后的含碳原料；可将灰分转化为适用于建筑材料的熔渣颗粒；合成气中的氢含量高，每千克原料产氢 $1.2m^3$。

5.3 生物质燃气

5.3.1 生物质燃气组成及特点

生物质燃气就是利用农作物秸秆、林木废弃物、食用菌渣、牛羊畜粪及一切可燃性物质作为原料转换为可燃性能源。生物质燃气有两种：一种是用生物质为原料的，在高温缺氧条件下使生物质发生不完全燃烧和热解，产生可燃气体，主要成分是 CO、H_2、N_2 等。另一种是用生物质为原料的，在厌氧条件下被厌氧菌利用产生的沼气，主要成分是 CH_4 和 CO_2。本章中生物质燃气主要指第一类。表 5-5 列举了用于生产生物燃气的各种生物质原料。

表 5-5　空气气化下吸式气化炉的各种生物质燃气成分

原料品种	燃气成分（%）						低位热值（标准状态下）(kJ/m³)
	CO	H_2	CH_4	CO_2	O_2	N_2	
玉米秸	21.4	12.2	1.87	13.0	1.65	49.88	5328
玉米芯	22.5	12.3	2.32	12.5	1.4	48.98	5033
麦秸	17.6	8.5	1.36	14.0	1.7	56.84	3663
棉秸	22.7	11.5	1.92	11.6	1.5	50.78	5585

原料品种	燃气成分（%）						低位热值
	CO	H$_2$	CH$_4$	CO$_2$	O$_2$	N$_2$	（标准状态下）（kJ/m^3）
稻壳	19.1	5.5	4.3	7.5	3.0	60.5	4594
薪柴	20.0	12.0	2.0	11.0	0.2	54.5	4728

生物质燃气通常由若干可燃气体（如 CO、H$_2$、CH$_4$、C$_m$H$_n$ 和 H$_2$S 等）、不可燃气体（如 CO$_2$、N$_2$ 和 O$_2$ 等）以及水蒸气组成的混合气体。随着生物质原料、气化剂、气化方式不同，生物质燃气的组成及特点也略有不同，其热值一般在 5～15MJ/m^3 之间。

5.3.2　生物质燃气净化技术

从生物质气化炉输出的可燃气，含有很多不同的杂质，称为粗燃气。粗燃气如果不经过纯化处理就直接使用，将影响用气设备的正常运行。粗燃气中杂质的主要成分及可能引起的问题如表 5-6 所示。

表 5-6　粗燃气中杂质的主要成分、可能引起的问题和净化方法

杂质种类	主要成分	可能引起的问题	净化方法
颗粒	灰分、焦炭、热质颗粒	磨损、堵塞	气固分离、过滤、水洗
碱金属	钠、钾等化合物	高温腐蚀	冷凝、吸附、过滤
氮化物	主要是氨和 HCN	形成 NO$_x$	水洗、SCR 技术
焦油	各种芳烃	堵塞、难以燃烧	裂解、除焦、水洗
硫、氯	HCl、H$_2$S	腐蚀污染	水洗、化学反应

焦油占可燃气能量的 5%～15%。在低温下难与可燃气一道被燃烧利用，故大部分焦油的能量被白白浪费。由于焦油在低温下凝结成液体，容易和水、焦炭颗粒黏合在一起，堵塞输气管道、阀门等下游设施。加之其难以完全燃烧，产生的炭黑对内燃机、燃气轮机等燃气设备损害相当严重，因此在发展用生物质气化来进行电力和热能生产技术的过程中，燃气的净化是最关键的步骤之一。以目前的技术，在生物质气化发电系统中，很难将焦油的含量控制在 0.02g/Nm^2 以下。

生物质气化燃气中焦油的处理方法可归纳为两大类：即物理净化法（包括湿法和干法）和化学净化法（包括焦油的热裂化和催化裂化）。湿法就是利用水洗燃气，使之快速降温从而达到焦油冷凝从燃气中分离的目的。水洗除焦法存在能量浪费和二次污染现象，净化效果只能勉强达到内燃机的要求；干法采用过滤技术净化燃气的方法。裂解法分为热裂解法和催化裂解法两种。

（1）湿法去除焦油

湿法去除焦油是生物质气化燃气净化技术中最为普通的方法（图 5-10）。它包括水洗法、水滤法，水洗法又分为喷淋法（图 5-11）和鼓泡法（图 5-12）。湿法净化系统采用多级湿法联合除焦油。系统成本较低，操作简单。生物质气化技术初期的净化系统一般均采用这种方式。这种方式有以下缺点：含焦油的废水外排易造成环境污染、大量焦油不能利用、造成能源损失；实际净化效果并不理想。但我国目前的生物质气化燃气净

化技术仍主要是以湿法除焦油为主。国内一些科研单位已研究出符合中国国情的湿法净化燃气技术设备。

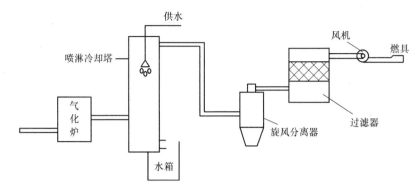

图 5-10　湿式净化系统示意图

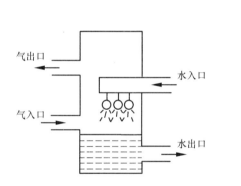

图 5-11　喷淋法去除焦油示意图

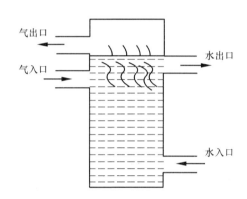

图 5-12　鼓泡法去除焦油示意图

（2）干法去除焦油

干法净化燃气是为避免湿法净化带来的水污染问题，而采用过滤技术净化燃气的方法。过滤法除焦油是将吸附性强的材料（如活性炭等）装在容器中，使可燃气穿过吸附材料，或者使可燃气穿过装有滤纸或陶瓷芯的过滤器，把可燃气中的焦油过滤出来。可根据生物质燃气中所含杂质较多的特点，采用多级过滤的净化方法。但实际过程中，由于其净化效果不好，焦油沉积严重且黏附焦油的滤料难以处理，几乎没有作为单独的净化装置使用，多与其他净化装置连用。

干式方法还包括电捕方法，可去除粒径为 0.01～1mm 的灰尘，焦油去除率达 98%以上。缺点：生物质含氧量高，燃气净化过程必须防爆；焦油黏附在设备上，存在除焦问题。

（3）裂解法去除焦油

裂解净化技术是将生物质燃气中的焦油利用某种方法使其裂解为可利用的小分子可燃气体。其方法细分为热裂解、催化裂解及电裂解。热裂解法在 1100℃ 以上才能得到较高的转换效率，在实际应用中实现较困难；若在气化过程中加入裂解催化剂，即使在 750℃ 下，也能将绝大部分焦油裂解成小分子的碳氢化合物。催化裂解法可将焦油转化为可燃气，既提高系统能源利用率，又彻底减少二次污染。从 20 世纪 80 年代起，生物质气化过程中加入催化剂而得到无焦油燃气在国外已引起广泛关注，并已投入商业运行。催化裂解去除焦油是生物质气化燃气净化技术的主要研究方向。使用的裂解催化剂主要为白云石和镍基催化剂。

生物质燃气经冷却洗涤、旋风分离（图 5-13）、过滤器过滤组合净化装置（图 5-14）后，所剩的焦油含量均在 $0.5g/m^3$ 以下。

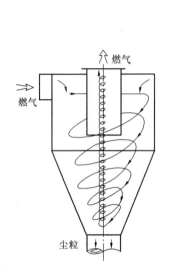 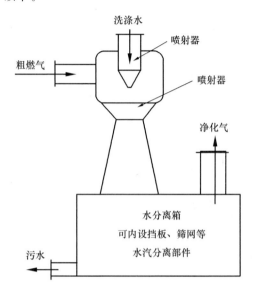

图 5-13　旋风除尘过程示意图　　　　图 5-14　组合净化装置

为了高效地脱除焦油，未来的研究方向包括以下几个方面：

首先，优化规模化气化反应器。在大型反应器中，影响催化剂活性的因素非常复杂，如流量、空速、温度和压力是主要考虑因素。此外，生物质的不均匀动态进料，气化过程中的粉尘、飞灰、含氮物种、含硫物种的催化也应着重考虑。

其次，设计高效且可再生的催化剂。在实际使用中，由于焦油成分的复杂性，催化剂很容易因碳沉积和中毒而失活。大规模工业化时，天然和廉价的催化剂在应用于生物质气化后，失活的催化剂直接被丢弃。开发经济的、易再生、具有特殊物化结构和活性金属位的催化剂可以有效促进生物质焦油裂解并减少能源消耗。

最后，阐明焦油裂解机理。由于生物质焦油的复杂性，选择模型化合物（如甲苯和萘）作为焦油替代物并不能如实反映焦油裂解机理，需要专注于不同种类和数量的模型化合物混合重整，以探索真正的焦油的催化裂解机理。

5.3.3　生物质燃气应用

第二次世界大战爆发后，化石能源被大量地应用于军事。石油危机也因此而出现，人们认识到化石能源不可再生、分布不均的弱点会制约国家的安全和发展，于是生物质气化技术作为一种稳定的、可靠的能源开发技术被重新提上日程，并且发展迅速。20世纪 70 年代，美国、日本、加拿大、欧盟等开始了生物质热裂解气化技术的研究与开发，到 20 世纪 80 年代，美国已有 19 家公司和研究机构从事生物质热裂解气化技术的研究与开发，美国可再生能源实验室和夏威夷大学还进行了生物质燃气联合循环发电系统（BIGCC）的研究。荷兰 Twente 大学进行了流化床气化器和焦油催化裂解装置的研究，推出了无焦油气化系统，还开展了将生物质转化为高氢燃气、生物质油等高品质燃料的研究，并结合燃气轮机、斯特林发动机、燃料电池等转换方式，将生物质转化为电能。

在应用方面，瑞典、美国、意大利、德国等国家在生物质气化技术领域具有领先水平。发达国家在生物质气化发电、生物质气化联合循环发电技术方面，达到了 4～63MW 的规模水平，发电效率达到 40% 以上。欧盟在生物质气化合成甲醇方面，建立了 4 个 4.8～12t/d 的示范工厂。芬兰成功开发了生物质气化合成氨技术生产化肥，用于区域供热的生物质气化设备在瑞典和芬兰已经达到了商业化水平。意大利成功开发了水泥厂供燃气与发电并用的生物质气化站。西班牙、荷兰、法国、美国等对生物质气化制氢技术进行了深入研究。同时，美国、欧洲等发达国家还深入研究了焦油催化裂解方法，并发现镍催化剂裂解焦油最为有效。

我国在生物质气化技术研究领域起步较晚，虽然在 20 世纪 40 年代就开发出用木炭气化炉产气驱动汽车的技术，但是由于种种原因生物质气化技术未能取得进一步发展。直至 20 世纪 80 年代，受能源紧张和环境问题的影响，我国才重新开始了生物质气化技术的研究工作，并建立了一支专门从事生物质气化技术研究的队伍，其中中国科学院广州能源研究所、中国农机院、山东省科学院能源研究所、中国林科院林产化工研究所、辽宁省能源研究所等单位在各自的研究领域中做出了自己的贡献。1981 年，由江苏省粮食局与红岩机器厂联合研制成功了我国第 1 台 160kW 稻壳气化发电装置；1998 年，第 1 台功率为 1MW 的循环流化床气化装置与内燃机发电机组配套的稻壳气化发电机组在福建莆田华港米业公司的碾米厂成功运行。在这 20 多年里，多种较为成熟的固定床和流化床气化炉得到了不同程度的开发和应用。

尽管我国在生物质气化供气、供热和发电技术的推广应用方面取得了很大进步，近几年发展速度也非常快，但是生物质气化技术和设备的先进性、装置规模等与国外相比，还有很大差距，而生物质燃气焦油裂解、生物质气化制氢、合成液体燃料领域方面研究也仅仅处于起步阶段。国内目前生物质气化生产的燃气，难以满足燃气轮机发电系统。燃气-蒸汽联合循环发电（IGCC）系统，是在内燃机或燃气轮机发电的基础上，增加余热蒸汽的联合循环，可以有效地提高发电效率。一般来说，燃气-蒸汽联合循环生物质气化发电系统（BIGCC），通常采用燃气轮机发电设备和高压气化装置，构成生物质整体气化联合循环系统，系统效率可达 40% 以上，是目前发达国家的重点研究内容。

5.4　生物质气化制氢技术

5.4.1　氢能及生物质气化制氢

（1）氢能及其特点

氢能是一种理想的清洁能源，氢燃烧的产物是水，不排放温室气体，具有热值高（143MJ/kg）、能量转化效率高，并且无污染、运输和储存十分方便等特点，被公认为是未来最有希望的能源载体。

氢气既是优质洁净能源，同时也是一种重要的工业原料，石油、化工、电力、化纤等行业都大量使用氢。目前氢能被认为是一种相对昂贵的能源，但是氢能燃料的能源转换效率比内燃机高一倍，因此氢能的经济优势十分明显。随着氢能的应用领域不断扩大，从航天领域扩展到民用工业生产，特别是燃料电池的研究开发和应用，以其良好的经济前景和环保优势，引起人们对氢能的高度关注。

制氢的方法有很多，技术比较成熟且应用于工业大规模制氢的方法主要有化石能源制氢和水电解制氢。利用各种化石能源制氢储量有限，且制氢过程会对环境造成污染；水电解制氢，需消耗大量电能，且成本高。生物质主要由碳、氢、氧等元素组成，是氢的重要载体，其中氢元素的质量占 6%，相当于每千克生物质可产生 0.672m³ 气态氢，占生物质总能量的 40% 以上。因此，生物质制氢技术具有极大的吸引力和良好前景，已受国内外广泛重视。在电解水、生物质气化及光电子转化等制氢技术中，生物质气化制氢是最为经济的手段。同时，生物质具有可再生性和易获得性。随着燃料电池和储氢技术的突破和商品化，生物质制氢可以有效利用生物质能替代化石资源，成为未来能源的重要组成部分，因此生物质制氢具有良好的技术前景，必将形成可观的经济效益、社会效益和环境效益。

（2）生物质气化制氢

生物质气化制氢是指生物质原料在气化炉（或裂解炉）中进行气化或热裂解反应，通过热化学方式将生物质转化为主要成分为 H_2、CO 和少量 CO_2 的可燃气，并且将伴生的焦油经过催化裂化进一步转化为小分子气体，同时将 CO 通过蒸汽重整（水煤气反应）转换为氢气，然后通过气体变压吸附分离获得纯氢的过程。

生物质气化制氢技术有多种方式，主要有生物质热解气化制氢、超临界生物质气化制氢、生物质催化气化制氢、超临界水中生物质催化气化制氢、等离子体热解气化制氢。其中生物质的热化学制氢被 IEA（国际能源组织）认为在近中期内最具有经济与技术上的生命力。

5.4.2 生物质制氢技术

5.4.2.1 热解制氢技术类型

生物质热解转化制氢是指将生物质通过热化学反应转化为富氢气体。传统的热化学制氢过程一般包括三个部分：生物质原料的热裂解、热解产物的气化和焦油等大分子烃类物质的催化裂解。

到目前为止，生物质热解制氢的技术主要有以下几种。

（1）气化一步法制氢

生物质在反应器中被气化剂直接气化后，获得富氢气体的过程。富氢气体经变压吸附分离获得高纯度氢气。

（2）气化二步法制氢

生物质在第一级反应器内被直接气化后，再进入第二级反应器发生裂化重整反应的过程，获得富氢气体后经变压吸附分离获得高纯度氢气。

（3）热解一步法制氢

生物质在反应器中直接快速热解后，获得富氢气体的过程。富氢气体经变压吸附分离获得高纯度氢气。

（4）热解二步法制氢

生物质在第一级反应器内被直接快速热解后，再进入第二级反应器发生裂化和蒸气重整反应生成富氢气体的过程，再经变压吸附分离获得高纯度氢气。

（5）超临界气化一步法制氢

将生物质、水和催化剂等置于高压反应器内，发生反应生成富氢气体的过程。富氢气体经变压吸附分离可获得高纯度氢气。

（6）热解-气化制氢

生物质在第一级反应器内被直接快速热解后，得到的生物油与半焦以及气体产物再进入第二级反应器发生蒸气气化反应的过程。

（7）复杂气化法制氢

有两种途径，第一种是生物质气化后，生成的混合气通过转化合成甲醇，随后甲醇被催化转化为氢气；第二种是生物质加氢热解后生成甲烷，甲烷再被重整或热解生成氢气。

5.4.2.2　超临界水中生物质催化气化制氢

超临界水的介电常数较低，有机物在水中的溶解度较大，在其中进行生物质的催化气化，生物质可以比较完全地转化为气体和水可溶性产物，气体主要为 H_2 和 CO_2，反应不生成焦油、木炭等副产品。对于含水量高的湿生物质可直接气化，不需要高能耗的干燥过程。超临界水中生物质气化制氢技术是近年来发展起来的一种新型制氢方法。尽管该方法还处于实验室阶段，但对于未来解决石油、煤炭等化石能源枯竭后的替代能源问题有着重要而深远的意义，目前国外都对该方法开展了大量的研究。1977 年美国MIT 的 Modell 最先报道了木材在超临界水中气化的研究，随后美国夏威夷自然能源研究所（HNEI）的 Antal 等开展了更为系统深入的研究，并提出生物质的超临界水气化制氢的新构想。随后，HNEI 的研究人员在超临界水气化制氢方面作了大量的研究，并取得到一系列的有价值的研究结果。

5.4.2.3　等离子体热解气化制氢

等离子体是由于气体不断地从外部吸收能量离解成正、负离子而形成的，基本组成是电子和重粒子，重粒子包括正、负离子和中性粒子。传统方法的活性物质是催化剂，等离子体方法的活性物质是高能电子和自由基。等离子体气化制氢是利用等离子产生的极光束、闪光管、微波等离子、电弧等离子等通过电场电弧能将生物质热解。合成气中主要成分是 H_2 和 CO，且不含焦油；在等离子体气化中，可通过水蒸气，调节 H_2 和CO 的比例。但该过程能耗很高，而且等离子体制氢的成本较高。用等离子体进行生物质转化是一项完全不同于传统生物质转化形式的工艺，引起了许多研究者的普遍关注。国外的研究者近年来广泛开展了各种等离子体制氢的实验与设计优化研究，国内在这方面的研究也已经起步。但国内外研究的重点主要集中在甲烷、甲醇等方面，多为间接利用生物质制气。直接针对生物质的研究较少。

5.4.2.4　吸附增强蒸汽重整技术

将多种生物质原料一步转化为高纯氢气，其关键在于开发高活性、高稳定性的重整吸附剂和 CO_2 吸附剂。它是集重整反应（H_2 生产）和选择性分离（CO_2 吸附）于一体的新型技术。该技术的特点为采用固体吸附剂在高温下对 CO_2 进行原位脱除，以改变反应的正常平衡极限，提高烃类转化率，提高 H_2 产量，减少 CO_2 排放。在整个制氢技术中，吸附剂（如 CaO）的选择与反应条件至关重要。

5.4.2.5 生物质重整制氢

先将生物质在缺氧或无氧、常压和高温下热裂解转化为生物油，再利用生物油进行催化重整制氢，这种两步制氢法布局灵活多变，原料来源广泛，制氢效率相较于生物质直接制氢更高，被认为是未来最有前景的制氢途径之一。为了提高产氢选择性，优异的催化剂是着重考虑的方面，需要良好的 C—C 断键和 CO 水汽变换性能，而为了抑制消耗氢气的副反应，应该降低 C—O 断键和 CO/CO_2 的加氢性能，此外开发廉价金属催化剂替代贵金属也是目标之一。

5.4.2.6 生物质-甲酸-氢气（BFH）制氢

生物质经水解、氧化制备甲酸，再由甲酸催化脱氢制备氢气。首先将柠檬酸（替代硫酸）与木质纤维素共混，经低温机械研磨预处理后溶于 DMSO 中经同步水解氧化（H_2O_2 作氧化剂）制备甲酸。甲酸溶液经蒸馏浓缩后（除木质素、单糖、呋喃等杂质），加入乙酸钠，在可回收的异相催化剂的催化下制备氢气。实现了木质纤维素高效产甲酸，制备的氢气可直接用于氢燃料电池，副产物有机酸（如乙酸、乙酰丙酸）可直接利用，反应路径的可回收性和经济性得到提高。

5.4.2.7 优点

首先，工艺流程和设备比较简单。其次，充分利用部分氧化产生的热量，使生物质裂解，并分解一定量的水蒸气，能源转换效率较高。第三，有相当宽广的原料适应性。最后，适合于大规模连续生产。

然而，生物质原料的质量、能量密度低是实现生物质制氢技术的一个主要难点。生物质气化制氢技术中气化剂的选择是一个重要的方面。空气作气化介质成本最低，但是随空气带入大量的 N_2，造成氢气提纯的难度增加；而氧气作气化剂时需制氧设备，增加了设备投入。研究表明，水蒸气作气化介质更有利于生成富氢气体。

5.5 秸秆气化集中供气系统

5.5.1 秸秆气化原理

秸秆气化技术就是利用空气中的氧气、含氧物质及水蒸气作为气化介质，将农作物秸秆如稻秆、玉米秆等生物质，在缺氧的状态下通过热化学反应，进行碳化生成可燃气体的过程。

秸秆气化集中供气系统原理的核心就是秸秆气化技术，生成气体主要成分由碳、氢、氧等元素组成。秸秆气化集中供气技术是将农作物秸秆投放到气化炉内，在缺氧的状态下不完全燃烧，经干燥、干馏、氧化、还原、净化、分离、除焦油及灰尘等一系列热化学反应，将秸秆中的碳、氢等元素转化成含一氧化碳、氢气、甲烷和不饱和烃类的可燃气体。然后将可燃气体储存到储气罐中，通过管网送到用户供居民炊事、取暖，农产品烘干、发电、供热等。

秸秆气化是在气化炉内完成的，随着气化炉的类型、工艺、流程、反应条件、气化剂的种类、原料等条件的不同，反应过程也不相同。但不同条件下的秸秆气化过程中的基本反应相同。

$$C+O_2 \longrightarrow CO_2$$
$$CO_2+C \longrightarrow 2CO$$
$$2C+O_2 \longrightarrow 2CO$$
$$2H_2O+C \longrightarrow CO_2+2H_2$$
$$H_2O+CO \longrightarrow CO_2+H_2$$
$$C+2H_2 \longrightarrow CH_4$$
$$CO_2+H_2 \longrightarrow CO+H_2O$$

5.5.2 秸秆燃气的生成过程

将粉碎后的秸秆投入到气化炉内被干燥。随着温度的不断升高，其挥发物析出，并在高温下热解。热解后的气体和碳，在氧化区与供入的空气发生氧化反应，使燃烧生成的热量用于维持干燥、热解和下部还原区的吸热反应。燃烧后生成的气体，经过还原反应后，生成含有 CO、H_2、CH_4、C_mH_n 等成分的可燃混合气，由气化炉下部抽出，经除尘、裂解焦油、洗涤、净化去除杂质后，输入储气罐，供用户使用（图 5-15）。

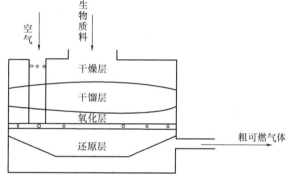

图 5-15 下吸式生物质气化炉结构简图

5.5.3 秸秆气化集中供气系统

秸秆气化集中供气系统基本模式为：以自然村为单元，系统规模可数十户，也可数百户直至数千户。整个系统由三部分组成：秸秆气化站、燃气输配系统和用户燃气系统。

秸秆气化站由机房、贮气装置、干料棚等组成。机房内装有秸秆气化机组，包括上料器、气化反应器、燃气净化器、风机等，其主要作用是产生适合用户使用的秸秆燃气。从机房输出的燃气进入贮气装置，贮气装置可以调节用户用气高峰和低谷时的进气量，有的贮气装置还要直接提供给燃气适当的出口压力。干料棚用以存放一定量的干秸秆，以保证雨天机组产气用。输气管网的作用是把燃气从贮气装置送到每一农户家中，现多采用聚丙烯硬塑管，以承插方式连接而成，管网间隔一定距离设置集水井和阀门井。用户设施包括入户管线、阀门、过滤器、煤气表和专用灶具等。

秸秆气化集中供气系统能否达到使用要求且长期稳定运行，主要技术取决于以下两个方面：一是燃气质量好，清洁卫生；二是系统部件运行安全可靠，使用寿命长，运行成本低。气化炉是秸秆气化的核心功能设备，在气化炉炉体结构设计上，采用无水套结构设计方案，并增设裂解焦油装置和安全放散器，旨在提高气化炉内反应温度，充分裂解焦油，提高产气量，稳定气体质量，提高用户使用清洁燃气的安全性。同时，设计安装自动排灰装置。通过对气化炉的选优，主要采用下吸式气化炉（图5-11），并不断地进行技术创新。其结构比较简单，工作性能稳定，可随时开盖添料。气体中的焦油在通过下部高温区时被裂解成小分子永久性气体，所以出炉后的可燃气中焦油降至最低极限。因下吸式气化炉炉内的气体流向自上而下，热流的方向是自下而上，致使引风机从炉栅下抽出可燃气要耗较大的功率，出炉的可燃气中含有较多的灰分，出炉的可燃气温度较高，需用水进行冷却。针对这一缺点，在系统中设计了降温除尘、焦油裂解、冷却、洗涤、净化、气水分离等装置，对可燃气体进行全过程综合处理，确保了秸秆燃气的质量。JN-360型秸秆气化集中供气系统构成如图5-16所示。工艺流程如图5-17所示。

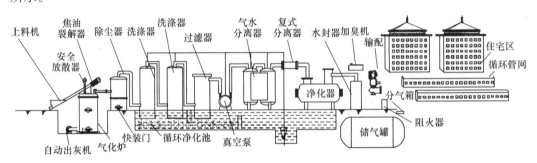

图5-16　秸秆气化集中供气系统示意图

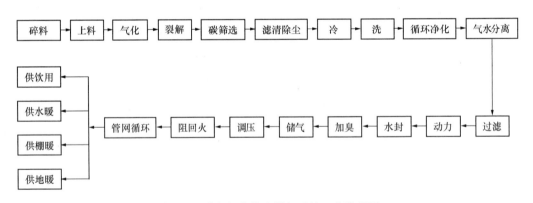

图5-17　秸秆气化集中供气系统工艺流程图

秸秆气化集中供气系统项目建设是一项环保型公益性项目，是农村新能源的有效载体。由于秸秆气化目的是解决大气污染，但如不重视污水问题，势必引起农田或河道的二次污染。秸秆气化供气系统研制开发是国家从"七五"到"十三五"重点科技攻关课题。但实践发现，系统存在的关键问题为：一是燃气中焦油含量较高，达50mg/m³以上，极易造成输配系统阀门、管道等堵塞；二是洗涤燃气的污水处理不彻底，外排易造成二次污染；三是湿式储气柜安全越冬的防寒设施成本高，不适宜在东北地区推广。在供气运行过程中，为保证经济效益，需要重点参考盈亏平衡点，且充分保证气化站的年利润和用户对能源的实际需求，实现个人投资方经济效益与用户社会效益的统一，推动秸秆气化集中供气工程技术发展。

5.6 生物质气化发电技术

生物质热解气化发电是把生物质转化为燃气，利用燃气推动燃气发电设备进行发电。生物质气化发电技术是研究与应用最多、装备最为完善的技术。目前，生物质气化发电有三种方式（图5-18）：

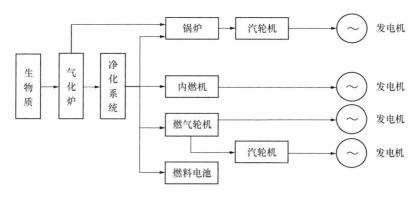

图 5-18 生物质气化发电系统

（1）作为蒸汽锅炉的燃料燃烧生产蒸汽带动蒸汽轮机发电。这种方式对气体要求不是很严格，直接在锅炉内燃烧气化气。气化气经过旋风分离器除去杂质和灰分后即可使用。燃烧器在气体成分和热值有变化时，能够保持稳定的燃烧状态，排放污染物较少。

（2）在燃气轮机内燃烧带动发电机发电。这种方式对气体的压力有要求，一般为 $10 \sim 30 \mathrm{kg/cm^2}$。该种技术存在灰尘、杂质等污染问题。

（3）在内燃机内燃烧带动发电机发电。这种方式应用广泛，效率高。但是该种方法对气体要求极为严格，气化气必须经过净化和冷却处理。

大型的生物质气化发电系统均采用燃气轮机发电机，这是目前世界上最先进的生物质发电技术。该系统包括两种发电技术：整体气化联合循环（Integrated Gasification Combined Cycle，IGCC）和整体气化湿空气汽轮机（Integrated Gasification Humid Air Turbine，IGHAT）。

生物质气化发电设备主要包括：生物质气化装置（图5-19）、气体净化和冷却装置、燃气发电装置。采用生物质气化燃气-蒸汽联合循环系统（Biomass Integrated Gasification Combined Cycle，BIGCC）可提高生物质气化发电效率。BIGCC系统主要由进料机构、燃气发生装置、焦油裂解装置、燃气净化装置、余热锅炉、空气预热装置、燃气发电机组、蒸汽轮机发电机组、循环冷却水装置、水处理装置、电气控制装置及废水、废渣处理装置等几部分组成。

内燃机发电系统以简单的内燃机组燃用低热值燃气进行发电，它的特点是设备紧凑，系统简单，技术较成熟和可靠，但是目前单机功率较小，通常在400kW以内，且发电效率较低（25%）。燃气轮机发电系统，采用低热值燃气轮机，燃气需增压，并且燃气热值一般高于 $10 \mathrm{MJ/m^3}$。

BIGCC作为先进的生物质气化发电技术，通过采用两级燃烧方式，利用两种工质

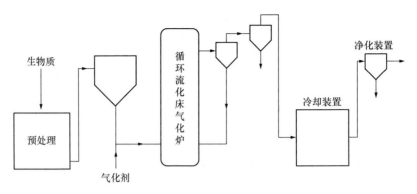

图 5-19　生物质气化发电装置

将布雷登（Brayton）循环和朗肯（Rankine）循环叠加在一起，具有较高的发电效率和
较大的发电规模。生物质气化联合循环发电系统主要包括生物质原料处理系统、加料系
统、流化床气化炉、燃气净化系统、燃气轮机、余热锅炉和蒸汽轮机等部分。生物质气
化及发电技术在发达国家已受到广泛重视，最初从 20 世纪 90 年代开始兴建生物质气化
联合循环示范电站。

BIGCC 是一种比较先进的生物质能利用技术，整个系统包括生物质气化、气体净化、
燃气轮机发电及蒸汽轮机发电（图 5-20）。由于生物质燃气热值低（约 $5MJ/m^3$），要使
BIGCC 具有较高的效率，燃气必须处于高温高压状态，因此必须采用高温高压的气化和
净化技术。当气化炉出口时的温度 800℃以上（进入燃气轮机之前不降温）压力又足够高
时，BIGCC 的整体效率可以达到 40%；采用一般常压的气化和燃气降温净化，由于气化
效率和带压缩的燃气轮机效率都较低，整体效率一般只能低于 35%。我国学者宋鸿伟通
过设计和建立计算模型研究 GIGCC 系统，结果显示系统发电效率最高可达 47.56%。

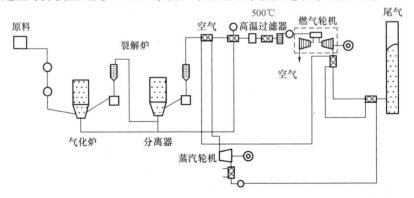

图 5-20　生物质整体气化联合循环工艺流程图

目前比较典型的 BIGCC 有美国 Battelle（63MW）（图 5-21）和夏威夷（6MW）项
目、欧洲英国（8MW）和芬兰（6MW）的示范工程等，但由于燃气轮机改造在技术上
难度很高，特别是焦油的处理还存在很多有待进一步解决的技术问题，技术尚未成熟设
备造价也很高，限制了应用推广。Battelle 工艺与传统的气化工艺不同，它充分利用了
生物质原料固有的高反应特性，生物质的气化强度超过 $146000kg/m^2$，而其他气化系统
的气化强度通常小于 $1000kg/m^2$。

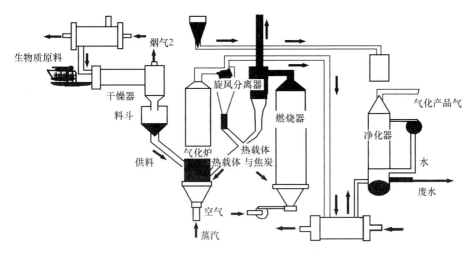

图 5-21　Battelle 生物质气化工艺流程图

针对偏远/乡村地区的农业废弃物就地利用需求，结合小型内燃机，目前开发出一种生物质-热化学转化（气化）-热电联产技术。生物质作为原料在下吸式气化炉中进行气化，整合小型内燃机进行热电联产。生物质原来由螺旋给料器从底部送入分级反应器中，经过干燥后被点燃以提供后续气化所需热量；而后，经热解后进入气化炉，与热空气（O_2：N_2＝3.76：1）发生气化反应，产生底渣与 CO、H_2、CH_4 等合成气。合成气经旋风分离器、热交换器、过滤器进行净化后进入内燃机进行发电。内燃机的空燃比由自动控制系统进行控制并保持在固定转速以确保发电机的交流电频率不变。在整个系统的启动阶段，合成气中的焦油过浓，不适宜直接在内燃机中进行燃烧，因而被火炬系统点燃后排放至空气中。

我国在生物质气化发电方面也开展了一系列的基础研究和应用研究，如江苏吴江生产的稻壳气化炉，利用稻壳气化生产燃气驱动发电机组，单机功率为 160kW，已经长期生产运行；中科院广州能源所"九五"期间研制出 1MW 生物质气化发电系统，使用木屑或稻壳流化床发电系统已经投入商业运行，分别在海南三亚、广东揭东建立了MW 级气化发电示范工程，该技术设备还出口到泰国；"十五"期间开发了 4MW 生物质气化联合循环发电，在江苏兴化市投产运行；中国林科院林化所先后在国内建立了400～800kW 锥形流化床生物质气化发电机组示范装置投入运行。此外，还有为数众多的 200kW 固定床气化发电机组在国内的粮食加工企业投入使用。尽管中型生物质气化发电机组在很多方面比 200kW 气化发电有了改善，但由于受气化效率与内燃机效率的限制，简单的气化-内燃机发电系统效率一般仅为 14%～20%。目前国内生物质气化联合循环发电系统效率可达 25%～35%，但技术仍未成熟，尚处于示范和研究阶段。

目前国内生物质气化发电机组，多数是以空气为气化剂的常压下吸式固定床或流化床气化技术，燃气热值低（约 4～5MJ/m^3）；燃气焦油含量高，既造成能源损失，又影响设备的运行和使用寿命，还造成了二次污染；产品技术标准尚未建立，难以实现生物质气化工程技术规范化等诸多因素，已经成为一个制约我国生物质气化发电技术商业化应用的主要问题。

我国生物质发电产业虽然发展前景广阔，但发电能力依然较低，生物质发电装机容量在可再生能源发电装机容量中只占 0.5% 的份额，远低于世界平均 25% 的水平，并且生物质发电的盈利能力亟待提高。从总体上来看，我国大多数生物质发电技术在核心技术领域缺少自有知识产权，生物质能技术的产业化和商业化转化程度低，缺乏持续发展的动力。因此，需要做好资源调查和评价，精心编制发展规划，培育生物质发电产业链，完善生物质发电的标准与规范，完善生物质发电的定价和费用分摊机制，推行并完善绿色配额制度，国家层面支持技术研究开发和设备制造，加强生物质发电产业技术创新。

思政小结

发展生物质气化技术，是推动生物质能源清洁高效利用和支撑可再生生物质能源大规模发展的理想途径，符合我国当前能源结构转变及可持续发展战略。生物质气化设备紧凑、污染少，可以解决生物质燃料的能量密度低和资源分散等缺点，生物质气化对改善我国以石化燃气为主的能源利用结构，为广大农村地区提供清洁能源具有十分重要的意义。生物质气化技术具有良好的发展前景，作为生物质能应用的主流方式之一，有望成为传统化石能源的重要补充，并可有效解决我国农村偏远地区能源供应短缺问题。在"双碳"背景下，生物质气化技术应积极与现代农业结合发展小型化、综合化的集成技术，为循环经济寻求突破口。

思 考 题

（1）以秸秆等农业废弃物为例，设计完整的秸秆气化与集中供气工艺流程。

（2）简述我国生物质气化技术现状、行业前景和发展机遇。

（3）从原理、技术工艺、设备等角度分析比较生物质直接燃料、热解与液化和气化技术等之间的异同点。

（4）简述生物质气化过程中污染物去除技术的研究进展。

（5）"双碳"背景下，分析我国生物质气化行业面临的机遇与挑战。

6

生物质生物法转化技术

📖 **教学目标**

教学要求： 深刻认知我国沼气、生物乙醇和制氢产业发展面临的瓶颈问题，了解并掌握国内外相关领域的新技术、工艺与装备，时刻关注国内外相关产业应用最新动向和科学前沿。

教学重点： 沼气发酵、生物乙醇、生物制氢等技术、工艺、设备和行业发展现状。

教学难点： 沼气发酵、生物乙醇和生物制氢等技术原理。

生物质生物法转化技术是依靠微生物或酶的作用，将生物质转化为各种洁净的"含能体能源"，如沼气、生物乙醇、氢气等液体或者气体燃料的技术。主要针对农业生产和加工过程的生物质，如农作物秸秆、畜禽粪便、生活污水、工业有机废水和其他有机废弃物等。

生物法转化方式主要有两种：微生物发酵和酶法水解。

本章主要从沼气发酵技术及设备、生物乙醇发酵技术和生物产氢技术等3个方面进行详细介绍，并展望了生物质生物法转化技术的未来发展方向。

6.1 沼气发酵技术

6.1.1 沼气发酵及其原理

沼气发酵又称为厌氧消化、厌氧发酵和甲烷发酵，是指一定的水分、温度和无氧条件下，通过大量的、多种功能不同的微生物作用，将含有机物的生物质分解，最终生成甲烷和二氧化碳等混合性气体（沼气）的生物化学过程。沼气的主要成分甲烷是一种理想的气体燃料，它无色无味，与适量空气混合后即可燃烧。沼气发酵同时生成的沼液、沼渣，可作为有机肥用于农田。

沼气发酵属于复杂微生物体系，其生物学特征是利用众多的微生物菌群，通过各种微生物之间的协同作用，来完成一连串反应。因此，沼气发酵可以利用多种底物作为原料。沼气发酵利用的底物有食品废物、畜牧业废物、农产品废物、植物性生物质、废水处理污泥、有机废水和粪尿等。

沼气发酵在厌氧、常温、常压条件下即可进行，其发酵过程如图6-1所示，大致可分为的三个阶段。

（1）水解阶段

非水溶性含碳有机聚合物（如纤维素、半纤维素、果胶、淀粉、脂类、蛋白质）首

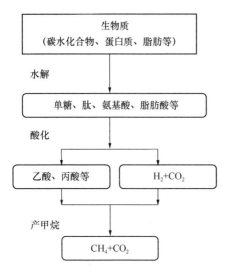

图 6-1　沼气发酵（厌氧型消化）过程

先被加水分解细菌所分泌的胞外酶水解为可溶性糖、肽、氨基酸和脂肪酸的过程。这类分解细菌主要包括：*Bacteroides* 属、*Clostridium* 属、*Bacillus* 属和 *Lactobacillus* 属等。

（2）酸化阶段

水解发酵生成水溶性单糖、氨基酸和脂肪酸等物质继续由产酸细菌发酵分解，生成乙酸、丙酸、氢气和二氧化碳等甲烷底物，这个过程也称酸发酵过程，该过程体系是由具有各种代谢机能的厌氧型微生物共同作用将有机酸分解的、复杂的微生物体系。

（3）甲烷生产阶段

产酸阶段生产的甲烷底物在产甲烷菌的作用下转化生成 CH_4 和 CO_2。甲烷的生成是由一群生理上高度专业化的古细菌产甲烷菌所引起的，产甲烷菌包括乙酸营养型产甲烷菌和氢营养型产甲烷菌两大类群。它们能在厌氧条件下将前三群细菌代谢终产物，在没有外源受氢体的情况下，把乙酸和 H_2/CO_2 转化为 CH_4/CO_2，使有机物在厌氧条件下的分解作用以顺利完成。在该阶段约 70% 的甲烷由乙酸或乙酸化合物发酵生成，其余部分主要通过 H_2 和 CO_2 的还原反应得到。其反应式如下所示：

$$CH_3COOH =\!\!= CH_4 + CO_2$$
$$CH_3COONH_4 + H_2O =\!\!= CH_4 + NH_4HCO_3$$
$$CO_2 + 4H_2 =\!\!= CH_4 + 2H_2O$$

产甲烷菌广泛存在于水底沉积物和动物消化道等极端厌氧的环境中，其生理特性有：①生长要求严格厌氧环境；②食物简单，只能代谢少数几种碳素底物；③生存在 pH 值中性条件下；④生长缓慢等。

值得注意的是，在沼气发酵过程中还存在某些逆向反应，即由小分子合成大分子物质的微生物过程。

沼气发酵的优点如下：首先，发酵后残渣中有机物含量少，残渣气味小，不吸引苍蝇或鼠类，可作为饲料；其次，产生的沼气是一种清洁燃料；再次，发酵过程中杂草种子和一些病原物被杀灭；最后，发酵过程中 N、P、K 等成分几乎得到全部保留，一部分有机氮被水解成氨态氮，速效性养分增加。缺点则有：①设备较复杂，建设投资较高；②要求高标准的施工、管理和保养；③由于厌氧菌繁殖速度慢，工艺启动时间长。

6.1.2　沼气发酵技术

沼气发酵技术工艺主要包括：厌氧消化工艺段，根据待处理的原料量，以及所采用的工艺模式和运行温度，选择厌氧消化器的形式和容积，该工艺段决定工程的规模和其他工艺段所用设备的相关参数；原料前处理工艺段，主要包括原料的预处理（粉碎等），去除原料中的大块杂物，去除泥砂等无机物，调配原料所含干物质的浓度、酸碱度和碳氮比等，以及前处理设施和建（构）筑物的设计、配套设施的选型和运行控制参数的确定；后处理工艺段，主要涉及沼渣、沼液处理；沼气净化和储存输配工艺段，主要涉及依据工程日产气量和供气设计标准进行沼气净化、储存和输送的工程设计。

6.1.2.1 沼气发酵技术类型

（1）单相发酵

是最常见的一种发酵类型。将沼气发酵原料投入到一个装置中，使沼气发酵的产酸和甲烷阶段合二为一，在同一装置中自行调节完成，即"一锅煮"的形式。在单相发酵中，厌氧发酵的 3 个阶段都在同一个反应器中进行，3 个阶段所需的微生物相互之间存在着微妙的平衡，一起发挥作用将有机物转化为沼气。单相发酵需要一直维持在中性pH，这一条件下，所有所需的微生物都能够共存，但并不是所有的微生物都处在各自的最适条件。不同功能的菌群经过一定时间的演化成为发酵不同时期的主要菌群。这一过程导致单相发酵的时间较长、发酵效率不够高，且体系不稳定容易受环境影响。

（2）两相发酵

按照沼气发酵过程的不同阶段，将水解酸化和产甲烷阶段在两个不同的反应器中依次完成有机物厌氧降解过程。该技术可提供菌群最佳生长条件，提高处理能力和效率，降低物质毒性，增强系统稳定性，提高产酸相处理能力，预防酸抑制，提高抗冲击能力。该技术适用于易酸化废弃物、高浓度难降解废水，以及固体含量很高的农业有机废弃物。

（3）高浓度发酵

传统沼气工程进料固含量在 7% 以下，而高固含量发酵技术，发酵固含量达到 15% ~20%。高浓度发酵投资低，厌氧发酵反应器系统的投资降低 50%；水耗低，高固含量发酵工艺结合沼液回流，工程几乎没有水耗；运行能耗低，工程热耗是传统工程的四分之一。然而，高浓度发酵技术易发生酸化、中间代谢产物和氨抑制、工艺控制要求高等问题，而且易产生结壳和分层，工程故障率高。

（4）干发酵

又称固态发酵，发酵原料的总固体浓度控制在 20% 以上，干发酵用水量少，其方法与堆肥基本相同。干式沼气发酵技术是在几乎没有自由流动水的条件下完成沼气生产过程，具有固含量高、甲烷产量高、运行能耗低、沼渣后续处理难度低、沼液排放极少等优点，成为世界各国处理有机固体废弃物的重要选择。国内外对于沼气干法发酵技术，皆开展了不同程度的研发工作。代表性干式发酵技术有德国 BEKON 车库型和 Thoeni TTV 工艺，瑞典 Kompogas 卧式推流发酵工艺，比利时 Dranco 竖式推流发酵工艺，以及我国的柔性顶膜车库式、滚筒搅拌混凝土膜槽、滚动式质热交换等工艺。

（5）多元物料混合发酵

将单一原料的厌氧发酵转为混合发酵可以改善原料结构和营养特性，提高有机废弃物的甲烷产量和有机转化率。混合发酵具有巨大潜力，突破单一发酵的局限，能够平衡体系中的 C/N，调节 pH，补充微量元素和大量元素、稀释体系中潜在的有毒物质、提升体系稳定性、增加甲烷产量等。秸秆与其他有机废弃物混合发酵，包括各类畜禽粪便、市政污泥、果蔬废弃物等，相比于单一底物发酵，沼气产量提高了 25% ~40%。两种及以上的原料进行发酵能够产生协同效应，对甲烷产量的提升相当可观。作物秸秆可以和各类有机废弃物按一定比例进行混合发酵，其发酵表现往往优于单一麦秆发酵效果。

（6）导电材料介导的沼气发酵技术

在沼气发酵系统中，甲烷生成性能高度依赖于细菌和甲烷菌之间互营协作过程中的种间电子传递效能。近年来，导电材料介导的微生物种间电子直接传递技术，其实质是电子供体菌（氧化分解有机物释放电子）和电子受体菌（甲烷菌）之间建立"电互营"协作关系，可显著提升甲烷生成性能，加速有机物甲烷化，缓解有机酸累积抑制等。无论是在高固含量或有机负荷的湿式发酵，还是在干式发酵过程中，添加铁氧化物、生物炭等碳基导电材料不但可富集功能菌群，还可显著缓解酸化抑制产甲烷效应，有效促进有机酸的互营降解。此外，研究人员证实以铁氧化物、生物炭等碳基材料为代表的导电材料，可促进微生物聚集，以导电聚集体方式，促进有机物快速转化为甲烷。

6.1.2.2 沼气发酵反应器

按类型的不同，可分为户用沼气池、厌氧接触工艺、厌氧滤器、上流式厌氧污泥床等。其主要区别在于微生物的滞留方式与原料流动方式的不同。代表性反应器类型如下：

（1）户用沼气池

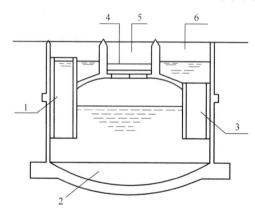

图 6-2　双管顶返水水压式沼气池简图
1—进料管；2—发酵池；3—出料连通管；4—活动盖；
5—导气管；6—水压间

水压式沼气池如图 6-2 所示，其特点是合并发酵与贮气于同一空间，下部为发酵间，上部为贮气间。工作原理：发酵时所产生的气体从水中逸出后，聚集于贮气间，使贮气间压力不断升高。这样发酵料液就被不断升高的气压压进水压间，使水压间水位上升，直至池内气压和水压间与发酵间的水位差所形成的压力相等为止。产气越多，水位压就越大，压力也越大。当沼气被利用时，池内气体降低，水压间的料液便返回发酵间。这样，随着气体的产生和被利用，水压间和发酵间的水位差也不断变化，始终保持与池内气压相平衡。

浮罩式沼气池：分为顶浮罩式沼气池和分离浮罩式沼气池等（图 6-3 和图 6-4）。其特点是以浮罩代替气箱，沼气输出压强恒定，给沼气燃烧器的使用带来方便；发酵间的压强小，减少了沼气和料液的渗漏。

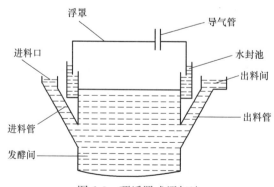

图 6-3　顶浮罩式沼气池

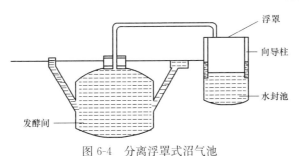

图 6-4　分离浮罩式沼气池

（2）连续搅拌反应器（CSTR）

CSTR 反应器是指带有搅拌浆的槽式反应器。搅拌的目的在于使物料体系达到均匀状态，以有利于反应的均匀和传热。具有高径比较大、利于厌氧反应、搅拌强度大、适用于高固含量发酵、占地少、成本低等优点。然而，也存在体积大、搅拌频率高、能耗高、出料少、微生物易流失等缺点。

（3）上流式厌氧污泥床反应器（UASB）

UASB 具有集沼气微生物反应与气、固、液分离于一体的特点，罐内不设搅拌设施。气、固、液三相分离器是 UASB 厌氧消化器的特征构件，也是气液分离、固液分离和污泥自动回流的主要功能构件。三相分离器形式多种多样，但是归根结底都是由斜板集气罩、污泥回流缝和沉淀区 3 部分构成。具有消化器结构简单，没有搅拌装置和填料，可高负荷运行，颗粒污泥的形成使微生物天然固化，出水悬浮状固体低等优点。然而也存在反应器底部需要均匀分布于的布水器，进水悬浮状固体含量低等劣势。

（4）塞流式反应器（PFTR）

PFTR 是长方形的非完全混合式反应器，也称推流式反应器。高浓度悬浮固体发酵原料从一端进入，从另一端排出。优点是不需要搅拌，结构简单，能耗低；适用于固体悬浮物浓度高的废水的处理，尤其适用于牛粪、秸秆等的厌氧消化，用于农场有较好的经济效益；运行方便，故障少，稳定性高。然而，也存在固体物容易沉淀于池底，反应器面积/体积大，温度难以保持一致，易结壳等缺点。

6.1.3　沼气发酵影响因素

（1）温度

微生物对于其作用体系内的环境变化十分敏感，温度的大范围的变化直接影响微生物的稳定性及代谢活性，从而最终抑制或促进甲烷转化效率，参与厌氧反应的各种微生物尤其是产甲烷菌具有不同的最适宜温度。从反应动力学的角度来看，温度主要会影响半饱和常数和物料降解率。大部分的产甲烷菌一般在 30～35℃ 和 50～60℃ 嗜温条件下活性较高。低温和高温都会对甲烷产量产生显著影响，温度过低会抑制微生物的活性，影响底物的利用效率，进而降低甲烷转化率，温度过高会导致某些挥发性气体的浓度的增高，如氨气。

根据发酵温度的不同，厌氧发酵分为中温发酵和高温发酵。研究表明：温度对水解酸化的影响表现在，水解酸化阶段由于温度快速下降，抑制了碳水化合物的分解和有机酸的产生。当温度降低 5℃ 和 15℃ 时，碳水化合物去除效率从 92% 分别降低到 84% 和 25%，发酵系统内水解细菌的数量减少，水解酸化细菌的活性降低。

（2）接种物

厌氧发酵过程是多种微生物间相互协调共同完成的。在厌氧发酵启动期，接种物的质量和数量是确保厌氧消化反应成功启动的关键。而接种物的筛选与驯化培养对厌氧发酵过程同样起着重要的作用，直接影响整个发酵体系的产气效率和原料降解程度。厌氧发酵的菌种来自于多种生境中，主要包括池塘底部的污泥、污水处理厂的发酵底泥、沼气罐中的发酵污泥、牛粪等。

（3）厌氧环境

沼气发酵需要在厌氧环境下进行，判断厌氧程度一般用氧化还原电位 Eh 表示。厌氧条件下，Eh 是负值。严格厌氧的甲烷菌要求的 Eh 为 $-300 \sim -350 mV$，而一些兼性产酸的细菌则在 Eh 为 $-100 \sim +100 mV$ 就能正常生活。为了保证厌氧条件，必须修建严格密闭的沼气池，保证沼气池不漏水、不漏气。

（4）pH

酸碱度及缓冲能力是影响厌氧发酵系统稳定运行的重要条件之一。一般而言，微生物对 pH 的敏感性要比其对温度的变化适应敏感性低。水解酸化细菌最适宜的 pH 值是在 $5.5 \sim 8.5$ 范围内。产甲烷菌所能适应的 pH 范围较窄，最适范围大致是 $6.5 \sim 7.5$。pH 过高和过低，会导致产甲烷菌的代谢和倍增受到抑制，反应器内有机酸不能及时转化为甲烷，造成系统内有机酸浓度过高，最终导致反应器的运行失败。

（5）搅拌

在常规的发酵池，发酵液通常自然分为四层，从上到下分别为浮渣层、上清层、活性层和沉渣层。搅拌的目的是：①使发酵原料分布均匀，增加微生物与原料的接触面，加快产气速度，提高产气量，提高原料利用率；②防止原料浮面结壳导致产生的沼气无法及时释放；③防止局部酸的积累。我国农村的沼气发酵原料以秸秆、杂草和树叶等为主，更需搅拌才能达到好的发酵效果。搅拌的方法可采用：①机械搅拌，即在池内安装叶轮进行搅拌；②气搅拌，即将沼气从池上部抽出后，又从池底压进去，产生强大的气流，达到搅拌的目的；③液搅拌，即从出料间将发酵液抽出，然后从进料口冲入沼气池，产生强大的液体回流，达到搅拌的目的。

（6）C∶N 比值

微生物所需的最适碳氮比为 25∶1，由于沼气发酵过程中原料的碳氮比可受到微生物的自动调节，因此，适宜碳氮比范围较宽。一般认为，沼气发酵的碳氮比以 $20 \sim 30∶1$ 为宜，超过 35∶1 产气量明显下降。

在厌氧发酵中蛋白质以及其他富含 N 的物质的降解会产生氨氮，氨氮主要以铵离子（NH_4^+）和游离氨（NH_3）的形式存在。氨氮可以作为营养元素被微生物生长重新利用，但氨氮浓度过高时则会对微生物产生毒害作用。氨氮浓度对维持碳氮比的平衡具有重要意义。通常，当底物的碳氮比超过 30 时，氨氮浓度较低，会不利于厌氧发酵。有些研究证明氨氮可以提高发酵体系的缓冲能力，因为氨氮可以中和有机酸，使反应体系维持在中性环境。

（7）添加剂与抑制剂

一些酶类、无机盐、有机物和无机物等，添加少量到沼气池中，可显著促进产气，这类物质称为添加剂。如添加一定量的纤维素酶，可显著促进产气；添加 5mg/kg 的稀土元素（RE）可提高产气 17％；添加适量的 NH_4HCO_3 等氮肥，可显著提高秸秆类原料的产气率；添加少量的活性炭或泥炭，或向发酵池通入氢气都可显著提高甲烷产量。而一些金属离子、盐类、杀菌剂和人工合成的化合物，则显著抑制产气，这类物质称为抑制剂。

（8）固含量

发酵料液中干物质含量的百分比为固含量。根据发酵底物状态的不同，厌氧发酵技术分为厌氧湿发酵技术和厌氧干发酵技术。湿式发酵，原料浓度一般在 10％以下，系统物料呈流动态，常应用于有机废水的处理。干式发酵又称为固体厌氧发酵，反应体系中的固含量达到 20％～30％。湿法发酵运行过程需水量大，因此造成发酵过程的热耗和动力消耗也相对增大，同时产生的大量沼液需要后处理，直接排放则造成二次污染。

微生物的营养物质在转化前必须溶解在水中。水的存在不仅维持微生物的生长代谢，而且还影响着物质在固体表面的运输以及产酸与产甲烷之间的平衡。固含量直接影响着厌氧消化的速度和效果。固含量低，含水量高，传质阻力小，微生物和反应产物的扩散速度快，厌氧消化速度快，反应器容易实现完全混合，物料均匀，抗冲击负荷，反应器运行稳定。秸秆物料含水率低，物料吸水量大，采用高含水率厌氧消化（含水率＞90％），需要外加大量的水分，这一方面降低了负荷，增加了反应器容积，同时厌氧结束固液分离后续处理的废水量也大大增加。此外，采用低固含量厌氧消化，反应器内易出现分层现象，形成上部浮渣层，下部污泥层而中间为沼液层，容易造成物料发酵不充分，沼气不易排放等问题，影响发酵罐的消化效果。

（9）水力停留时间

在连续厌氧发酵体系中，缩短停留时间可减小反应器的发酵体积，但同时也会降低有机物的去除效率；相反，停留时间越长，有机物消化越完全但反应器的利用率随即降低。厌氧发酵的反应速率随着停留时间的加长而逐渐降低，因此存在一个最佳/最适的水力停留时间。最佳的水力停留时间与原料的理化性质、粒径、发酵温度、有机负荷、固含量以及工艺技术等相关。通过混合搅拌和降低含固量可以减小停留时间。混合搅拌是指，通过搅拌装置、沼液回流和气体回流等方式使物料处于完全混合状态，使微生物与原料的表面充分接触，缩短反应时间。由于微生物的分布需要流动液体的，因此降低固含量可减少停留时间。

（10）有机负荷

沼气发酵负荷常用容积有机负荷表示，即单位体积沼气装置每天所承受的有机物的数量，通常以 $kgCOD/m^3 \cdot d$ 为单位。有机负荷过高，则产酸速率大于产甲烷，挥发性酸积累，pH 下降，破坏甲烷菌繁殖环境。然而，有机负荷过低，容积产气率降低，反应体积增大，运行投资和运行费用增加。高固含量的厌氧消化需要注意氨氮毒性抑制和微元素限制。当有机负荷高达 $24kgCOD/m^3 \cdot d$，微量营养元素补充和控制原料的 C/N 比率，可以确保有发酵罐体的稳定操作。

6.1.4 沼气的综合利用现状

（1）国外沼气利用产业现状

欧洲是沼气发展较为成熟、政策配套比较完善的地区，代表世界沼气发展的先进水平。在欧洲，以规模化、工业化、大型沼气工程为主流，几乎没有户用沼气和小型沼气工程。在沼气工程技术、规模、经济和环境效益方面，德国在欧洲名列前茅。自 2000 年以后颁布《可再生能源法》《可再生能源供热法》《国家生物质能行动计划》等政策以来，因为政策刺激，沼气产业在德国取得了快速发展。

在沼气利用方面，主要包括并网发电和净化提纯后并入天然气管网 2 种模式，已经实现产业化和商品化。在沼气发电方面，主要采用直燃发电技术，所采用的先进装备和沼气发电机设备，均处于世界领先地位。在沼肥利用方面，欧洲以农场农业经济为主，沼气工程的沼渣沼液主要采用直接还田方式处理，拥有完善的沼渣沼液收集、储运和还田装备。但由于德国农场经济发达，对沼渣沼液高附加值产品的需求不够迫切。因此，在沼渣沼液精细分离加工制备有机肥产品技术与装备方面尚未形成产业化推广。

（2）中国沼气利用产业现状

我国是世界上开发沼气较多的国家，最初主要是农村的户用沼气池，以解决秸秆焚烧和燃料供应不足的问题。此后，大中型废水、养殖业污水、村镇生物质废弃物、城市垃圾沼气的建立扩宽了沼气的生产和使用范围。

20 世纪 90 年代以来，我国沼气建设一直处于稳步发展的态势，是利用生物质生产沼气最多的国家。在国家相关政策措施的推动下，经过近 40 年的发展，中国沼气工程数量显著增加，形成"三结合""四位一体"和"五配套"等多种以沼气技术为纽带的生态农业应用模式，处理畜禽粪便的沼气工程形成"能源生态型"和"能源环保型"2 种主要模式。

以沼气为纽带，将物质多层次利用、能量合理流动的高效农业模式，已逐渐成为我国农村地区利用沼气技术促进可持续发展的有效方法（图 6-5）。通过沼气发酵综合利用技术，沼气用于农户生活用能和农副产品生产加工，沼液用于饲料、生物农药、培养料液的生产，沼渣用于肥料的生产。我国北方推广的塑料大棚、沼气池、气禽畜舍和厕

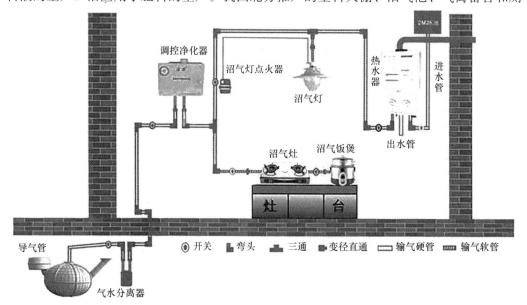

图 6-5　沼气综合利用示意图

所相结合的"四位一体"沼气生态农业模式,中部地区以沼气为纽带的生态果园模式,南方建立的"猪-果"模式,以及其他地区因地制宜建立的"养殖-沼气""猪-沼-鱼"和"草-牛-沼"等模式,都是以农业为龙头,以沼气为纽带,对沼气、沼液、沼渣的多层次利用的生态农业模式。沼气发酵综合利用模式的建立使农村沼气和农业生态紧密结合,是改善农村环境卫生的有效措施,也是发展绿色种植业、养殖业的有效途径,已成为农村经济新的增长点。

当前我国农村以沼气工程为纽带的沼气产业处于转型期。首先,户用沼气逐步向村镇集中(联村)供气方向发展。新农村建设要求小村并成大村,城乡统筹和统一规划。这些新建的村镇人口相对集中,聚集程度高,传统的户用沼气逐步失去市场,户用沼气逐步向村镇集中(联村)供气方向发展已成为大势所趋,以村镇(联村)集中供气为主的沼气工程成为社会发展的必然。其次,中小型沼气工程向规模化大型沼气工程方向发展。自 2015 年我国农村沼气转型升级以来,中央重点支持建设日产 1 万立方米以上的规模化生物天然气工程试点项目与厌氧消化装置总体容积 $500m^3$ 以上的规模化大型沼气工程项目,着重在创新建设组织方式、发挥规模效益、利用先进技术、建立有效运转模式等方面进行试点。

以集中供气、发电上网以及天然气并网等方面为特征的规模化生物天然气和规模化大型沼气工程技术是当前乃至今后发展必然趋势,也是国家重点支持的方向。

(3)沼气发电技术

沼气发电可以上网,利于输送。随着沼气产量的不断增长,沼气燃烧发电日益成为新型高效沼气利用技术。它将厌氧发酵处理产生的沼气用于发动机上,并装有综合发电装置,以产生电能和热能。沼气发电具有高效、节能、安全和环保等特点,是一种分布广泛且价廉的分布式能源。沼气发电在发达国家已受到广泛重视和积极推广。经过 20 多年的努力,我国研发和生产的沼气发电机在性能和质量方面已缩小了与国际先进机组的差距。现在我国已有 80kW、200kW、500kW、700kW 系列沼气发电机组供应。国际上先进的沼气发电机可将每 $1m^3$ 沼气(含甲烷 60%)发电 2kWh 以上,国产沼气发电机可将每 $1m^3$ 沼气发电 1.6kWh。进口发电机组发电效率达 37%,热效率达 40%,国产机组则发电效率达 33%,热效率达 35%。总体上讲国产沼气发电机技术上已过关。沼气发电流程图如图 6-6 所示。

(4)沼气燃料电池技术

燃料电池是一种将储存在燃料和氧化剂中的化学能直接转化为电能的装置。当源源不断地从外部向燃料电池供给燃料和氧化剂时,它可以连续发电。依据电解质的不同,燃料电池分为碱性燃料电池(AFC)、质子交换膜(PEMFC)、磷酸(PAFC)、熔融碳酸盐(MCFC)及固态氧化物(SOFC)等。燃料电池能量转换效率高、洁净、无污染、噪声低,既可以集中供电,也适合分散供电,是 21 世纪最有竞争力的高效、清洁的发电方式之一,它在洁净煤炭燃料电站、电动汽车、移动电源、不间断电源、潜艇及空间电源等方面,有着广泛的应用前景和巨大的潜在市场。

沼气行业是具有公益性的事业,国家要在资金投入、土地、税收政策方面加大倾斜的力度。首先,建立经济激励政策,政府加大力度,协调各部门,克服困难,进一步落实沼气工程补贴的相关实施细则,并建议国家对沼气工程的补贴逐步过渡到以产品(沼

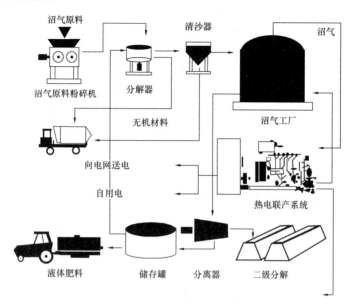

图 6-6　沼气发电流程图

气、沼肥）为导向的补贴政策。随着"双碳"政策的执行，我国沼气工程行业将迎来新的历史发展机遇。

6.2　生物乙醇发酵技术

6.2.1　生物乙醇发酵原理

乙醇（分子式 C_2H_5OH）又称酒精，相对分子质量为 46.07。常温常压下为无色透明液体，具有特殊的芳香味和刺激味，吸湿性很强，可与水以任何比例混合并产生热量。乙醇易挥发、易燃烧。工业乙醇含乙醇约 95%，含乙醇达 99.5% 以上的酒精称为无水乙醇。乙醇可用于汽车燃料。汽车乙醇汽油是指在不含 MTBE（甲基叔丁基醚）含氧添加剂的专用汽油组分油中，按体积比加入一定比例（我国目前暂定为 10%）的燃料乙醇（Fuel Ethanol，即通过专用设备、特定工艺生产的高纯度无水酒精）。乙醇汽油燃料是新一代清洁环保车用燃料。

燃料乙醇发酵技术是指利用酵母等乙醇发酵微生物，在无氧的环境下通过特定酶系分解代谢可发酵糖生成乙醇。因此，燃料乙醇的生产工艺与食品用酒精生产工艺十分相似，两种最大的不同是燃料乙醇生产工艺中增加了乙醇脱水过程。

乙醇发酵有着数千年的历史，乙醇发酵作用，就是微生物把可发酵性的糖经过细胞转化生成乙醇与 CO_2，然后通过细胞膜将这些产物排出体外的过程。已发现可以对糖类进行乙醇发酵的微生物有酵母、细菌和丝状菌等。在传统酿造发酵产业和现代工业用、燃料用乙醇制造中，使用最广泛的微生物是酵母 *Saccharomyces Cerevisiae* 和运动发酵单胞菌 *Zymomonas Mobilis*。酵母 *Pichia Stipitis* 和 *Pacchysolen Tannopphilus* 则对戊糖具有发酵能力，但对乙醇的耐受力较差。另外，*Lactobacillus* 属的异型乳酸菌发酵菌、*Clostidium* 属的具有纤维素分解能力细菌以及 *Thermoanaerobium* 属的厌氧型嗜热细菌等，也具有生产低浓度乙醇的能力（图 6-7 和图 6-8）。

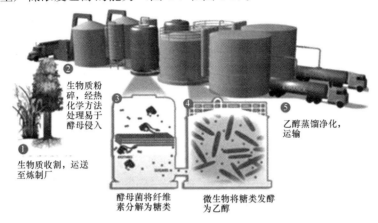

②生物质粉碎，经热化学方法处理易于酵母侵入

③酵母菌将纤维素分解为糖类

④微生物将糖类发酵为乙醇

⑤乙醇蒸馏净化，运输

①生物质收割，运送至炼制厂

图 6-7　生物乙醇发酵过程

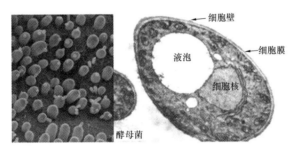

图 6-8　酵母菌形态结构

酵母乙醇发酵是通过糖酵解（EMP）的途径进行的。其代谢途径如下所示：

葡萄糖→1,6-二磷酸果糖→3-磷酸甘油醛＋磷酸二羟丙酮→丙酮酸→乙醛→乙醇

该过程可分为 4 个阶段：①葡萄糖磷酸化和异构化生成活泼的 1,6-二磷酸果糖；②1,6-二磷酸果糖分裂生成二分子磷酸丙糖（1 分子磷酸二羟丙酮和 1 分子 3-磷酸甘油醛）；③3-磷酸甘油醛生产丙酮酸；④丙酮酸脱羧生成乙醛并进一步脱氢还原成乙醇。

运动发酵单胞菌（*Zymomonas Mobilis*）乙醇发酵的途径则是通过 ED 途径进行代谢的。该途径也称为 KDPG（2-酮-3-脱氧-6-磷酸葡糖酸）途径。其代谢过程如图 6-9 所示。

细菌乙醇发酵的反应式为：

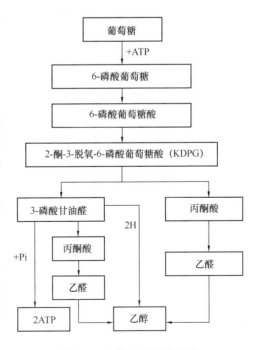

图 6-9　生物乙醇发酵过程

$$C_6H_{12}O_6 + ADP + H_3PO_4 \longrightarrow 2CH_3CH_2OH + 2CO_2 + ATP$$

6.2.2 生物乙醇发酵工艺

燃料乙醇的生产过程包括发酵、浓缩（蒸馏）和脱水三个过程。通过发酵得到的乙醇体积分数一般较低（10%～15%），必须通过蒸馏除去水分和其他一些杂质。但由于乙醇与水存在共沸现象，蒸馏浓缩液中乙醇的体积分数为通常低于95%。因此，作为燃料乙醇，还必须通过脱水过程获得无水乙醇。

（1）乙醇发酵装置

① 糖蜜质原料的发酵装置。发酵原料如是蔗糖汁或蜜糖，可使用酵母 S. cerevisiae，采用如图6-10所示的 Melle-Boinot 法进行乙醇发酵，这种方法可在发酵结束时将酵母菌体离心回收，使用稀硫酸（pH=3）对回收的酵母进行杀菌处理后反复使用；

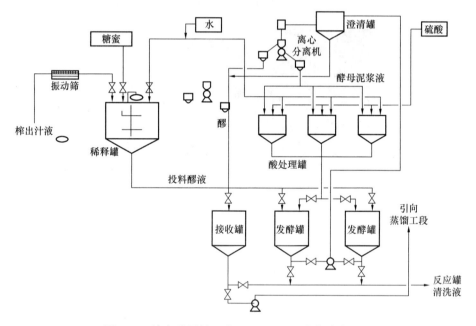

图6-10　糖蜜质原料乙醇 Melle-Boinot 法发酵流程图

② 淀粉质原料的发酵装置。发酵原料如为粗甘薯等，一般可通过低温蒸煮法，采用如图6-11所示进行乙醇发酵。

（2）乙醇发酵工艺

乙醇发酵可采用间歇式发酵、半连续发酵和连续发酵等三种方式。间歇式发酵也称单罐发酵，其发酵的全过程在一个发酵罐中进行。其特点是培养基接种菌种后，没有物料的加入和取出。整个过程中菌的浓度、营养成分的浓度和产物浓度等参数皆随着时间变化。

半连续发酵是主发酵阶段采用连续发酵法，后发酵阶段采用间歇式发酵的方法。其特点是稀释率、比生长速率以及其他与代谢有关的参数都将发生周期性变化，总体积保持不变。可以补充养分，有害代谢物被稀释，有利于产物继续生产。

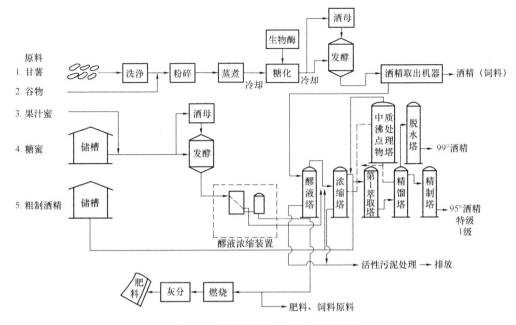

图 6-11　淀粉质原料乙醇发酵流程图

　　连续发酵是过程处于稳态的发酵，酵母和乙醇浓度保持一定，成熟的发酵液与糖液按照一定的速度抽取和添加，连续发酵又可分为全混连续发酵和阶梯式连续发酵两大类。其特点是以相同的速度向培养系统内连续流加新鲜的培养基并同时输出发酵液，使培养系统内各状态变量恒定。可维持低基质浓度，设备利用率高，单位时间产量高，可自动控制。糖蜜质原料的发酵和淀粉质原料的发酵工艺比较见表 6-1。

表 6-1　乙醇发酵工艺

	淀粉质原料乙醇发酵工艺	糖蜜质原料乙醇发酵工艺
间歇式发酵	① 一次加满法：将糖化醪冷却到 27～30℃，一次加满到已清洗、灭菌的发酵罐中，同时加入 10% 的酒母醪，经 60～72h 发酵得到成熟的发酵醪。 ② 分次添加法：该法是先打入发酵罐容积约 1/3 的糖化醪，同时加入 8%～10% 的酒母醪，每隔 3～6h，加入第二个和第三个 1/3 的糖化醪，直至加满到发酵罐容积的 90% 为止。 ③ 连续添加法：该法是将酒母醪打入发酵罐中，同时连续添加糖化醪。一般糖化醪应在 6～8h 内加满发酵罐。 ④ 分割发酵醪法：将处于旺盛主发酵阶段的发酵醪分割出 1/3～1/2 到第二个罐，两罐同时补加新鲜糖化醪到满罐，继续发酵，当第二罐又处于主发酵阶段时，再次进行分割	① 普通间歇式发酵：发酵罐清洗、灭菌后，冷却至 30℃，接入酒母醪液，并打入温度为 27～30℃ 的发酵糖液，发酵温度为 33～35℃，发酵时间为 32～36h。 ② 分割式间歇发酵：该法是第 1 罐进入主发酵阶段时，分割出 1/3～1/2 发酵醪到第 2 空罐中，两罐加满稀糖液，继续发酵。第 1 只罐直到发酵完成、蒸馏。第 2 只罐进入主发酵阶段后，重复第一只罐的操作。 ③ 分批流加间歇发酵法：在发酵糖中加入 10%～20% 酒母，分 3 次加入基本稀糖液，第一、二次加入量为罐体容积的 20%，第三次则为 40%～50%。流加糖液应在 8～10h 内完成，发酵温度为 33～35℃，发酵时间为 36～48h。 ④ 连续流加间歇发酵法：该法是先将发酵醪总量的 20%～30% 酒母醪加入发酵罐中，然后加入相同数量的酒母稀糖液（14% 浓度），通风培养 2h，使发酵醪浓度降至 7.0%～7.5% 后，开始连续流加浓度为 33%～35% 的基本糖液，保持发酵醪浓度在 10% 左右

	淀粉质原料乙醇发酵工艺	糖蜜质原料乙醇发酵工艺
半连续发酵	① 方法一：将发酵罐连接，使前几个发酵罐始终保持连续主发酵状态，从第3个或第4个发酵罐流出的发酵醪液顺次加满其他发酵罐，完成后发酵。此法可省去大量酵母，缩短发酵时间，但对消毒杀菌要求较高，注意防止细菌感染。 ② 方法二：将若干发酵罐组成一组，用溢流管连接各发酵罐，在第1只发酵罐内先制备发酵罐容积1/3的酒母，并保持主发酵状态下流加糖化醪。满罐后，通过溢流管流入第2只发酵罐，当充满其容积的1/3后，改为流加糖化醪。满罐后通过溢流管流入第3只发酵罐。重复上述操作直至末罐	
连续发酵	① 循环发酵法：由6～8只发酵罐组成，用溢流管顺次连接各罐，糖化醪和成熟酒母醪同时流入第1只罐和最后1只罐，充满后发酵醪顺次流入并充满第2只罐到倒数第2只罐，然后不再流加醪液，各自进行间歇式发酵。 ② 顺式连续发酵法：发酵开始时，酒母醪和糖化醪一起流入第1只罐中，充满后，发酵醪依次流入并充满后面各罐。成熟发酵醪从最后1只罐流出，送去蒸馏	① 单浓度单流加连续发酵法：稀糖液与成熟酵母同时进入第1只罐酵母繁殖和稀糖液发酵同时进行，产生含足够量的酵母细胞的发酵醪，连续流加同样浓度的稀糖液，满罐后依次进入下一罐，连续发酵直至成熟。 ② 双浓度双流加连续发酵法：对于浓度低、质量差的糖蜜，可采用这种方法，即低浓度的酒母稀糖液和高浓度的发酵稀糖液（基本稀糖液）进行双流加以实现连续发酵流程。两种糖液的流加液比通常为1：1，而流加糖比例优质糖蜜为4：6、劣质糖蜜为3：7

6.2.3 生物乙醇浓缩与脱水工艺

6.2.3.1 蒸馏与精馏

成熟发酵醪中乙醇的浓度一般在8%～10%，因此必须进行乙醇浓缩和脱水，才能作为燃料使用。乙醇的蒸馏是将成熟发酵醪中的乙醇和挥发性杂质等低沸点组分，经过多次反复气化-冷凝，与大部分的水、非挥发性的组分分开的一种分离过程。蒸馏得到的产品是乙醇和其他挥发性杂质的混合物。将杂质从乙醇中去除的蒸馏过程称为精馏。蒸馏与精馏的方式有单塔蒸馏、双塔蒸馏和多塔蒸馏等。

（1）单塔蒸馏

如图6-12所示，用一个蒸馏塔从成熟发酵醪中分离出乙醇。该方法占地面积少、设备简单、易于操作且能耗小，但乙醇质量差，现在一般不再使用。

（2）双塔蒸馏

如图6-13所示，乙醇的蒸馏在两个塔内进行，其中一个是粗馏塔（醪塔或粗塔），可将乙醇、挥发性杂质及一部分水从成熟发酵醪中分离出来，另一个是精馏塔，其作用是去除挥发性杂质并浓缩乙醇。双塔蒸馏根据精馏塔的进料方式不同又可分为气相进料和液相进料两种。

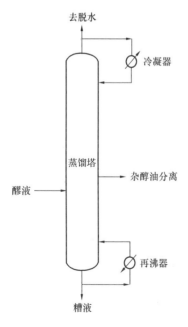

图6-12 单塔蒸馏

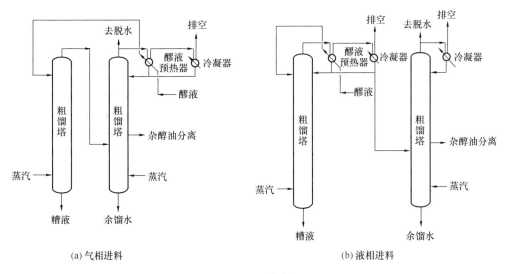

(a) 气相进料 　　　　　　　　　　　　(b) 液相进料

图 6-13　双塔蒸馏

（3）多塔蒸馏

当双塔蒸馏仍无法满足对乙醇的品质要求时，则可采用三塔或三塔以上的多塔蒸馏。一般三塔包括粗馏塔、脱醛塔和精馏塔。脱醛塔的作用是去除乙醇中的醛酯类杂质。三塔的连接方式通常有直接式、半直接式和间接式等三种（图 6-14）

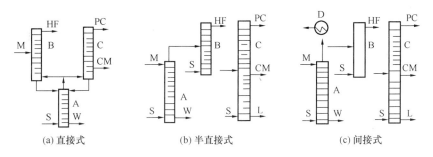

(a) 直接式　　　　　　　(b) 半直接式　　　　　　(c) 间接式

图 6-14　三塔蒸馏方式示意图

A—粗馏塔；B—脱醛塔；C—精馏塔；D—分凝器；S—水蒸气；M—发酵醪；W—糟液；
L—废水；HF—头级分馏；PC—乙醇产品；CM—杂醇油

6.2.3.2　原位分离技术

（1）真空发酵

在压力低于大气压的环境下进行（约为 10kPa 以下），气液平衡发生改变，迫使乙醇向气相转变，发酵过程中生产的乙醇可以不断地被蒸发脱除，以达到连续分离乙醇的效果。该工艺在去除乙醇的同时刺激酵母细胞的生长，糖发酵规模扩大，乙醇产量得到有效提升。尽管真空发酵可以有效降低污染，提升乙醇产量，但仍旧存在限制。真空发酵过程中，细胞的形态与行为会受到明显影响，也增加了厌氧菌感染的风险，限制了真空发酵的进一步发展。

（2）气提

本质与真空发酵类似，生物乙醇因其强挥发性通过气液平衡倾向于从发酵液中转移至气相中，达到分离的目的。载气从发酵反应器底部进入，与发酵液充分接触传质，易挥发的乙醇会被载气携带从发酵液中分离出来，接着通过冷凝装置进行乙醇的浓缩收集，过程中的剩余气体可通过循环进入下一装置中。气提对能量需求低，并易于与发酵过程集成，能够进一步减少产物抑制作用，同时气提操作简单，不需要昂贵的设备支持，不损害培养物细胞，不去除养分和反应中间体，糖类底物利用效率高。

（3）萃取

萃取是最节能的分离方法之一，与蒸馏相比能够节约大量能耗，配置简单，符合发酵耦合分离技术的要求。通常根据萃取剂与待萃取物质之间的溶解度不同进行液-液萃取，具有很强的预浓缩能力。萃取发酵降低了发酵液中的乙醇浓度，具有较高的乙醇产率，其中保证萃取剂与微生物之间的生物相容性是关键。萃取发酵通过移除发酵液中的乙醇来降低产物抑制作用，然而这项技术要求采用无毒且廉价的萃取剂与发酵液接触，因此该工艺规模化放大着眼于采用合适的萃取剂进行分离，并降低回收能耗减少成本。为筛选生物相容性高的萃取剂，着眼于无毒的植物油，且植物油生产规模大，成本较低，易于工业化使用。

（4）吸附

吸附是常见的分离技术之一，在乙醇生产过程中，吸附剂与发酵液接触，从而将乙醇吸附浓缩。研究表明，较之其他分离技术，吸附所需的能量更少，同时，选择快速吸附、易于解吸与再生的吸附剂可以使吸附的效率更高。与其他分离技术相比，吸附对微生物的伤害较低，生物相容性好。吸附分离技术的核心是选择性能最优的吸附剂，同时要考虑其生物相容性以及可重复利用性，其中活性炭和沸石因为具有吸附性能良好、成本低等优势被广泛利用。

（5）渗透汽化

渗透汽化是一种基于膜分离从发酵液中分离生物乙醇的技术，溶解扩散模型能够较好地解释料液中各组分选择性透过膜的原理。渗透汽化共分为三个步骤：挥发性组分从进料液中选择性吸附到膜表面；分子通过选择层扩散；分子在低压侧从选择层中解吸。渗透分子吸附扩散的选择性是否良好关键在于其与膜材料之间的相互作用，以及膜层的传输通道是否匹配。吸附选择性由膜和渗透剂的溶解度参数确定，受强相互作用正向影响。自由体积和填充物质决定了膜的传输通道，进而影响了扩散选择性。

渗透汽化具有与发酵过程耦合的巨大潜力，其操作过程对微生物伤害小，对乙醇具有更高的选择性，能耗低。相较于其他的分离工艺，渗透汽化操作温度适合微生物生长，且不需要添加额外的化学试剂。

（6）膜蒸馏

以蒸汽压差作为驱动力，蒸汽分子在热驱动下通过微孔疏水膜。采用疏水膜可以防止水溶液通过，只有进料液中的挥发性成分才能过膜。膜蒸馏理论上可100%截留大分子、胶体、细胞和其他非挥发物，工作温度低于传统蒸馏，同时工作压力也低于传统压力驱动的膜分离技术。因膜蒸馏膜内滞留空气增大了传质阻力，渗透通量低，单位时间的处理能力有限。此外，由于传导而损失的热量较大，能耗有所提升。

6.2.3.3 乙醇脱水

由于乙醇与水存在共沸现象（共沸点为78.15℃），采用蒸馏方法获得的乙醇浓度一般低于 95.57%。进一步提高乙醇的浓度，必须采用如下脱水方法：

（1）固体吸水剂脱水法：即在低温条件下采用固体吸水剂除去乙醇中的水。如生石灰氧化钙脱水法、分子筛脱水法、有机物吸附脱水法和离子交换脱水法等。

（2）液体吸水剂脱水法：即利用吸水性较强的甘油、汽油等液体吸收普通乙醇中的水分，达到乙醇脱水的目的。

（3）膜分离脱水法：利用蒸汽通过膜的扩散现象脱水，主要采用渗透蒸发法脱水。

（4）精馏脱水法：包括共沸精馏脱水法、萃取精馏脱水法、加盐精馏脱水法、真空脱水法和蒸馏/膜分离脱水法等。

（5）超临界或亚临界萃取脱水法：以超临界状态的液体为溶剂，萃取所需组分，然后通过恒压升温、恒温降压和吸附吸收等方法将溶剂与所萃取的组分分离。

目前工业化生产的无水乙醇，主要采用共沸精馏脱水（图 6-15）、分子筛脱水（图 6-16）和有机物吸附脱水法。为降低乙醇分离的能耗，如图 6-17 所示的多级精馏/膜分离集成过程是有效的方法之一。

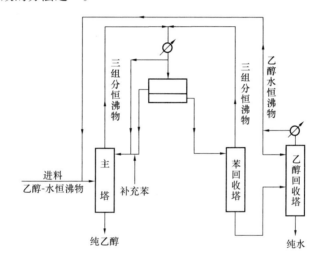

图 6-15 乙醇共沸精馏脱水（苯为共沸剂）

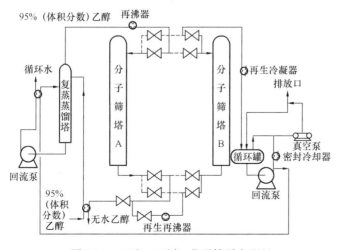

图 6-16 乙醇（95%）分子筛脱水流程

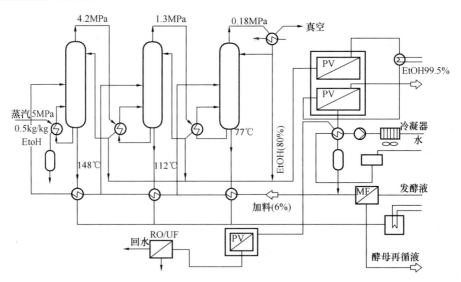

图 6-17 从发酵醪制取无水乙醇的多级精馏/膜分离集成流程

6.2.4 乙醇发酵新技术

（1）高浓度乙醇发酵技术

高浓度乙醇发酵一般是指乙醇发酵中淀粉质原料糖化醪中的可溶性固形物含量高于30%以上。与传统的乙醇发酵工艺相比，高浓度乙醇发酵具有单位设备的生产率提高、能耗降低等优点，但浓醪发酵也存在发酵时间长、发酵不完全和物料黏度过大等问题。因此我国尚未实现产业化。

（2）固定化酵母发酵技术

固定化酵母发酵技术是一种发展十分迅速的乙醇生产技术。将酵母细胞固定在载体上，不但可提高单位体积的酵母细胞数量，提高发酵效率，还可以多次使用酵母细胞，降低生产成本。目前酵母细胞的固定化法大致可分为三类：

① 吸附法。利用酵母细胞表面负电荷的特性，选择一些如硅藻土、玻璃、陶瓷和塑料等表面带正电荷的材料为载体，利用电荷的作用力将酵母固定在载体表面上。

② 包埋法。将酵母细胞包埋在琼脂、海藻酸盐和丙烯酰胺等凝胶中。

③ 交联固定法。利用酵母细胞、无机载体和交联剂之间形成共价键，将酵母细胞固定在无机载体上。常用的交联剂有戊二醛、异氰酸盐等。

（3）自絮凝颗粒酵母发酵法

酵母菌的絮凝通常指酵母菌在生长期间发生的无性絮凝。自絮凝颗粒酵母乙醇发酵技术已成功应用于乙醇工艺生产中，该工艺具有突出的优点：①酵母细胞在发酵罐中实现无载体固定化，不产生任何附加成本；②单位体积发酵罐中酵母密度可以高达 50～100g/L，发酵时间短，设备生产强度提高；③后续精馏系统的发酵液基本上不含颗粒酵母，精馏过程产生的废糟液 COD 降低，有利于实现清洁生产。

（4）发酵分离耦合技术

目前，常见的乙醇发酵分离耦合技术主要有：发酵-吸附耦合、发酵-渗透蒸发耦合、发酵-中空纤维膜分离耦合、发酵-萃取耦合、真空发酵技术、气提发酵技术等。

传统的乙醇发酵过程中，当发酵醪中乙醇的浓度达到5％时，酵母就会停止生长，当乙醇的浓度达到12％时，乙醇的产率下降到零。因此，一般成熟发酵醪中乙醇的浓度在8％～10％。采用乙醇发酵分离耦合技术可以解决发酵醪中高浓度乙醇对酵母的抑制作用问题，提高酵母的活性，同时也为发酵的连续化打下技术基础。

6.2.5　非粮生物乙醇

生产生物乙醇最主要的原料是甘蔗、小麦、谷类、甜菜、洋姜和木材等含有糖、淀粉和纤维素的生物质。目前燃料乙醇的生产技术根据原料底物和处理工艺难度的不同划分为4大类转化技术：第一代生物乙醇以糖基材料和粮食为原料（包括甘蔗、甜菜根、小麦、甜高粱和玉米等）；第二代生物乙醇以木质纤维生物质为原料（如小麦秸秆、玉米秆、甘蔗渣、木材废料等）；第三代、第四代生物乙醇以水生藻类为主要原料（如微藻和大型藻类），其中第四代生物乙醇使用的是具有高脂肪含量的转基因藻类。目前，第一代生物乙醇生产技术已比较成熟，所生产的生物乙醇在市场中占据主体地位，占全球生物燃料总产量的96％，但其原料来源受到限制，以粮食为原料的大规模生物乙醇生产会与人争粮、与牲畜争饲料，造成世界粮食短缺；第三代、第四代生物乙醇生产技术仍处在研究初期。第二代生物乙醇因原料不会额外占用土地、干扰粮食生产，来源广泛、产量大、种类多，环境效益显著，具有巨大的发展潜力。

纤维质原料的主要成分包括纤维素（40％～60％）、半纤维素（20％～40％）和木质素（10％～25％）三部分。如图6-18所示，细胞壁中的半纤维素和木质素通过共价联结成网络结构，纤维素束镶嵌其中。纤维素的化学结构式为$(C_6H_{10}O_5)_n$，其相对分子质量可达几十万以上，由碳44.44％、氢6.17％和氧49.39％三种元素组成；半纤维素是无定形的、具有多种结构的各种聚糖的总称，易于水解，溶于碱溶液中；木质素是一类由苯丙烷单元通过醚键和碳-碳键连接的复杂的无定型高聚物，其分子式可表示为$(C_6H_{10}O_2)_n$，木质素不能被水解为单糖。但

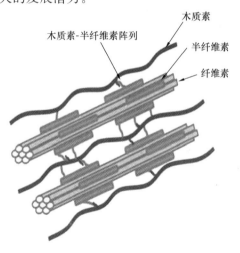

图6-18　细胞壁构成示意图

木质素中含氧量低，能量密度高，水解中留下的木质素残渣常可作为燃料。纤维质原料制乙醇的工艺流程如图6-19所示。

由于存在长链的多聚糖分子以及将其通过发酵转化为乙醇之前需要酸化或者是酶化水解，木质纤维素生物质（木材和草）的转化较为复杂，其预处理费用昂贵，需将纤维素经过几种酸的水解才能转化为糖，然后再经过发酵生产乙醇。

目前，纤维素发酵生成乙醇有直接发酵法、间接发酵法、混合菌种发酵法、SSF法（连续糖化发酵法）和固定化细胞发酵法等。

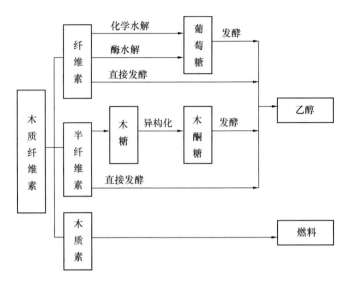

图 6-19　纤维质原料制乙醇的工艺流程

（1）直接发酵法

基于纤维素分解细菌直接发酵纤维素乙醇，无需酸解或酶解处理，工艺设备简单、成本低，但乙醇产率不高，且会产生有机酸等副产物。

（2）间接发酵法

先用纤维素酶将纤维素水解糖化，再发酵生产乙醇，其特点是乙醇产物的形成受末端产物、低浓度细胞以及基质的抑制。

（3）固定化细胞发酵法

能使发酵器内细胞浓度提高，细胞可以反复多次使用，使最终发酵液的乙醇浓度得以提高。固定化细胞发酵法的发展方向是混合固定细胞发酵，如酵母与纤维二糖一起固定化，将纤维二糖基质转化为乙醇，这是纤维素生产乙醇的重要工艺。

（4）稀酸水解工艺

在较温和的条件下进行，向粉碎的生物质中加入稀硫酸，将酸与物料颗粒混合均匀，使纤维素、半纤维素和木质素水解生成五碳糖和六碳糖。微生物将生成的单糖进一步转化为乙醇。稀酸法不仅可以破坏原料中纤维素的晶体结构，使原料变得疏松，而且可以有效地水解半纤维素，节省了半纤维素酶的使用，从而使生物质原料得到充分利用。其工艺流程如图 6-20 所示。

（5）分步糖化-发酵工艺

也被称为水解发酵二段法，其为传统的纤维乙醇生产方法。纤维底物先经过纤维素酶的糖化，降解为可发酵单糖，然后再经酵母发酵将单糖转化为乙醇。主要优点是酶水解和发酵过程分别可以在各自的最适条件下进行，纤维素酶水解最适温度一般在 45～50℃，而大多发酵微生物的最适生长温度在 30～37℃。SHF 法主要缺点是水解主要产物葡萄糖和纤维二糖会反馈抑制纤维素酶对底物的降解过程。即葡萄糖和纤维二糖的积累会对纤维素酶的活力产生抑制作用，最终导致酶解发酵效率降低。其工艺流程如图6-21 所示。

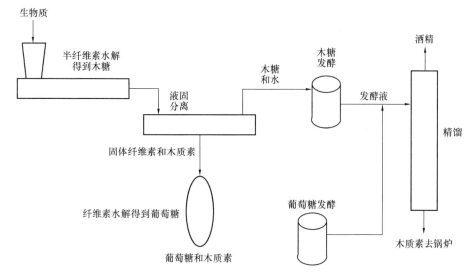

图 6-20 生物质稀酸水解工艺流程示意图

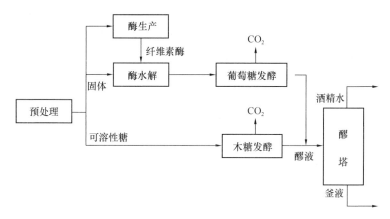

图 6-21 生物质分步糖化-发酵工艺流程示意图

（6）同步糖化发酵法（SSF法）

在同一容器中同时进行酶解和发酵过程。即纤维素酶解糖化过程、乙醇转化过程二者同时进行，此方法可以使酶水解得到的葡萄糖立即被发酵微生物利用转化为乙醇，有效降低了酶解过程中葡萄糖对纤维素酶的产物抑制作用，减少了纤维素酶的用量，并且缩短了反应周期，同时反应器数量的减少，降低了投资成本。由于酶解产生的葡萄糖被酿酒酵母及时代谢转化为乙醇，反应体系中葡萄糖浓度维持在较低水平，产物乙醇的存在使发酵过程处于厌氧环境，染菌机率大大减小。其工艺流程如图6-22所示。

（7）联合生物加工技术

在单一或组合微生物群体作用下，将纤维素酶和半纤维素酶的生产、纤维素酶水解糖化、戊糖和己糖发酵产乙醇过程整合于单一系统的生物加工过程。该工艺流程简单，操作方便，在微生物高效代谢作用下将底物一步法转化为乙醇，有利于降低整个生物转化过程的成本。

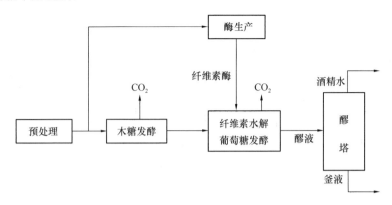

图 6-22　生物质同步糖化发酵法工艺流程示意图

（8）木质纤维素碱密化预处理技术

将松散木质纤维素原料与碱性试剂混合密化制成棒状颗粒。该技术可将秸秆密度提升 5 倍以上，从而降低运输和存储成本。在运输和储存的过程中即可完成预处理。利用该技术获得的秸秆颗粒可以有效防止秸秆霉变，储存一定时间后无需进一步处理或经简单蒸汽灭菌处理即可用于酶解、水解为可发酵糖。由于该预处理条件温和，最终获得的木质纤维素水解液中抑制物含量低，无需水洗或脱毒便可实现水解液的高效发酵。在无任何脱毒工序的情况下实现了纤维素乙醇的最终浓度达 70.6g/L。这一乙醇浓度是无水洗、无脱毒工序条件下所报道的最高纤维素乙醇浓度。

（9）咪唑处理甘蔗渣生产生物乙醇

用咪唑处理甘蔗渣，解聚木质素，提高木质素、纤维素和半纤维素之间醚键的断裂量。随着处理的苛刻程度增加，固体回收量减少，固体中纤维素量增加，半纤维素量减少。该预处理可在不明显改变纤维素特性的情况下诱导甘蔗渣去除木质素，避免纤维素损失，增加发酵糖的产率，进而增加乙醇制备效率，并显著缩短转化时间。1kg 甘蔗渣干基在 160℃经 3h 处理后，固体回收材料中的木质素含量由 168.5g 大幅降低到 38.8g。葡萄糖产量由 107g 提高到 402g 葡萄糖。每吨甘蔗渣生产乙醇 217.9L。

6.2.6　生物乙醇利用概况

乙醇用作燃料的历史始于汽车诞生之日。早在 1908 年，当第一辆福特 Model T 汽车从装配线下线时，就用乙醇作为其发动机的燃料，此时石油工业才刚刚开始。

化石燃料的日益枯竭和生态环境的日益恶化迫使人们不得不进行新能源的开发与利用，纤维素物质作为一种储量巨大且可再生的资源有着十分广阔的发展前景，相信在不久的将来纤维素水解的技术将会更加成熟，纤维素制燃料乙醇也必将实现大规模的生产。图 6-23 详细展示了全球燃料乙醇 4 大生产地的产量。

巴西从 1975 年开始实行酒精替代计划，制定了一系列的经济资助和免税政策，以推进燃料乙醇生产过程的研究、开发及工业化，目前已达到年产 40 亿加仑乙醇的生产规模。这一计划的实施为巴西平衡外贸逆差，促进汽车工业的发展，振兴种植业，扩大社会就业，缩小地区经济差别，改善城市环境质量做出了积极的贡献。同时，这一计划的实施，已使温室气体的排放减少了 20%。目前，巴西年产酒精已超过 1200 万吨，酒精在汽油中的添加比重为 20%～25%，50% 以上的汽车使用酒精燃料，而该国生产的新一代汽车可以完全使用乙醇为燃料。从 2015 年 2 月起，巴西政府又将生物乙醇的掺混比例从 25% 提升至 27%。

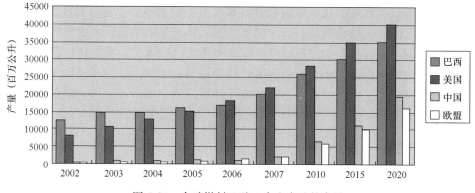

图 6-23　全球燃料乙醇 4 大生产地的产量

　　美国是燃料乙醇生产的第一大国，美国于 1992 年开始鼓励使用乙醇作新配方汽油的充氧剂，从而极大地促进了美国燃料乙醇的生产。目前，美国每年用于汽油添加剂的乙醇消耗约 12 亿加仑（合 360 万吨）。美国乙醇生产企业已用玉米作为原料共生产了 16 亿加仑乙醇，而且生产规模还在进一步扩大。添加 10% 生物燃料乙醇的汽油（E10）的市场占有率超过 99%。目前，美国还拥有添加 15% 生物燃料乙醇的汽油（E15）加油站 60～80 座，添加 85% 生物燃料乙醇的汽油（E85）加油站 200 座。全美可使用 E85～E100 的灵活燃料汽车 1500 万辆。

　　1993 年，欧洲共同体建议提高欧洲的燃料级乙醇产量，要求汽油掺混燃料中含 5% 乙醇，并将用生物物质生产的乙醇的货物税降低到相当于矿物燃料货物税 10% 的水平。随着欧洲整体对生物燃料的推广力度在不断加大，除了 E10 乙醇汽油持续增长外，法国的 E85 乙醇汽油增长尤为迅速。2021 年 9 月 E10（还有 10% 的可再生乙醇）乙醇汽油的销量已占汽油市场的 51.6%。同时，E85（含有 85% 乙醇）的销量与 2020 年 9 月同期相比增长了 15%。

　　2017 年，我国国家发展改革委、国家能源局、财政部等 15 部门联合印发《关于扩大生物燃料乙醇生产和推广使用车用乙醇汽油的实施方案》，明确到 2020 年，在全国范围内推广使用车用乙醇汽油，基本实现全覆盖，市场化运行机制初步建立，先进生物液体燃料创新体系初步构建，生物燃料乙醇产业发展整体达到国际先进水平。目前我国主要推广使用 E10 乙醇汽油。截至 2019 年，我国已在东北三省及河南、安徽、广西、天津全境封闭推广乙醇汽油，在河北、山东、江苏、内蒙古、湖北、广东、山西 7 个省份的 50 个地市半封闭推广乙醇汽油。

6.3　生物制氢技术

6.3.1　氢能简介

　　氢气具有清洁、可更新的优点，是最具发展潜力、最理想的新能源之一。由于生物制氢技术具有无污染、可再生、成本低等优点，受到国内外的广泛关注，在新能源的研究利用中占有越来越重要的位置。

目前，制取氢气的方法主要是在高温下从天然气中提取、水的电解、水的光电解、太阳能制氢、水煤气转化制氢、甲烷裂解制氢及生物制氢等。在这些方法中，只有 4% 的氢气是用水电解制氢技术制取，其余的氢气都是从天然的碳氢化合物中提取出来，消耗大量的化石能源，而且在生产过程中造成环境污染，成本高，可操作性低。生物制氢技术可利用大量的工农业废水、废渣等废弃物为原料，在常温、常压条件下进行，既实现了废弃物资源化，又降低了成本，还能减少环境污染，节约不可再生能源，是一种发展前景广阔的新方法。

6.3.2　发酵制氢

生物质制氢是生物质在常温常压下，利用生物体特有的酶催化而生产 H_2。生物体以固氮酶、氢酶等相关酶作为催化剂，利用太阳能或分解生物质等有机物获得能量，同时释放氢气。因此，氢是这些生物体能量代谢过程的副产物之一。放氢生物包括原核生物和一些真核生物。放氢微生物主要包括发酵放氢微生物和光合放氢微生物两大类。

（1）光发酵制氢

异养型的细菌在有光的条件下利用有机物作为底物发酵生产氢气。其反应式如下：

$$(CH_2O)_x \longrightarrow 铁氧还蛋白 \longrightarrow 固氮酶 \longrightarrow 2H_2$$

光发酵制氢的产氢主体是光发酵细菌，其属于光合细菌中能够固定太阳能、以氢酶和固氮酶为主进行催化产氢的种类。而光合细菌是地球上出现最早、自然界中普遍存在、具有原始的光能系统的原核生物。有关光合细菌产氢的微生物主要集中于红假单胞菌属、红螺菌属、梭状芽孢杆菌属、红硫细菌属、外硫红螺菌属、丁酸芽孢杆菌属、红微菌属等 7 个属的 20 余个菌株。

光发酵细菌凝集力差、底物转化效率和光能利用率低导致产氢效能下降，从而阻碍了光发酵制氢的发展。光发酵细菌还可通过形成生物膜而被有效固定，进而增加反应器内光发酵细菌的生物持有量，提高光发酵细菌对不利环境的抵抗力。其中，光发酵生物膜反应器的设计尤为重要，尤其是反应器内光源的均匀分配对于光发酵制氢是一项关键因素，需要对光源设计、空间摆放和遮光性进行综合分析和设计。

（2）暗发酵制氢

细菌以有机物（如糖类化合物）为电子供体，利用丙酮酸-铁氧还蛋白氢化酶或者丙酮酸-甲酸裂解酶产生氢气。因为暗发酵过程中使用的生物质来源于光合作用，因此暗发酵产生的氢气是可再生的。在暗发酵过程中，产生氢气的细菌可分为两类：严格厌氧菌和兼性厌氧菌。严格厌氧菌主要由 *Clostridium*、*Ethanoligenens* 和 *Desulfovibrio* 等组成。兼性厌氧菌则主要由 *Enterobacter*、*Citrobacter*、*Klebsiella*、*Escherichia* 和 *Bacillus* 等组成。严格厌氧菌经丙酮酸氧化获得电子，然后这些电子被转移到铁氧还蛋白，接着进一步传递到氢化酶。而兼性厌氧菌则通过甲酸-氢裂解酶分解甲酸生成氢气。虽然纯培养暗发酵过程的氢气产量高，但是底物来源受限制，并且整个发酵过程中必须执行严格的无菌操作，因此从经济学和工程学的角度来看具有不可行性。近年来，混合菌群发酵逐渐受到重视，因为接种物来源广泛，原料不用灭菌并且来源广泛，运行成本低廉，易于控制。因此，最有前途的制氢方法是通过厌氧发酵的手段从低成本的底物中生产氢气。

在混菌发酵过程中，H^+并不是唯一的电子受体。实际上，细菌可以利用有机物分解产生的电子生成可溶性的有机物，因此仅有17％的电子用于氢气生产。根据发酵液中的代谢产物类型，可以将碳水化合物的代谢分为三类：丁酸型发酵、丙酸型发酵和乙醇型发酵。丁酸型发酵主要出现在pH5～6，它的主要产物是乙酸、丁酸和氢气。通常认为 *Clostridium* 是参与丁酸型发酵的主要产氢菌。丙酸型发酵出现在pH5以上，丙酸菌利用碳水化合物和氢气生成乙酸、丙酸和戊酸。在pH4.5左右时，乙醇型发酵的产物是乙酸和乙醇，伴随产生大量的氢气，这是最近新发现的一种产氢发酵类型。另外，还有一种产乙酸途径，即同型乙酸菌利用氢气和CO_2产生乙酸。乳酸发酵中，乳酸菌利用碳水化合物生产乳酸，并不产生氢气。因此，乳酸发酵也是对氢气生产不利的。

发酵制氢是一个非常复杂的过程，受多种因素影响，如接种物、底物、无机元素、金属元素、温度、pH、水力停留时间和有机负荷等。

发酵制氢的制氢流程如图6-24所示：

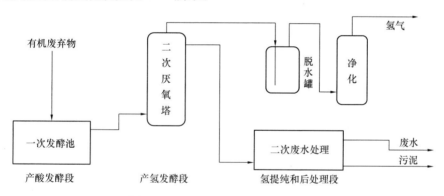

图 6-24 两段厌氧发酵制氢工艺流程

6.3.3 光合产氢

具有光合作用能力的绿藻和蓝藻通过光系统（Photosynthetic System Ⅱ，PS Ⅱ）的直接或者间接的光解水活性生成的 H^+ 和 e^-。生成的电子经光合电子传递链驱动NADP 或者铁氧还蛋白的还原；生成的 H^+ 和电子传递过程中引起的跨膜 H^+ 共同用于ATP 的合成。然后绿藻或者蓝藻中的氢化酶利用 NADPH 或者铁氧还蛋白中的还原当量生成氢气。由于这种反应只需要水和阳光，并生成氢气，因此从环保的角度来看，它极其具有吸引力的。但是，利用藻类光解水制氢仍有一些限制。例如：绿藻产氢过程中存在氧抑制。无论来自水的电子经过两个光系统还是只经过 PSⅡ 生成氢气，氢化酶都会受到低浓度的氧气抑制。另外，从能学的角度来看，氢化酶通过 NADPH 氧化产生氢气是不利反应，主要是由于 H_2/H^+ 的氧化还原电势要比 NADPH/NADP 的低得多。

光解水制氢不经过暗反应直接利用氢化酶产气的过程具有较高的光能转化效率。理论上计算可达到 12％～14％，是太阳能转化为氢能的最大理论转化效率。但 PSⅡ 光解水产生电子和质子的同时产生大量的氧气，氢化酶类对氧气极其敏感。因此，利用微藻直接生产氢气的关键问题在于解决如何将氢化酶与光合过程中产生的氧气隔离开来或者降低氧含量同时保证足够的氢离子传递到氢酶，以提高产氢效率。

光解水制氢示意图如下：

$$2H_2O \longrightarrow 2H_2 + O_2$$

$$H_2O \longrightarrow PS\,II \longrightarrow PS\,I \longrightarrow Fd \longrightarrow 氢化酶 \longrightarrow H_2$$
$$\downarrow$$
$$O_2$$

6.3.4 生物制氢技术研究现状

利用微生物制取氢气的研究已有几十年的历史。已研究的产氢生物类群有光合生物（绿藻、蓝细菌和厌氧光合细菌）、非光合生物（严格厌氧细菌、兼性厌氧细菌和好氧细菌）等。表 6-2 对不同产氢体系特点及产氢速率进行了详细的对比。

生物制氢技术虽然发展较快，然而，该技术存在的一些主要问题限制了其产业化的步伐。存在问题列举如下：

（1）暗发酵生物制氢虽然具有产氢稳定、速率快等优点，但是，由于挥发酸的积累而产生反馈抑制作用限制了其产氢量。同时其生产和储运设施不够完善，严重制约其大规模应用。

（2）光生物产氢技术，光能转化效率低下问题一直困扰着广大研究者。运用基因工程手段改造光发酵细菌的光合系统或人工诱变获取高光能转化效率的光发酵产氢菌株，深入研究光能转化机制包括光能吸收、转化和利用方面的机理，提高光能的利用率，以加快生物产氢的工业化进程。

（3）成本问题制约了生物制氢技术的工业化应用。廉价底物的开发利用对降低生物制氢的成本至关重要。重点开展以工农业废水、城市污水、畜禽废水等可再生资源以及秸秆等含纤维素类生物质为原料进行暗发酵和光发酵产氢的研究，既可降低生产成本又可净化环境。

表 6-2　不同产氢体系特点及产氢速率对比

产氢体系	特点	可产氢的生物	典型产氢速率
绿藻	需要光；可由水产生氢气；转化的太阳能是树和农作物的 10 倍；体系存在氧气威胁；产氢速度慢	莱茵衣藻（*Chlamydomonas reinhardtii*）斜生栅藻（*Scenedesmus obliquus*）绿球藻（*Chlorum littorale*）亚心形扁藻（*Playtmonas subcordiformis*）	*C. reinhardtii* CC-124：7 mmol H_2/（mol 叶绿素·a）
蓝细菌	需要阳光；可由水产生氢气；固氮酶主要产生氢气；具有从大气中固氮的能力；氢气中混有氧气；氧气对固氮酶有抑制作用	鱼腥蓝细菌（*Anabaena sp.*）颤蓝细菌（*Oscillatoria sp.*）丝状蓝细菌（*Calothris sp.*）聚球蓝细菌（*Synechcus sp.*）黏杆蓝细菌（*Gloebacter sp.*）丝状异形蓝细菌（*A. cylindrica*）多变鱼腥蓝细菌（*A. variabilis*）	*A. cylindrical* 1.3mmolH_2/（gDCW·h）

续表

产氢体系	特点	可产氢的生物	典型产氢速率
光合细菌	需要光；可利用的光谱范围较宽；可利用不同的废料；能量利用率高；产氢速率较高	球形红细菌（Rhodobacter spheroids） 夹膜红细菌（R. capsulatus） 嗜硫小红卵菌（Rhodovulum sulfidophilum W-1S） 深红红螺菌（Rhodospirillum rubrun） 沼泽红假单胞菌（Rhodopseudomonas palustris） 沼泽红假单胞菌（R. palsutris DSM131）	R. palsutris DSM131：$310\mu mol$ H_2/（gDCW·h）（R. rubrum 底物转化率：$7molH_2$/mol 琥珀酸）
发酵细菌	不需要光；可利用的碳源多；可产生有价值的代谢产物如丁酸等；多为无氧发酵，不存在供氧；产氢速率相对最高；发酵废液在排放前需处理	丁酸梭菌（Clostridiu buytricum） 嗜热乳酸梭菌（C. thermolacticum） 巴氏梭菌（C. pasteurianum） 类腐败梭菌（C. paraputrificum M-21） 产气肠杆菌（Enterobacter aerogenes） 阴沟肠杆菌（E. cloacae） 大肠杆菌（E. coli） 蜂房哈夫尼亚菌（Hafnia alveibifermentans）	C. butyricum 7.3 mmol H_2/（gDCW·h） E. cloacae IITBT—08：29.6mmol H_2/（gDCW·h）

注：DCW 为干细胞质量。

（4）暗-光发酵耦合系统的协同系统的生态相容性问题。暗、光发酵两种细菌在生长速率、酸的耐受力等方面存在巨大差异，而且暗发酵产酸速率快，致使体系 pH 急剧下降，严重抑制光发酵细菌的生长，产氢效率降低，这也是混合培养产氢的瓶颈问题。如何使二者充分利用各自优势，发挥互补功能，解除彼此间的抑制及产物的反馈抑制，提高氢气生产能力、底物转化范围和转化效率，是亟需解决的问题。需要研究者不断的分离筛选同一生态位的光发酵和暗发酵细菌或改进产氢条件，优化产氢系统，使二者能够更好地发挥协同产氢作用，使之能够在同一系统中共存，实现真正意义上的底物的梯级利用，深度产氢。

思政小结

生物质生物法转化技术，特别是沼气技术，党中央、国务院始终高度重视发展农村沼气事业，并且单独制定相关政策，全面推动沼气事业的发展，现已形成具有中国特色的沼气发展模式。在国家政策引导下，我国沼气技术以及生物乙醇生产技术不断取得新的突破。发展沼气和生物乙醇技术，能够优化国家能源结构，增强国家能源安全保障能力，促进生态循环农业发展，不仅有效防止和减轻了秸秆焚烧、畜禽粪便排放和化肥农药过量施用等造成的面源污染，提高农产品质量安全水平，促进绿色和有机农产品生产，实现农业节本增效，转变农业发展方式，而且对建设美丽宜居乡村、发展农村生态文明，有效减少碳排放以改善环境并优化能源结构，推动绿色低碳事业健康发展，具有重要的意义。

思 考 题

（1）在我国农村发展沼气事业有什么重要意义？

（2）对比分析国外沼气工程主要技术、工艺与装备。

（3）简述我国生物质气化技术现状、行业前景和发展机遇。

（4）比较分析沼气发酵、生物乙醇和生物制氢技术的异同。

（5）简述生物质生物法转化过程中面临的环境污染问题及应对策略。

（6）"双碳"背景下，分析我国沼气行业面临的机遇与挑战。

7 植物油与生物柴油技术

教学目标

教学要求： 深刻认知我国生物柴油行业发展现状和存在的瓶颈问题，了解我国在促进生物柴油行业发展而制定的政策法规以及行业发展规划，了解并掌握国内外相关领域的新技术、工艺与装备，具备跟踪国内外相关产业应用最新动向和科学前沿的能力。

教学重点： 生物柴油制备技术、工艺、设备和产业化发展现状。

教学难点： 生物柴油制备原理。

本章主要从植物油性质及特点植物油制取工艺生物柴油定义及其特点、生物柴油酯化原理与生产工艺等 4 个方面进行详细介绍。

7.1 植物油

7.1.1 植物油性质及特点

植物油是通过压榨方法从植物的种子、果肉或胚芽中提取的直链高级脂肪酸甘油（多元醇）酯类化合物。植物油在自然界中广泛存在，如花生油、豆油、亚麻油、蓖麻油、菜子油等。植物油中的脂肪酸除软脂酸、硬脂酸和油酸外，还含有多种植物油不饱和酸，如芥酸、桐油酸、蓖麻油酸等。因此，植物油中不饱和酸的含量一般比动物脂肪多。它们的分类与功效如图 7-1 所示。

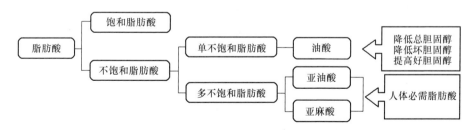

图 7-1　植物油中的脂肪酸分类与功效

根据植物油料的植物学属性，可将植物油料分成 4 类。第一，草本油料，常见的有大豆、油菜子、棉子、花生、芝麻、葵花子等；第二，木本油料，常见的有棕榈、椰子、油茶子等；第三，农产品加工副产品油料，常见的有米糠、玉米胚、小麦胚芽；第四，野生油料，常见的有野茶子、松子等。几种常见的油料种子的主要化学成分见表 7-1。

表 7-1　几种常见油料种子的主要化学成分（%）

名称	水分	脂肪	蛋白质	磷脂	碳水化合物	粗纤维	灰分
大豆	9～14	16～20	30～45	1.5～3.0	25～35	6	4～6
花生仁	7～11	40～50	25～35	0.5	5～15	1.5	2
绵子	7～11	35～45	24～30	0.5～0.6	—	6	4～5
油菜子	6～12	14～25	16～26	1.2～1.8	25～30	15～20	3～4
芝麻	5～8	50～58	15～25	—	15～30	6～9	4～6
葵花子	5～7	45～54	30.4	0.5～1.0	12.6	3	4～6
米糠	10～15	13～22	12～17	—	35～50	23～30	8～12

植物油的用途主要包括以下两点。首先，食用。人类的膳食中需要保证油脂的含量。如果人体长时期摄入油脂不足，体内长期缺乏脂肪，即会营养不良、体力不佳、体重减轻，甚至丧失劳动能力。食用植物油脂是人类的重要副食品，主要用于烹饪、糕点、罐头食品等，还可以加工成菜油、人造奶油、烘烤油等供人们食用。其次，工业原料。植物油的用途极为广泛，是肥皂、油漆、油墨、橡胶、制革、纺织、蜡烛、润滑油、合成树脂、化妆品及医药等工业品的主要原料。

7.1.2　植物油制取工艺

植物油料的预处理包括油料的清理除杂和制坯。清理包括油料的清选、脱绒、脱壳与去皮，制坯包括破碎、软化、轧坯、蒸炒。

（1）机械压榨法制油

借助机械外力把油脂从料坯中挤压出来的过程。压榨法制油的三要素主要由压力、黏度和油饼成型组成。压力和黏度决定榨料排油的主要动力和可能条件；油饼成型决定榨料排油的必要条件。该工艺简单，配套设备少，对油料品种适应性强，生产灵活，油品质量好，色泽浅，风味纯正。但压榨后的饼残油量高，出油率较低，动力消耗大，零件易损耗。图 7-2 为压榨油厂车间，图 7-3 是精炼厂压榨车间流程图。

图 7-2　压榨油厂车间

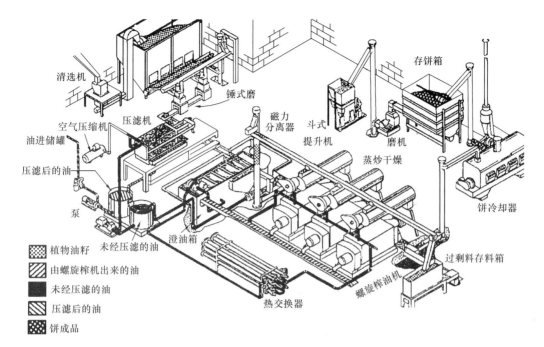

图 7-3　精炼厂压榨车间流程图

　　螺旋榨油机（图 7-4）是国际上普遍采用的较先进的连续式榨油设备。其工作原理是：旋转着的螺旋轴在榨腔内的推进作用，使榨料连续地向前推进，同时由于榨料螺旋导程的缩短或根圆直径增大，使榨腔空间体积不断缩小而产生压力，把榨料压缩，并把料坯中的油分挤压出来，油分从榨笼缝隙中流出。同时将残渣压成饼块，从榨轴末端不断排出。螺旋榨油机取油的特点是：连续化生产，单机处理量大，劳动强度低，出油率高，饼薄易粉碎，有利于综合利用，故应用十分广泛。

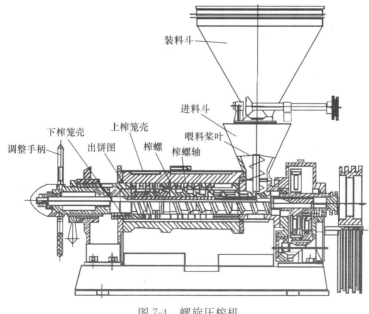

图 7-4　螺旋压榨机

（2）浸出法制油

利用能溶解油脂的溶剂，通过润湿渗透、分子扩散和对流扩散的作用，将料坯中的油脂浸提出来，然后再将混合油分离取得毛油，将含溶剂豆粕脱溶得到豆粕的过程。浸出法制油按用途分为预榨浸出、直接浸出和两次浸出三种方式。浸出法制油工艺一般包括预处理、油脂浸出、湿粕脱溶、混合油蒸发和汽提、溶剂回收等工序（图 7-5 和图 7-6）。

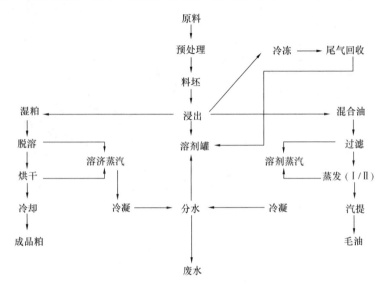

图 7-5　浸出法制油工艺的总流程图

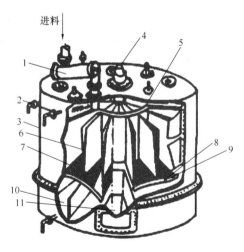

图 7-6　平转式浸出器

1—进料绞龙；2—混合油喷淋管；3—外壳；
4—转动轴；5—转动体；6—隔板；7—活动
假底；8—滚轮；9—轨道；10—集油斗；
11—出料斗

浸出法制油的优点：（与压榨法相比）出油率高；粕和毛油的质量较高；加工成本低，劳动强度小。缺点：一次性投资较大；浸出溶剂生产安全性差；毛油含有非脂成分数量较多，色泽深，质量较差。

（3）超临界流体萃取法制油

超临界流体萃取技术是用超临界状态下的流体作为溶剂对油料中油脂进行萃取分离的技术。

超临界流体萃取工艺主要由超临界流体萃取溶质和被萃取的溶质与超临界流体分离两部分组成。根据分离过程中萃取剂与溶质分离方式的不同，超临界流体萃取可分为 3 种加工工艺形式：恒压萃取法、恒温萃取法和吸附萃取法。

（4）水溶剂法制油

水溶剂法制油是根据油料特性，水、油物理化学性质的差异，以水为溶剂，采取一些加工技术将油脂提取出来的制油方法。

根据制油原理及加工工艺的不同，水溶剂法制油有水代法制油和水剂法制油 2 种。

水代法制油是利用油料中非油成分对水和油的亲和力不同以及油水之间的密度差，经过一系列工艺过程，将油脂和亲水性的蛋白质、碳水化合物等分开。

水剂法制油是利用油料蛋白（以球蛋白为主）溶于稀碱水溶液或稀盐水溶液的特性，借助水的作用，把油、蛋白质及碳水化合物分开。其特点是以水为溶剂，食品安全性好，无有机溶剂浸提的易燃、易爆之虑。能够在制取高品质油脂的同时，获得变性程度较小的蛋白粉以及淀粉渣等产品。

7.1.3　植物油直接用作燃料方法

植物油作为柴油的替代品被国内外所重视的原因有：①植物油屑生物质能部分，具有可再生性。②生产潜力大，资源丰富。③不受地域限制，可分散经营，自产自用。④生产投资少，耗能低。⑤生产设备简单，加工工艺成熟。⑥与醇类、气体燃料等相比，植物油燃料特性更适合于柴油机，对现有内燃机的改动小。⑦燃烧植物油对环境污染小。

植物油的燃料特性是以柴油的燃料特性作为对照的，其评价指标包括脂肪酸组成、黏度、发热量、闪点、密度、灰分、十六烷值、碘价、酸价、磷脂量、蜡含量、诱导期等。与柴油相比，植物油黏度和密度大，含氧量高，具有高浊点、凝点和闪点，十六烷值低，热值低，灰分少，不含硫，腐蚀轻。植物油与柴油燃料的化学组成与结构特征决定了两者的理化性质和燃烧性能的差异。柴油是由液态烃类组成的混合物，而植物油是多种高级脂肪酸甘油酯的混合物。不同植物油之间高级脂肪酸的组成及碳链长度、双键数目以及位置的不同，其燃料特性也有差异。

植物油能作柴油的替代品，发动机功率与使用柴油几乎相同，热效率接近。但植物油和柴油燃烧性能差异大，柴油机长期使用植物油导致如下问题：①流动性差及积炭。由于植物油黏度大，通过柴油机供油比较困难，特别是通过喷油嘴后雾化不良，油滴大，燃烧不完全，使植物油中高级脂肪酸甘油酯分子间发生热聚合而在燃烧室壁上形成积炭。这种积炭附着较牢，导致活塞、活塞环与缸套之间的磨损增大，黏结活塞环，丧失密封性，降低柴油机热效率。②润滑油变质未燃烧和燃烧不全的植物油沿气缸壁进入曲轴箱，使润滑油受污染而变质，和各摩擦部位磨损加剧。③由于植物油浊点高，柴油机冷起动性较差。因此，降低植物油黏度是提高植物油效能的重要方面。

降低植物油黏度的方法主要有：①植物油中混合部分柴油。②提高植物油温度。③使用表面活性剂，形成乳化燃料。④酯化。通过酯化形成的甲酯或乙酯燃料，其特性与柴油相近。植物油通过磁化、乳化和添加消烟剂可降低积炭量。此外，提高植物油的精炼程度或酯化也可减少积炭量。当环境温度较低时，可先用柴油起动，待运转正常后再转换燃用植物油或混合油，也可对植物油进行预热。

7.2　生物柴油

7.2.1　生物柴油定义及其特点

生物柴油（Biodiesel）是指以油料作物、野生油料植物和工程微藻等水生植物油脂，以及动物油脂、废餐饮油等为原料油，通过酯交换工艺制成的甲酯或乙酯燃料。这种燃料可供内燃机使用。

生物柴油与柴油相溶性极佳，而且能够与国标柴油混合或单独用于汽车及机械，是清洁的可再生能源和典型的"绿色能源"，是石油等不可再生资源的理想替代品，在未来有广阔的发展空间。

生物柴油的特点包括：①生物柴油具有较好的润滑性能，使发动机的磨损降低，延长使用寿命；②十六烷值高，燃烧性能好于柴油；③生物柴油闪点高，在运输，储存时不易发生爆炸、泄漏，使用方面的安全性好；④含水率较高，最大可达 $30\% \sim 45\%$。水分有利于降低油的黏度、提高稳定性；⑤优良的环保特性：硫含量低，二氧化硫和硫化物的排放低、生物柴油的生物降解性高达 98%，降解速率是普通柴油的 2 倍，可大大减轻意外泄漏时对环境的污染；⑥生物柴油是可再生资源，可作为一种战略石油资源储备，保障能源供给、稳定能源价格、保证能源安全。

生物柴油的用途有：①直接用作车用优质柴油，即 100% 生物柴油（B100）；②与石油柴油调配使用，品种有 2%、5%、10% 和 20%，即 B2、B5、B10、B20 柴油；③车用燃料润滑添加剂，能改善低硫柴油的润滑性；④非车用柴油的替代品，如船用、炉用、农用；⑤机械加工润滑剂，脱模剂；⑥优质溶剂油，如用作脱漆剂、印刷油墨清洗剂、黏合剂脱除剂，可用于工业清洗、脱漆、电子、航天工业、家用、食品加工、沥青处理；⑦用于代替脂肪酸生产精细油脂化学品。

7.2.2 生物柴油酯化原理及能量效应

7.2.2.1 生产生物柴油的原料

生产生物柴油的原料成本及供应问题，已成为生物柴油发展的决定性因素。世界各国纷纷根据本国的实际情况，选择不同的原料生产生物柴油。如美国依靠的是转基因大豆，欧洲大规模种植油菜，东南亚主要为棕榈油，日本则主要采用餐饮废油来生产生物柴油。目前，生产生物柴油的原料大致有：动物油脂、草本植物油（花生油、大豆油、菜籽油和棉籽油等）、木本植物油（麻风树、黄连木、乌桕树和文冠果等）、微生物油脂和废弃油脂等。

7.2.2.2 生物柴油酯化原理

生物柴油是通过动植物油脂经过酯化反应生产的。根据生产原料的不同，其酯化原理也不同。生物柴油生产过程所涉及的化学反应主要包括油脂的水解反应、酯化反应和酯交换反应。

（1）油脂的水解反应

油脂在酸性溶液中，在加热条件下水解为甘油和脂肪酸。酸的存在对油脂的水解起到催化作用。因为酸提供 H^+ 可与羧基结合，使羧基碳的正电性得到强化，易于发生亲核加成反应，提高水解速度。

（2）油脂的酯化反应

采用油脂为原料时，油脂与醇类在催化剂存在下，直接酯化生产生物柴油。酯化反应应是可逆反应，因此，为提高酯的产率，通常可采用加入过量的脂肪酸或醇、不断移去生成的水或加热将沸点较低的酯蒸出。

（3）油脂的酯交换反应

酯交换反应包括酯与醇反应（醇解）、酯与酸反应（酸解）和酯与酯反应（酯交换）三种。即通过油脂中的甘油三酯与脂肪酸、醇、自身或者其他的酯类相互作用，形成的酯交换或分子重排。生物柴油生产过程主要是利用醇解反应，即甘油三酯与甲醇在催化剂作用下，生成脂肪酸甲酯与甘油。如图 7-7 所示。

$$
\begin{array}{l}
\text{CH}_2\text{-OOC-R}_1 \\
\text{CH-OOC-R}_2 \\
\text{CH}_2\text{-OOC-R}_3
\end{array}
+ 3\text{CH}_3\text{OH} \longrightarrow
\begin{array}{l}
\text{CH}_3\text{-OOC-R}_1 \\
\text{CH}_3\text{-OOC-R}_2 \\
\text{CH}_3\text{-OOC-R}_3
\end{array}
+
\begin{array}{l}
\text{CH}_2\text{-OH} \\
\text{CH-OH} \\
\text{CH}_2\text{-OH}
\end{array}
$$

图 7-7　生物柴油醇解反应

7.2.2.3　生物柴油的结构与能量效应

生物柴油主要由 C、H 和 O 三种元素组成。根据 Kevin J. Harrington 的研究，理想的生物柴油分子应该具有如下结构：

（1）有 16～19 个碳直链，较长的碳链使得生物柴油挥发性低，有利于安全储存、运输和使用，但碳链过长，将导致其流动性和低温性能变差。

（2）双键的数目尽量少，双键最好位于碳链的末端或均匀分布在碳链中：双键有利于生物柴油在常温下保持液态，提高流动性，双键位于碳链末端或均匀分布，有利于提高生物柴油的抗震性。但双键过多导致生物柴油在空气中不稳定，且燃烧不完全。

（3）分子结构中尽可能没有或只有很少的碳支链结构：碳支链的存在不利于氧化，使得生物柴油燃烧不完全，容易引起碳沉积而堵塞燃料的喷嘴。

（4）分子中含有一定量的 O 元素，最好是酮类、醚类或醇类化合物。

（5）分子结构中不含芳香烃结构：芳香烃结构的存在同样将导致生物柴油燃烧不完全，产生炭黑。

因此，一般将理想的柴油替代品的分子式表示为 $C_{19}H_{36}O_2$。生物柴油的结构与理想的柴油代替品结构相似。表 7-2 是生物柴油与矿物柴油的某些性质比较。从理论上看，生物柴油具有代替矿物柴油作为燃料使用的可能。

表 7-2　生物柴油与矿物柴油的某些性质比较

性质	生物柴油	矿物柴油
冷滤点（CFPP）（℃）		
夏季产品	−10	0
冬季产品	−20	−20
密度（g/mL）（20℃）	0.88	0.83
运动黏度（mm²/s）（40℃）	4～6	2～4
闪点（℃）	>100	60
十六烷值（可燃性）	>56	>49
热值（MJ/L）	32	35
燃烧功效（柴油为100%）（%）	104	100
硫含量（质量分数,%）	<0.001	<0.2
氧含量（体积分数,%）	10	0

续表

性质	生物柴油	矿物柴油
燃烧空气最小消耗量（kg/kg）	12.5	14.5
水危害等级	1	2
3 星期后的生物降解率（%）	98	70

转酯化反应都是放热反应，但放热量极小。从能量效率的角度看，可以归纳为加温到反应温度（60~70℃）的显热能量、过程甲醇精馏能量和整个工艺过程的动力能量三类。转酯化的能量效率是理论所需能量与实际值之比，通常约为 62%。能量效率较低的原因是 70℃ 的低温工艺下热能回收困难。要提高能量效率，必须对生产过程和工艺实施最优化组合和设计。

7.2.3 生物柴油的生产工艺

从生物柴油的发展历史看，生物柴油的生产方法经历了直接混合法、微乳液法、热裂解法和转酯化法等四个阶段。直接混合法是直接以植物油代替柴油或将植物油与柴油共混并直接使用在柴油机上；微乳液法是使用甲醇、乙醇或 1-丁醇将油脂微乳化，以降低油脂的黏度；这两种方法属于物理方法，简单易行，但十六烷值低，无法解决燃烧中的积碳及润滑油污染等问题。热裂解法是在热或热和催化剂作用下，将甘油三脂转化为烷烃、烯烃、二烯烃、芳烃和羧酸等混合物。该工艺过程简单、不产生污染，但设备昂贵、过程控制困难、产品质量达不到要求。

转酯化法是目前生产生物柴油的主要方法，其一般工艺流程如图 7-8 所示。根据所使用的催化剂不同，转酯化法可分为化学法、生物法和超临界酯交换法等。

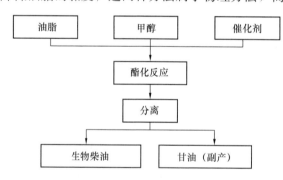

图 7-8　生物柴油生产一般工艺流程

7.2.3.1 化学法转酯化生产生物柴油

化学法是指采用酸或碱为催化剂的酯交换过程；化学法生产生物柴油按催化剂的形式可分为均相催化法和非均相催化法；按操作方式又可分为间歇法和连续法。

均相催化法是目前常用的方法，它主要是采用液碱（氢氧化钠或氢氧化钾）为催化剂，该法最大的问题是液碱难以回收，对环境造成污染。非均相催化是利用固体催化剂进行酯交换生产生物柴油，固体催化剂可回收并重复利用，是一种绿色转化过程。

间歇法是采用搅拌反应釜生产生物柴油，其工艺流程如图 7-9 所示。油脂、催化剂和甲醇顺次加入反应釜中，常压加热进行醇解。可以通过蒸发或水洗将醇从油相和酯相分离，而酯相和油相则可以在釜底将反应混合物进行沉淀分离，也可将反应混合物抽入沉降器或通过离心方法进行分离。酯相经热的弱酸中和后，洗涤除去多余的甲醇和盐类，干燥后进入储藏罐中；甘油则在中和后送入甘油精炼单元。

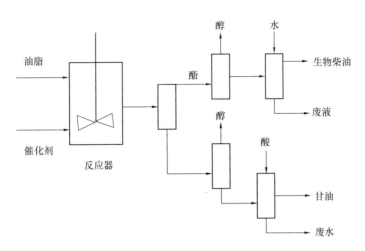

图 7-9　间歇法生产生物柴油工艺流程

与间歇法相比，连续法生产生物柴油工艺可以降低生产成本、提高生产效率。比较有代表性的连续法工艺有 Lurgi 工艺法、CD-Process 工艺法和 Henkel 工艺法等。

Lurgi 工艺法 Lurgi 公司开发的一种连续法甘油碱催化油脂醇解工艺（图 7-10）。Lurgi 工艺法是目前世界上销售最多的技术，主要包括 5 个单元：原料油预处理、油脂醇解、产品精制、过量甲醇回收和甘油精制等。原料油在预处理单元脱胶、脱酸和干燥后进入醇解单元；在醇解单元的 1 号反应器中，一定比例的油脂、甲醇和碱催化剂在设定的反应温度下充分搅拌，反应一定时间后，分离甘油相（甘油、甲醇和甲醇钠）和酯相（甲酯、未反应油脂和甲醇）；甘油相进入收集罐中，酯相进入 2 号反应器，补加一定比例的甲醇和催化剂进行二次酯交换反应；再进行甘油相和酯相分离，甘油相进入收集罐，酯相进入酯洗涤干燥单元中，用温软水进行洗涤，除去残留的甲醇、皂和游离甘油后，真空干燥脱水，再加入必要的添加剂即可获得成品生物柴油。收集罐中的甘油相通过分离回收甲醇，剩余组分在甘油回收精制单元中进行精制。

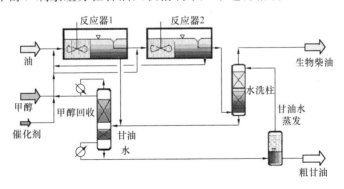

图 7-10　Lurgi 工艺法生产生物柴油流程图

CD-Process 工艺法是由 Cimbria Sket 公司和 Connemann 公司共同开发的一种连续脱甘油碱催化醇解工艺（图 7-11）。由于采用连续脱甘油技术，使酯交换反应进行得更加彻底，从而提高产品质量，简化了后续处理，降低了能耗。该工艺包括两级反应器和两级分离器。油脂、甲醇和碱催化剂在第一级反应器中醇解后，通过沉降分离出甘油，

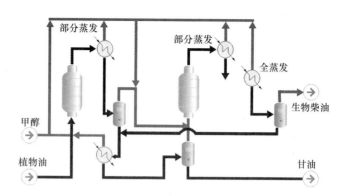

图 7-11　CD-Process 工艺法生物柴油生产工艺

进入第二级反应器中，进一步酯交换后送入第一级分离器，洗涤除去甘油，物料再返回第二级反应器，补充甲醇和催化剂，再进行酯交换。最后进入第二级分离器，通过含水的萃取缓冲溶剂，除去甲醇、甘油和催化剂。进一步气提除醇后，洗涤干燥。

Henkel 工艺法是由 Henkel 公司开发的高温高压碱催化油脂醇解工艺。醇解反应器由三个空塔组成，反应温度为 220～240℃，压力为 9～10MPa，催化剂为甲醇钠，该法对原料酸值要求不高，可直接采用含游离脂肪酸的未精炼油脂为原料，油脂与甲醇的体积比为 1∶0.8。甘油三酯的转化率可高达 100％。后续工段同样包括除皂、中和、洗涤和干燥工艺。该法可以得到高浓度甘油，但操作条件较苛刻，设备投资较高。

Ecofining 工艺是由美国 UOP 公司与意大利 Eni 公司于 2007 年合作开发，该工艺以大豆、棕榈或菜籽油等植物油为原料，通过催化加氢生产绿色柴油。该工艺包括加氢脱羧/加氢脱氧、异构化两个过程。首先原料油进入第一个反应器（反应器 1），一是将原料彻底脱氧，二是使不饱和键加氢饱和，获得正构烷烃；随后，来自反应器 1 的水、CO_2、轻组分被立即分离，主要产物正构烷烃和氢气进入反应器 2 异构化获得异构烷烃产品。

H-BIO 工艺由巴西国家石油公司（Petrobras）开发，在原有柴油加氢精制装置基础上实现动植物油脂与柴油共炼从而提高柴油产品收率和质量，属于共加氢工艺。该工艺原料为常压瓦斯油、催化裂化轻循环油、焦化瓦斯油和动植物油混合物，其中动植物油脂的占比为 1％～75％（质量分数），在温度 320～400℃、压力 4～10MPa、液时空速 0.15～2.10h^{-1} 的条件下，使甘油三酸酯转化为烷烃，并产生少量丙烷和其他杂质。该工艺使用 Ni-Mo 或 Ni-Co 金属的加氢催化剂，最显著的特点是植物油的转化率高，可达 95％以上，同时柴油的十六烷值提高，密度和硫含量降低。

三聚环保 MCT-B 工艺是基于自身超级悬浮床加氢技术优势，以棕榈酸化油、地沟油、潲水油等生物废弃油脂为原料，在悬浮床反应单元进行加氢脱氧、脱羧基和脱羰基等反应，同时脱除原料中硫、磷、金属等杂质，获得凝点较高的烷烃混合物，然后进入异构化降凝单元，进而通过分离系统，获得生物航煤、低凝点生物柴油等产品。三聚环保在 2019 年 7 月首次实现了第二代生物柴油的工业化生产，所生产的第二代生物柴油产品已经成功销往欧盟，在国际上开创了悬浮床加氢工艺生产第二代生物柴油的先河。在 2020 年上半年三聚环保开发出了新一代悬浮床加氢升级技术，增加了装置改造的兼容性和灵活性，拓宽了生物质原料的范围。

7.2.3.2 生物法转酯化生产生物柴油

生物法是指以脂肪酶或微生物细胞为催化剂的酯交换过程。酶法生产生物柴油是指在脂肪酶的催化下，油脂与低碳醇进行转酯化反应生成长链脂肪单酯的过程。与化学法相比，酶法反应条件温和、工序简单、反应过程中无废酸/碱等污染物排放，对油脂原料的酸值范围无特别要求。目前，酶法生产生物柴油主要有利用固体脂肪酶催化法和利用全细胞脂肪酶催化。

（1）固体脂肪酶催化法

固定化酶法合成生物柴油是一个十分有潜力的生物催化方法。酶的固定方法可以有吸附法、交联法和包埋法等。固定化酶具有较高的稳定性、易于分离回收和可重复使用等优点。固定化酶法生产生物柴油的过程如图 7-12 所示。

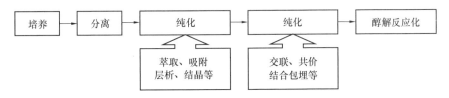

图 7-12　固定化酶法生产生物柴油的过程

Novozym435 固定化脂肪酶用于酯化途径来制备生物柴油具有较高的转化率。研究表明该固定化酶在分批加入甲醇的工艺中，酸醇摩尔比为 1∶0.5 的情况下反应 2h 基本达到平衡，补加甲醇后酯化反应继续进行，24h 反应达到终点。其酯化工艺的最佳条件是：在石油醚体系中，固定化脂酶 4wt%，温度 40℃，油酸与甲醇摩尔比为 1∶1.5，甲醇分 3 次流加，反应时间 24h，酯化率可达 95%。酯化后产物经气质联用仪分析，脂肪酸甲酯的纯度可达 96%。

清华大学与湖南海纳百川公司合作，开发了一种酶法生产生物柴油的新工艺，建立了全球第一套生产能力达 2 万吨/年的酶法工业化生产生物柴油装置（图 7-13）。产能达 2 吨/年。该公司以地沟油作为原料，制得的生物柴油产品完全满足欧盟及我国生物柴

图 7-13　全球第一套酶法工业化生产生物柴油装置（4 万吨/年）

油的标准要求。2013 年，北京信汇生物能源科技股份有限公司重组湖南海纳百川生物工程有限公司，在进一步完善工艺和装备的基础上，将其产能扩大到 5 万吨/年，自 2014 年投产以来一直稳定运行。与此同时，北京信汇生物能源科技股份有限公司主导的广东信汇生物能源有限公司 20 万吨/年酶法生物柴油项目已全面开工建设。

但由于甲醇和甘油对酶具有负面影响，使酶的寿命通常较短，导致成本较高。甲醇在油脂中溶解性差，体系中过量的甲醇存在极易导致酶失活；副产物甘油则易于黏附在固定化酶的表面，影响酶与反应物接触，严重影响了酶的活性和稳定性。为提高转酯化反应效率，可以分别采用分步：①加入甲醇法，降低甲醇浓度，减少甲醇对酶的毒害作用；②定期采用有机溶剂冲洗固定化酶，除去黏附在其表面上的甘油；③采用非水相酶催化体系，如利用有机介质体系进行酶促转酯化生产生物柴油等。

（2）全细胞脂肪酶催化法

目前酶法生产生物柴油实现商业化的最大障碍是催化剂的制备成本太高。虽然一部分研究者采用 Novozym435 和 Lipozyme TL IM 等固定化脂肪酶作为催化剂催化大豆油脂等可再生油脂合成生物柴油获得的收率可达 90% 以上，但固定化脂肪酶在生产过程中的提取、纯化和固定化等工序会使大量酶丧失活性，同时增加了酶的成本。直接利用胞内脂肪酶催化生产生物柴油是一个新的研究思路。图 7-14 是胞内脂肪酶合成生物柴油的工艺过程示意图。可以看出，采用胞内脂肪酶催化合成生物柴油，可免去脂肪酶提取和纯化等工序，可有效降低生物柴油的生产成本。

图 7-14　胞内脂肪酶合成生物柴油的工艺过程

根霉菌（*Rhizopus Oryzae*）如华根霉全细胞脂肪酶和米根霉全细胞脂肪酶均可以催化合成生物柴油。根霉全细胞脂肪酶在无溶剂以及有机溶剂体系中均可以有效地催化生物柴油的合成。在无溶剂体系中，华根霉全细胞脂肪酶催化转酯化反应的最佳工艺条件为：总醇/油摩尔比为 3∶1、甲醇分 3 次等量加入、体系含水量 2.0%、反应温度 30℃ 和加酶量 8.0%。该反应条件下，脂肪酸甲酯最高收率可达 86.0% 以上，当甲醇过量时，脂肪酸甲酯收率最高可达 93.0%；在有机溶剂体系中，以正庚烷为助溶剂时，转酯化反应中脂肪酸甲酯的最高收率为 86.7%。在无溶剂体系中，该酶还可以较好地催化油酸等高酸价油脂的反应，具有良好的催化高酸价油脂生产生物柴油的潜力。

7.2.3.3　超临界流体（SCF）转酯化生产生物柴油

超临界酯交换工艺，主要指超临界甲醇（Super Critical Methanol，SCMeOH）工艺，油脂与超临界甲醇反应生成生物柴油的原理与化学法相同。但在甲醇的超临界状态下（$P_c = 8109\text{MPa}$，$T_c = 239℃$）酯交换无需催化剂，生产过程不排放酸/碱等废液，因此污染较低；在超临界状态下，甲醇可以溶解油脂，甲醇和油脂成为均相，反应的速率常数较大；同时超临界法对原料的要求较为宽松，油脂中的游离脂肪酸和水分不会影响产品收率，是一种高效、简便的生产生物柴油方法。目前超临界流体技术制备生物柴油普遍采用两种反应装置。

国内石油化工科学研究院针对超/近临界甲醇介质中油脂溶解和反应开展基础研究，解决了降低反应条件与提高产品收率相互矛盾的难题，成功开发了近临界醇解生物柴油技术（SRCA），并依托于中海油新能源（海南）生物能源化工有限公司，于 2009 年建成了年产 6 万吨生物柴油的工业化示范装置。以大豆酸化油、棕榈酸化油、餐饮废油等为原料，生物柴油得率均可达到 95％左右。但其目前所得到的产品酸值尚不能满足新国标中小于 0.5mg KOH/g 油的要求，还需要更进一步的技术攻关。

Dadan Kusdiana 等在超临界条件下的管式反应器中制备生物柴油。试验所用的反应容器容积为 5mL，温度和压力可以实时监测，其最大可以承受 200MPa 和 550℃的高温高压。在反应过程中使用熔锡作为加热介质，其具有 250％～550％的供热能力。在反应开始时，将一定物质的量比的油料和甲醇注入反应容器中，同时迅速将反应容器浸入已经预热到指定温度的锡浴中，保持一定的时间使甲醇达到超临界状态并与油料反应，浸泡时间为 1004min。随后把反应容器移入水浴中使反应停止。接着将反应容器中的溶液静置 30min 使其分成三相，其中顶层是由甲醇组成，在随后的操作中将其除去。剩下的溶液分上下两层，每一层都要进行脱水干燥以除去水和残余的甲醇。经过处理后的溶液就是产品脂肪酸甲酯和副产品甘油。

Ayhan Demirbas 使用高压反应釜制备生物柴油。高压反应釜为圆柱形，采用 316 不锈钢制成，容积为 100mL，并可承受 100MPa 的高压和 850K 的高温，内部压力和温度可实时监控。将一定配比的油料和甲醇从高压釜的注射孔中注入，反应过程中用螺栓将孔封紧。高压釜由外部热源供热，先预热 15min。在加热过程中反应开始进行，并用铁-康铜温差电偶将反应釜内的温度控制在指定温度±5℃，此加热过程进行 30min。反应结束后，将高压釜内的气体排出，再将液体产物从高压釜倒入收集器内，并用甲醇将高压釜内的残余物质洗出。

以棉籽油脂肪酸与超临界甲醇非催化法制备生物柴油为例讨论各反应条件的影响。在棉籽油脂肪酸超临界甲醇制备生物柴油的过程中，不饱和脂肪酸甲酯，如油酸甲酯和亚油酸甲酯在反应温度超过 280℃的超临界甲醇下相对含量呈降低趋势，过高的温度使脂肪酸甲酯产生变化；甲醇过多的加入并不能使产物中不饱和脂肪酸甲酯的量也随着增加。一般脂肪酸与甲醇体积比为 1∶3 较适宜；过多延长反应时间并不能提高其脂肪酸甲酯的量，因为生成的脂肪酸甲酯会产生其他副反应。各个因素对产率影响的顺序是：反应温度＞醇油摩尔比＞反应时间。

目前超临界法制备生物柴油有很好的前景，但是也存在耗能高、对设备要求高等缺点，大规模工业化生产比较困难，需要进一步加强研究。

7.2.3.4   其他技术

（1）加氢法制备生物柴油

其特点是直接以各种动植物油为原料，在催化剂存在条件下进行加氢饱和、加氢脱氧、脱羧基以及加氢异构化反应来制备生物柴油，植物油或动物油脂经加氢处理得到的生物柴油被称为第 2 代生物柴油。

（2）离子液体法

离子液体是一种熔点低于 100℃的盐，也称为室温离子液（Room Temperature Ionic Liquid，RTIL）。离子液体是继超临界 CO_2 后的又一种极具吸引力的绿色溶剂，是传统挥发性溶剂的理想替代品。离子液体的阳离子和阴离子可被设计成为带有特定末端或具有一系列特定性质的基团。因此，离子液体也被称"Designer Solvents"，这就意味着它的性质，如熔点、黏性、密度、疏水性等均可以通过改变阳离子或阴离子来进行调节，即设计者可以根据自己的需要来设计合成合适的离子液体。

此外，多酸位点离子液体作为一种强酸性催化剂，发展潜力广阔。以价格低廉的低级胺类为原料，首先通过将其与1，3-丙磺酸内酯进行环加成的方式进行母体上多磺酸基团的偶联，制备所得的前体盐中富含游离态的磺酸基和结合态的磺酸盐。进一步的强酸处理使得结合形式的磺酸盐重新解离出自由态磺酸基，酸位点数目得以再次增加。由于多酸位点离子液体中引入了大量游离的磺酸基团和硫酸氢根，因此催化剂具有强酸性（高于硫酸）。对于酯化反应而言，大量的活性位点为其提供了足够的推动力，使得反应得以稳定高效地运行。

（3）超声波法

频率高于人的听觉上限（约为20000Hz）的声波，称为超声波，或称为超声。超声波有空化作用，会使液体微粒之间发生猛烈的撞击作用，从而产生几千到上万个大气压的压强。微粒间这种剧烈的相互作用，会使液体的温度骤然升高，起到很好的搅拌作用，从而使两种不相溶的液体（如水和油）发生乳化，并且加速溶质的溶解及化学反应。在生物柴油的制备过程中，利用超声波可以加大油脂和催化剂和混合程度，并且极大地缩短反应的时间。

（4）微波法

微波本身具有很多优点，如加热迅速、均匀、节能高效、易于控制等，因此可以用来加速生物柴油制备过程中油脂和甲醇以及催化剂的高效混合。

（5）水力空化法

水力空化技术是空化技术的一种。水力空化现象是指流体通过一个收缩的装置（如几何孔板、文丘里管等）时产生压降，当压力降低至蒸汽压甚至负压时，溶解在流体中的气体会放出来，同时流体气化而产生大量空泡，空泡在随流体进一步流动的过程中，遇到周围的压力增大时，体积将急剧缩小直到破灭。将其应用在生物柴油的酯化反应中，可以大大缩短酯化反应的时间，提高效率。这项技术最早在水处理的研究中使用，应用在生物柴油的制备中还不多见。

（6）碱性二维分子筛高效催化酯交换法

采用固相离子交换方式制备的碱性二维分子筛 Na/ITQ-2，在三油酸甘油酯的酯交换反应中展现出了较高的催化活性。具有更大的外比表面积、独特的等级孔结构和稳定且高浓度的强碱性位点，这使得大分子的传质限制被有效减弱，同时也为生物质大分子提供了易接触且稳定的反应活性位点。

7.2.4 生物柴油的利用

7.2.4.1 国外生物柴油发展概况

自2009年以来，全球生物柴油产量增速达10.3%，截至2019年，全球生物柴油年产量达4173万吨，98.5%的生物柴油用于燃料领域。21世纪以来，生物柴油消耗量快速增长，2007—2017年增长率为9.7%，2012年后放缓，2017年需求量达2731万吨。相较于 2020 年，生柴需求增量在 2021 年、2023 年和 2030 年预计将分别为 330.5 万吨、828.4 万吨和 1783.6 万吨，呈上升态势。

生物柴油消费存在明显的地域性，欧洲是最大消费地区。生物柴油消费地区主要集中在欧洲、北美、南美、东南亚等地区。欧洲地区生物柴油消费量占比全球总消费量的 47%，中南美地区（包括巴西、阿根廷、哥伦比亚、秘鲁等）和亚洲及大洋洲地区（印度尼西亚、马来西亚、泰国和澳大利亚等）均占比 18%，北美地区（美国、加拿大）占比 16%。其中，欧洲生物柴油 2017 年产量约为 1035 万吨，而消费量约为 1280 万吨，供需缺口 245 万吨。

欧盟为了鼓励生物柴油的生产，制定了一系列促进机制和激励政策，如对生物柴油免征增值税，规定机动车使用的生物动力燃料占动力燃料营业总额的最低份额。2010 年，欧洲生物柴油的产量已达 1350 万吨，其中德国是欧洲最大的生物柴油生产国，产量已达 800 万吨，全国有近 700 多个生物柴油加油站。近年来，法国、意大利、奥地利、比利时、丹麦、匈牙利、爱尔兰和西班牙等国也纷纷参与生物柴油的研发与生产，并制定了各自的发展战略，取得了相当的进展。图 7-15 为德国生物柴油年用量。2019 年，生物柴油消耗量 1530 万吨，受生物柴油强制掺混政策影响，2017—2019 年增速分别为 9.7%、5.2%、3.1%。由于受欧洲生柴生产商成本偏高及取消东南亚反倾销税的影响，进口量出现跳跃式猛增，2018 年进口量 296 万吨，同比增 206.8%。

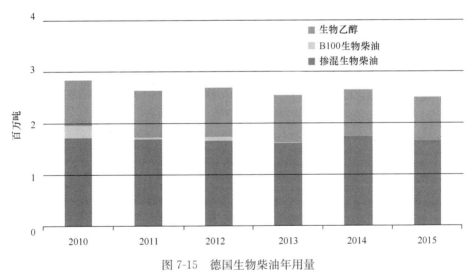

图 7-15 德国生物柴油年用量

美国在 20 世纪 90 年代初开始实现了生物柴油工业化生产，生产原料主要以大豆油为主，2007 年产量大约 139 万吨。美国联邦政府、国会以及有关州政府通过政令和法案支持生物柴油的生产和消费，并采取补贴、免税等措施，使生物柴油的发展非常迅速。目前，美国大多使用 B20（石油柴油/生物柴油为 80∶20）生物柴油，主要用户是军队和运输公司。图 7-16 为美国生物柴油年用量。

印度尼西亚是世界最大的生物柴油生产国和出口国，于 2016 开始密集出台一系列生物柴油强制掺混政策，近三年来印度尼西亚生物柴油国内消费量和出口量均出现大幅度增长。印度尼西亚 2017—2019 年产量分别为 246.5 万吨、493.0 万吨、704.2 万吨。

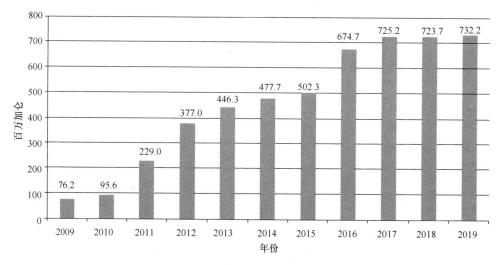

图 7-16　美国生物柴油年用量

目前印度尼西亚生物柴油依然以国内消耗为主，2019 年其生物柴油消费量 546 万吨，占总产量的 77.5%。

日本生物柴油的研发始于 1995 年，也是使用和生产生物柴油的重要国家之一，主要以煎炸废油为原料生产生物柴油，2003 年就达到了 40 万吨的生产水平，为了降低成本，还建立了专门的工业化实验室。目前日本的生物柴油产量逐年递增。此外，巴西、阿根廷、韩国、印度、俄罗斯等国也正积极发展生物柴油的研究。

7.2.4.2　我国生物柴油的发展概况

我国生物柴油研究起步晚，但成绩显著，一些成果甚至达到了世界先进水平。从 2001 年起开始出现生物柴油的生产企业，如海南正和生物能源有限公司、四川古杉油脂化学有限公司和龙岩卓越新能源股份有限公司，它们都已开发出拥有自主知识产权的技术，并相继建成了超过 1 万吨的生产规模。我国生产的生物柴油以出口欧洲为主，国内需求则用于绿色化工品。2017 年以来中国生物柴油产量逐步上升，至 2019 年产量达到 55.1 万吨。自 2015 年开始，主要市场由国内转向欧洲市场，主要原因在于废弃油脂生产的生物柴油（UCOME）减排系数高于精炼油生物柴油。海关总署的数据显示，中国 2015 年生物柴油出口量仅 1.8 万吨，而 2019 年达到 66.2 万吨，复合增长率 146.3%。预计在短时期国内，生物柴油产业政策较大调整情况下，欧洲依然是中国生物柴油的主要市场。图 7-17 为我国生物柴油年用量。

在产能方面，与发达国家相比，差距还是比较大，具体表现为：①生产能力低，规模小，我国生物柴油设计年产量 300 万吨，实际只有 40 万吨左右；②生产技术设备落后，知识产权占有少，市场缺乏行业规范；③国家没有成立专门的科研管理机构，缺乏统一的指导和有效的沟通协调，导致重复研究的现象严重；④政府尚未针对生物柴油提出一套扶植、优惠和鼓励的政策办法，更没有制定生物柴油统一的标准和实施产业化发展的战略。因此，在面对经济高速发展和环境保护的双重压力下，加快高效清洁的生物柴油产业化进程就显得更为迫切。

7.2.4.3　生物柴油发展技术展望

生物柴油作为一种石油资源的绿色替代品，一直备受世界各国重视。发展生物柴油

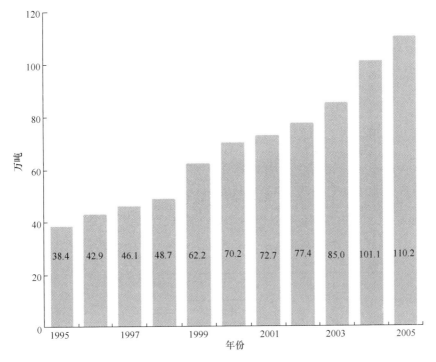

图 7-17　我国生物柴油年用量

符合未来世界的能源安全和可持续发展，我国对生物柴油产业的发展也非常重视，于 2007 年制定了生物柴油的国家标准 GB/T 20828—2007《柴油机燃料调和用生物柴油 (BD100)》。我国生物柴油的产业化尚处于初级阶段，因此应寻找一条适合自己发展的有中国特色的生物柴油发展道路。

（1）大力发展固体催化剂，包括固体酸和碱催化剂。由于传统的液体催化剂存在诸多缺点和不足，固体催化剂值得大力研究和发展。目前在固体催化剂的研究方面，我国的科研人员已经取得了很多突破，但目前主要存在催化剂寿命短、稳定性差、重复利用率不高等问题，距离工业化还有一定距离，因此开发出性能更好的固体催化剂是我国未来生物柴油发展的重要方向。

（2）着重研究全细胞脂肪酶催化制备，生物柴油虽然生物酶催化剂有制备困难、容易失效、重复利用率低等缺点，但是它拥有化学催化剂无法比拟的环境友好性和低能耗性。21 世纪是生命科学大发展的世纪，各种各样的生命科学技术将引领未来科技的发展，我国应大力研究和发展这种绿色环保的生物柴油生产技术。

酶催化工艺装备研究：至今为止，对于专用的反应器及辅助设备研究较少。虽然有些企业进行了一些探索并取得了一定的成果，不过距离实际的要求还有差距。因此，需要加大投入力度，开发酶催化专用设备，并同步应用于产业化。

（3）重点关注直接加氢法的研究进展，直接加氢法是一种完全不同于其他技术的生物柴油制备新技术，动植物油脂、甲醇酯交换得到的脂肪酸甲酯称为第一代生物柴油，而动植物油脂加氢生成的柴油组分称为第二代生物柴油，第二代生物柴油主要由正、异构烷烃组成，其结构实质为石油柴油。

液相反应：脱羧　$R—COOH \longrightarrow R—H+CO_2(g)$

脱羰　$R—COOH \longrightarrow R'—H+CO(g)+H_2O(g)$

加氢　$R—COOH+H_2(g) \longrightarrow R'—H+CO(g)+H_2O(g)$

$R'—COOH+3H_2(g) \longrightarrow R—CH_3+2H_2O(g)$

R' 为不饱和直链烷基，R 为饱和直链烷基

气相反应：甲烷化　$CO_2+4H_2 \longrightarrow CH_4+2H_2O$

$CO+3H_2 \longrightarrow CH_4+H_2O$

水煤气变换　$CO+H_2O \longrightarrow H_2+CO_2$

直接加氢法工艺路线如图 7-18 所示，是一种完全不同于其他技术的生物柴油制备新技术。

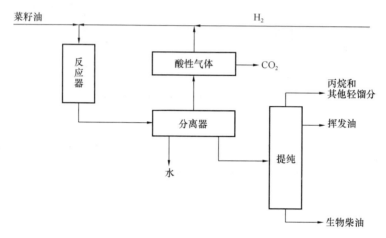

图 7-18　直接加氢法工艺路线流程图

思政小结

我国十分重视并积极支持生物柴油产业发展。自"十五"时期开始发展生物柴油产业以来，技术水平总体处于世界前列。无论在技术、产量还是原料上，我国发展生物柴油都具有比较优势。发展生物柴油是实现我国减排目标的必要手段，是实现碳中和的方法之一，可以实现更大规模的碳减排，补充国内能源供给，占领国际生物柴油市场先机并创造经济效益，转废为"能"并有效减少过量废弃油脂、秸秆焚烧还田等为环境带来压力的问题。生物柴油的推广和应用，对实现国家油品升级，提高交通运输燃料可再生能源占比，减少柴油车温室气体排放，推动实现碳排放达峰和碳中和，具有重要的现实意义，是生物燃料生产技术的发展方向之一。

思考题

(1)阐述我国发展生物炼油厂的意义，展望生物柴油利用的前景与技术革新。

（2）简述我国生物柴油技术的进展和行业发展现状。

（3）简述我国微藻生物柴油技术现状、行业前景和发展机遇。

（4）简述我国在生物柴油方面配套的财政补贴、税收优惠等产业扶持政策。

（5）"双碳"背景下，简述我国发展生物柴油产业的意义、机遇与挑战。

生物质平台化合物与生物质材料

教学目标

教学要求：了解国内外生物炼制产业发展思路、存在的问题和解决对策，掌握平台化合物的分类及其应用领域，了解和掌握国内外在生物质炼制领域的新产品、技术、工艺与装备，密切追踪国内外生物质炼制产业应用最新动向和学科前沿。

教学重点：生物质平台化合物的技术、工艺、设备和产业化现状。

教学难点：生物质平台化合物的制备原理。

本章主要从生物质平台化合物的分类与性质，典型生物质平台化合物的生产技术及工艺，生物质材料的种类、特点及循环利用技术等 3 个方向进行详细介绍。

8.1　生物质平台化合物

生物质炼制，是生物催化与化学催化的有机结合，以可再生的生物质为原料，经过生物、化学、物理方法或这几种方法集成的方法，生产一系列化学品、材料与能源的新型工业模式。以生物质为源头几乎可以生产出所有的基础有机化工原料(图 8-1)，并且很多产品已经显现出很好的经济性。目前由生物质资源进行生物炼制，可以生产出几大

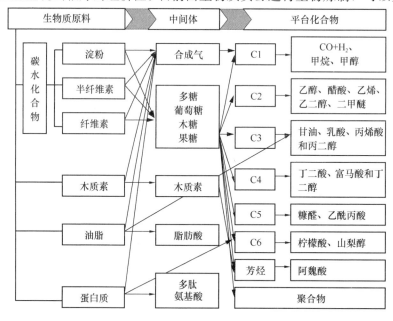

图 8-1　生物质制备平台化合物示意图

产品体系：C1 体系主要包括合成气（CO＋H_2）、甲烷和甲醇等；C2 体系主要包括乙醇、醋酸、乙烯和乙二醇等；C3 体系主要包括乳酸、丙烯酸和丙二醇等；C4 体系主要包括丁二酸、富马酸和丁二醇等；C5 体系主要包括衣康酸和木糖醇等；C6 体系主要包括柠檬酸和山梨醇等。其中一些化学品的生产已在大规模应用，农用化学品、精细化学品、大宗化学品、药物及高分子材料等领域的工业化应用也呈现快速增长的趋势。生物基化学品是推动节能减排、碳中和与发展低碳经济基本国策的必然选择。

8.1.1　甲醇

甲醇（Methanol），结构式为 CH_3OH，也叫木醇或木精，是一种重要的 C1 平台化合物。甲醇很轻，挥发度高，无色透明、有毒、易燃，在空气中可以完全燃烧，并释放出 CO_2 和 H_2O。甲醇的火焰也是近乎无色，不少细菌在进行缺氧新陈代谢之时，都会产生甲醇。空气中存有少量甲醇的蒸气，但在阳光照射之下被空气中的氧气氧化成为 CO_2。甲醇蒸气在空气中的爆炸极限为 6.0％～36.5 ％(vol)。

甲醇是最简单的饱和醇，也是重要的化学工业基础原料和清洁液体燃料，它广泛用于有机合成、医药、农药、涂料、染料、汽车和国防等工业中。用于制造甲醛和农药（杀虫剂、杀虫螨）、医药（磺胺类、合霉素类）等的原料、合成对苯二甲酸二甲酯、甲基丙烯酸甲酯、丙烯酸甲酯、醋酸、氯甲烷、甲胺和硫酸二甲酯等多种有机产品。并用作有机物的萃取剂和酒精的变性剂等。

甲醇在深加工后可作为一种新型清洁燃料，甲醇燃料不仅可以用于车用燃料、民用燃料、燃料电池燃料，也可以用于合成汽油、石化产品等，还可以转化为氢气、二甲醚等清洁燃料。

生产甲醇燃料的合成气可以由任何含碳物质通过重整或部分氧化获得，因此甲醇燃料的原料来源十分广泛，包括煤炭、天然气、石油、焦炉气、煤层气、生物质和 CO_2 等，如图 8-2 所示。

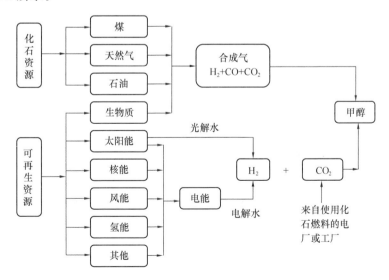

图 8-2　甲醇原料的来源

目前，甲醇燃料几乎都是由合成气（CO ＋ H₂＋CO₂）生产而来的，其主要反应为：

$$CO + 2H_2 \longrightarrow CH_3OH$$

$$CO_2 + 3H_2 \longrightarrow CH_3OH + H_2O$$

由合成气生产甲醇燃料的技术已十分成熟。1923 年德国 BASF 公司就采用合成气在高压（25～35MPa）和高温（300～400℃）条件下建成世界上第一座年产 3000 吨的高压合成甲醇装置。1966 年，英国 ICI（Synetix）公司成功研制出使用铜-锌催化剂的低压（5～10MPa）和低温（200～300℃）甲醇生产工艺。目前全球甲醇有 60％是采用合成气通过 ICI 低压工艺生产得到的。另外，甲醇燃料还可以由甲烷直接选择性氧化制备，其主要反应为：

$$2CH_4 + O_2 \longrightarrow 2CH_3OH$$

随着化石能源的枯竭，国内外研究单位正在开发利用可再生资源来合成甲醇，生物质资源是合成甲醇燃料的优质原料之一。用于合成甲醇的生物质资源主要是农林植物生物质资源，包括薪柴和木材废料、农作物秸秆等，还有今后发展的各种速生能源植物（速生林、速生草本植物和富糖植物、富油脂植物等），是唯一能转化为液体燃料的洁净可再生能源。生物质合成甲醇燃料技术和煤制甲醇的技术类似，总体划分为两大部分：第一部分为生物质热化学气化制生物气及合成气；第二部分为合成气在一定压力和温度下催化合成甲醇燃料。

美国 Brookhaven 国家能源实验室首创了 Hynol 生物质合成甲醇过程，先将木材碎片和氢气转化为合成气，然后合成甲醇燃料，在实验室规模中生物质碳转化率达到87％；随后美国环保署（EPA）和加州大学合作对 Hynol 生物质合成甲醇过程进行了中试。2005 年，日本三菱重工公司（MHI）完成了处理能力为 2 吨/天的生物质生产甲醇中试，测试过黑麦草、雪松等 6 种生物质，得到甲醇收率为 18％～21％，并进行了 100吨/天生物质处理能力的中试。大连化物所开发出一种氧化钛负载的铜催化剂，可以作为一种高效的光催化剂，将生物质多元醇和糖类转化成甲醇和合成气。这一催化体系条件温和（室温，紫外光照射下），不仅适用于各种多元醇，还同样适用于水解后的纤维素甚至木屑。

温室气体 CO₂ 加氢合成甲醇将成为未来甲醇燃料生产的重要途径之一。而且甲醇燃料及其衍生产品燃烧后又会变回成 CO₂ 和水，因此可以形成甲醇可再生能源的循环利用（图 8-3）。在不同的 CO₂ 转化方法中，将 CO₂ 直接催化加氢制甲醇是一种减少 CO₂排放、储存可再生能源来源的氢能的新兴技术。苏黎世联邦理工学开发出由 SiO₂ 负载的新型铜钼催化剂，与类似 Cu 负载量的 Cu/SiO₂ 催化剂相比，其可实现更高的本征甲醇生成速率。通过光催化的手段将 CO₂ 转化为甲醇，既能缓解温室效应，又能制备可再生的化工原料，因此有巨大潜力助力实现"双碳"。伦敦大学使用瞬态吸收光谱确认了连接体/端基可调的聚庚嗪催化剂快速捕获空穴的特性。进一步担载捕获空穴的碳量子点后，光电子寿命延长了 8 倍，能够将 CO₂ 制甲醇的内量子效率提高到 18.6％，同时产物 100％为液体燃料甲醇。

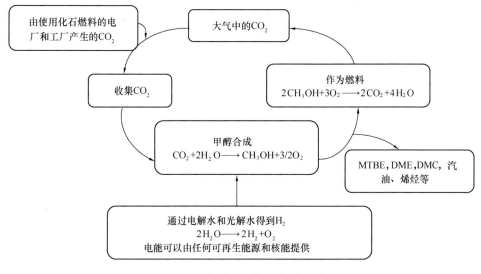

图 8-3　甲醇可再生能源的循环利用

8.1.2　生物乙烯

　　生物乙烯（Bioethylene），分子式 C_2H_4，常温下为无色、易燃、易爆气体，密度 12.5 g/L，难溶于水。乙烯是最基本有机化工原料，乙烯的产量通常被用来衡量一个国家的石化工业发展水平。传统上乙烯和丙烯的来源主要是烃类蒸汽裂解，原料主要是石脑油。近年来随着国际原油价格上涨，烯烃的生产成本不断攀升。在此背景下，开发烯烃生产新的非石油路线的要求日益紧迫。

　　甲醇制取低碳烯烃过程（Methanol to Olefin，MTO）的研究开发，则是从非石油资源出发制取化工产品的全新工艺路线。目前主要有两条技术路线，即 UOP/Hydro 公司甲醇制烯烃技术（MTO）和德国 Lurgi 公司甲醇制丙烯（MTP）技术。20 世纪 80 年代，美国 Union Carbid 公司发明了 SAPO-34 硅铝磷分子筛催化剂，随即以炼油工业 FCC 技术为基础开发了 MTO 工艺。1992 年，美国 UOP 公司与挪威 Hydro 公司合作，将 UOP 催化剂和反应再生技术与 Hydro 烯烃分离技术组合，开发了天然气经甲醇制烯烃的 UOP/Hydro-MTO 技术，并建立了一套每天加工 0.5t 甲醇的工业示范装置，乙烯和丙烯的碳基收率达 80%。他们宣称以天然气为原料的 MTO 过程在经济上和乙烷裂解制乙烯相当，而优于石脑油裂解工艺。目前，俄国 Eurochem 公司在尼日利亚采用 UOP/Hydro 公司工艺技术建设的 MTO 生产装置已经完成基础设计，该项目产品方案为 40 万吨/年乙烯和 40 万吨/年丙烯装置。

　　中国科学院大连化学物理研究所从 20 世纪 80 年代初便率先开展了 MTO 的新工艺过程的研究，研制出了既可用于甲醇制低碳烯烃也可用于二甲醚制低碳烯烃的 DMTO 生产工艺和催化剂：C4＋转化反应和甲醇转化反应使用同一催化剂，甲醇转化和 C4＋转化系统均采用流化床工艺和甲醇转化和 C4＋转化系统相互耦合。2005 年底与中国石化集团洛阳工程有限公司、陕西新兴煤化工科技发展有限公司合作建成了年加工甲醇 1.67 万吨 DMTO 工业性试验装置；2006 年 2 月投产，累积平稳运行近 1150h，甲醇转化率接近100%，低碳烯烃(乙烯、丙烯、丁烯)选择性达到90%以上。2015年2月，世界首套采用DMTO-Ⅱ技术建设的蒲城清洁能源化工有限责任公司DMTO-Ⅱ工业装置成功开车。DMTO技术的应用正在改变我国低碳烯烃供应的战略和结构框架。这项技术也可以在其他煤炭、天然气和生物质资源丰富的国家发挥重要作用，因为这些资源可以很容易地用于甲醇生产。

20世纪90年代，德国Lurgi公司与Sud-chemie公司合作成功开发MTP生产工艺。2001年，Lurgi公司在挪威Tjeldbergolden的Statoil工厂建设MTP工艺工业示范装置，催化剂测试时间大于7000h，为大型工业化设计取得了大量数据。该示范装置采用了德国Sud-Chemie公司MTP催化剂，具有低结焦性、丙烷生成量极低的特点，并已实现工业化生产。2005年3月，Lurgi公司与伊朗Fanavaran石化公司正式签署MTP技术转让合同，装置规模为10万吨/年。2006年8月，Lurgi公司和中国神华宁煤集团合作，筹建年产量47.4万吨的MTP装置，是世界上建设规模较大的甲醇制丙烯项目。

MTO合成路线是以煤、天然气或生物质为主要原料，经合成气转化为甲醇，然后再转化为烯烃的路线，完全不依赖于石油，在石油日益短缺的21世纪有望成为生产烯烃的重要路线。

近年来，生物乙醇经过化学催化剂(如氧化铝分子筛、杂多酸等)脱水生产乙烯在经济上已经可以与石油化工路线竞争，并在中国、印度等国实现了工业化，预计生物乙醇脱水生产乙烯的规模将快速扩大。

8.1.3　二甲醚

二甲醚(分子式：CH_3CH_3，DME)又称作甲醚、氧化甲，是最简单的脂肪醚。它是二分子甲醇脱水缩合的衍生物。室温下为无色、无毒，有轻微醚香味气体，在20℃压缩至0.53MPa以上即变为压缩液体。相对密度(20℃)0.666，熔点−141.5℃，沸点−24.9℃，室温下蒸气压约为0.5MPa，与石油液化气(LPG)相似(表8-1)。溶于水及醇、乙醚、丙酮、氯仿等多种有机溶剂。易燃，在燃烧时火焰略带光亮，燃烧热(气态)为1455kJ/mol。常温下DME具有惰性，不易自动氧化，无腐蚀、无致癌性，但在辐射或加热条件下可分解成甲烷、乙烷、甲醛等。

表8-1　二甲醚与液化气性质比较

项目	二甲醚	液化气
相对分子质量	46	44～56
液体密度(g/cm^3)	0.66	0.56
蒸气压(MPa)(60℃)	1.35	1.92
低热值(kJ/kg)	31590	45760
爆炸下限(%)	3.45	1.7
燃烧所需理论空气量(m^3/kg)	6.96	11.32
理论燃烧温度(℃)	2250	2055
自然温度(℃)	235	370～470

在同一温度下，二甲醚的蒸汽压低于液化石油气，而在空气中的爆炸下限比液化石油气高一倍，储运和使用均比液化石油气安全。二甲醚与液化气一样，在减压后均为气

体，当以低于20％比例掺烧液化气、天然气或煤气时，可直接使用普通民用燃气具，并使液化气燃烧更完全；当100％替代液化气、天然气时，则需要专用配套燃气具。

二甲醚是一种重要的有机化工产品和化学中间体。二甲醚由于具有良好的易压缩、冷凝、汽化特性，在制药、燃料、农药等化学工业中有许多独特的用途。如高纯度的二甲醚可代替氟里昂用作气溶胶喷射剂和致冷剂，减少对大气环境的污染和臭氧层的破坏；良好的水溶性、油溶性，使得二甲醚的应用范围大大优于丙烷、丁烷等石油化学品；二甲醚代替甲醇用作甲醛生产的新原料，可以明显降低甲醛生产成本，在大型甲醛装置中更显示出其优越性；作为民用燃料气其储运、燃烧安全性，预混气热值和理论燃烧温度等性能指标均优于石油液化气，可作为城市管道煤气的调峰气、液化气掺混气。也是柴油发动机的理想燃料，与甲醇汽车燃料相比，不存在汽车冷启动问题。它还是未来制取低碳烯烃的主要原料之一。

二甲醚因为是一种清洁能源，被认为是解决21世纪中国能源与环境问题的关键。到目前为止，合成二甲醚技术研究都是基于天然气和煤考虑的。作为一种可再生能源，包括秸秆及林业废弃物在内的大量生物质也可用作原料来生产二甲醚，生物质利用与二甲醚技术的结合将会产生一种新的清洁能源利用方式。

二甲醚的合成方法有两种，一种是合成气生产甲醇，再经由甲醇脱水生成二甲醚的方法，即两步法，其工艺流程图如图8-4所示；另一种是采用合成气直接合成二甲醚的生产工艺，称为一步法。一步法是把由CO和H_2组成的合成气通过复合催化剂层，直接生成二甲醚的工艺。一步法又有气相一步法（两相法、固定床）和液相一步法（三相法、浆态床）之分。如图8-5所示，气相一步法是一种固定床生产方式，合成气在固体催化剂表面上进行反应生成二甲醚；液相一步法工艺采用的是浆态床（图8-6），将复合催化剂磨细悬浮于惰性介质溶液中，合成气首先溶解于惰性介质溶液，然后通过扩散

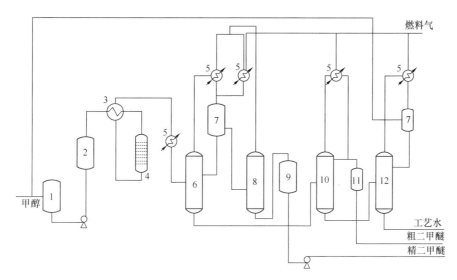

图 8-4 甲醇气相催化脱水合成二甲醚工艺流程图

1—缓冲罐；2—汽化器；3—换热器；4—反应塔；5—冷凝管；

6—甲醚精馏塔；7—回流罐；8—脱烃塔；9—成品中间罐；

10—二甲醚回收塔；11—粗二甲醚槽；12—甲醇回收塔

作用与催化剂颗粒接触，发生甲醇合成与脱水的反应，生成二甲醚，因此反应是在气、液、固三相中进行。

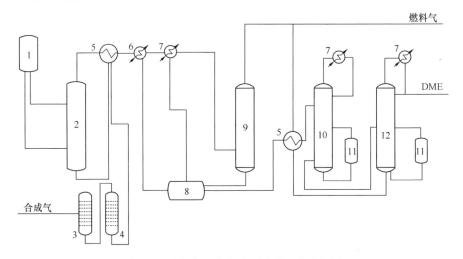

图 8-5　固定床一步合成二甲醚工艺流程图

1—汽包；2—反应器；3—脱硫塔；4—脱氧塔；5—换热器；6—冷却器；7—冷凝器；

8—中间储槽；9—吸收塔；10—预精馏塔；11—再沸器；12—精馏塔

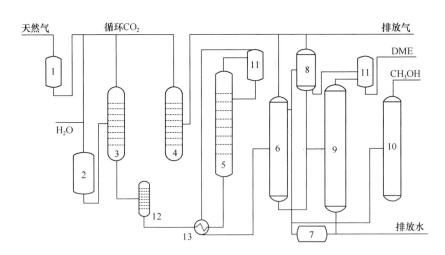

图 8-6　浆态床二甲醚生产工艺流程

1—脱硫塔；2—转换器；3—脱碳塔；4—脱碳塔；5—DME 合成塔；6—吸收塔；

7— 储液罐；8—尾吸塔；9—DME 精馏塔；10—甲醇精馏塔；11—分离罐；

12—脱氢系统；13—换热器

由于生物质能量密度低，在收集和运输较为不便，不适合超大规模生产，与已有的大规模甲醇合成装置相比，采用两步法从生物质生产二甲醚在经济上不具有竞争力。因此，生物质合成二甲醚一般采用一步法合成技术较为合适。虽然，浆态床一步法得到的合成气成分更有利于二甲醚的合成，但目前浆态床一步法在技术上还存在许多难以克服的问题。因此，最为可能实现生物质合成二甲醚的技术是固定床一步法。固定床一步法合成二甲醚技术，不足之处是目前技术需要对 H_2 和 CO 的比例进行调整，但该合成方法具有较高的 CO 单程转化率和二甲醚选择性，反应后的尾气可以不循环，供发电或供热用，可以节约压缩功，提高系统的效率。

生物质合成二甲醚的系统如图 8-7 所示。该系统主要包括：生物质气化系统、气体净化与重整系统、二甲醚合成反应系统、产物分离与精制系统。生物质颗粒经螺旋进料器定量进入流化床气化炉中，空气由罗茨风机增压后从流化床底部吹入，部分生物质与空气燃烧后在气化炉内产生 700～800℃高温，未燃烧的生物质在缺氧的环境下气化；余热锅炉产生的水蒸气由流化床气化炉轴向分布的加入口加入，在水煤气变换铁系催化剂的作用下发生催化反应，由气化炉排出的高温气化气经旋风分离器除尘、除焦炭后，进入焦油裂解炉，在裂解炉内高温木炭（>900℃）的作用下，焦油裂解为气体产物，由裂解炉排出的高温气体（约 850℃），与甲烷贮罐排出的甲烷混合后，进入重整反应器在 700～750℃、镍系催化剂的条件下发生 CO_2-CH_4 重整反应，同时也进行着逆水煤气变换反应；产生的合成气由水洗系统深度净化并降温后，经压缩机增压到二甲醚合成所需的压力，在列管式固定床合成反应器内，于 260℃、5 MPa 下合成二甲醚。二甲醚合成反应为放热反应，设置热交换器 12 即为利用二甲醚合成反应热预热原料合成气，由合成反应器排出的尾气中含有少量醇类和未转化的可燃气体，经吸收塔分离后，不被吸收的可燃气体送燃气发电机发电，吸收的部分送精馏塔精制得二甲醚产品。

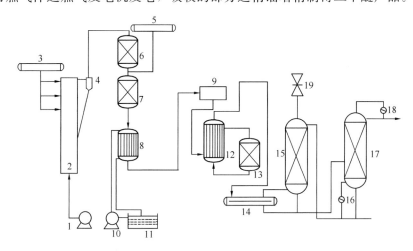

图 8-7 生物质合成二甲醚工艺流程

1—罗茨风机；2—流化床气化炉；3—余热锅炉；4—旋风分离器；5—甲烷储罐；

6—焦油裂解炉；7—流化床重整反应器；8—水洗净化系统；9—气体压缩机；

10—循环水泵；11—污水池；12—热交换器；13—二甲醚合成反应器；14—热交换器；

15—吸收塔；16—再沸器；17—精馏塔；18—冷凝器；19—燃气发电机

中国科学院青岛生物能源与过程研究所，以生物质为原料，经固体原料气化、一步法合成二甲醚，二甲醚制汽柴油等过程制备高品质油品。反应过程中克服了甲醇合成过程中的热力学限制，大大提高了 CO 单程转化率，减少了循环过程的能耗。

8.1.4 1,2-丙二醇

1,2-丙二醇（1,2-Propanediol），结构式为 $CH_2OHCHOHCH_3$，是无色透明无味可

燃液体，与水、醇、醚及甲酰胺互溶，微溶于苯及氯仿中，遇强氧化剂有着火危险。熔点为 27℃，沸点为 214.0℃（101.3kPa），密度为 1.053g/L（20℃）。

1,2-丙二醇是一种重要的化工原料，主要用于合成不饱和聚酯、环氧树脂、聚氨酯树脂等，其用量约占丙二醇总消费量的 45% 左右，这种不饱和聚酯大量用于表面涂料和增强塑料。丙二醇的黏性和吸湿性好，并且无毒，因而在食品、医药和化妆品工业中广泛用作吸湿剂、抗冻剂、润滑剂和溶剂。在食品工业中，丙二醇和脂肪酸反应生成丙二醇脂肪酸酯，主要用作食品乳化剂；丙二醇是调味品和色素的优良溶剂。丙二醇在医药工业中常用作制造各类软膏、油膏的溶剂、软化剂和赋形剂等，由于丙二醇与各类香料具有较好的互溶性，因而也用作化妆品的溶剂和软化剂等。丙二醇还用作烟草增湿剂、防霉剂，食品加工设备润滑油和食品标记油墨的溶剂。丙二醇的水溶液是有效的抗冻剂。

与 1,3-丙二醇一样，1,2-丙二醇可通过化学法和生物法制备。生物法以其原料的可再生性和对环境污染小的特点，越来越受青睐。目前生物法制备 1,2-丙二醇的主要途径如图 8-8 所示。

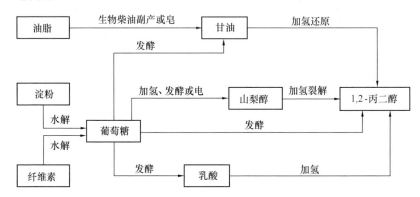

图 8-8　利用生物质资源制备 1,2-丙二醇的技术路径

（1）利用葡萄糖等加氢还原生成山梨醇等多元醇进一步而加氢裂解生产 1,2-丙二醇。山梨醇氢解生成 1,2-丙二醇的反应式如下：

$$CH_2OH(CHOH)_4CH_2OH + 3H_2 \longrightarrow 2CH_2OHCHOHCH_3 + 2H_2O$$

目前，长春大成集团已建成投产 2×10^5 t 山梨醇裂解装置，产品主要为丙二醇、乙二醇和树脂醇等，多元醇收率达 97%。生产 1t 产品消耗 1t 淀粉，相当于 1.42t 玉米。预计 3 年后该公司醇类产能将达到 1200kt/a。

（2）利用生物甘油（生物柴油副产、油脂皂化或发酵）加氢生产 1,2-丙二醇，其反应式如下所示：

$$CH_2OHCHOHCH_2OH + H_2 \longrightarrow CH_2OHCHOHCH_3 + H_2O$$

该反应一般采用含铜催化剂，文献报道在一定温度和压力下，甘油的转化率可在90%～95%，生成 1,2-丙二醇选择性也可达到 95% 左右。表明目前甘油催化加氢制取1,2-丙二醇技术已有较大进展，但是为保持催化剂的高活性，需用纯度较高的甘油。

（3）利用生物发酵得到的乳酸加氢制取 1,2-丙二醇，乳酸目前主要由生物发酵得到，技术成熟、产量巨大，利用乳酸作为原料制备一些化学品的研究也在广泛开展。乳酸分子和1,2-丙二醇分子仅在端位上的羧基和羟基不同,因此将乳酸端位上的羧基加氢还原即可得到1,2-丙二醇。其反应式如下所示:

$$CH_3CHOHCOOH + H_2 \longrightarrow CH_2OHCHOHCH_3 + H_2O$$

(4)葡萄糖直接发酵生产1,2-丙二醇

自然界存在一些菌属能够将糖类转化为1,2-丙二醇的能力,例如楔形梭菌或热解糖梭菌等,大多是通过丙酮醛途径将己糖转化为1,2-丙二醇,代谢途径见图8-9所示。此外,也可以通过基因工程菌来生产1,2-丙二醇。北京化工大学在大肠杆菌中构建了一条由磷酸二羟基丙酮生产1,2-丙二醇的异源代谢途径,通过敲除竞争支路醋酸的代谢途径,增强上游甘油到磷酸二羟丙酮的代谢通路,但效率很低或需要一些特殊的糖。丹麦技术大学构建了利用甘油合成1,2-丙二醇的工程酵母,通过调节NADH合成途径,使其产量提升至4g/L。由生物质资源生产山梨醇、甘油或乳酸均已大规模商业化生产,因此不管哪条路径其原料均来源于可再生生物质资源。

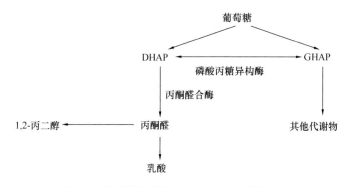

图8-9 葡萄糖发酵制取1,2-丙二醇代谢路径

8.1.5 糠醛

糠醛(Furfural),又称呋喃甲醛,分子式$C_5H_4O_2$,淡黄色油状液体,具有类似杏仁油的气味。糠醛能溶解很多有机溶剂中,由于它有一个呋喃环和一个醛基,其化学性质比较活泼,可以通过氧化、氢化、缩合等反应可以制大量衍生物。

糠醛是一种重要的基本的有机化工原料。主要用于合成橡胶、合成纤维、合成树脂、石油加工、香料、染料、涂料、等行业。

(1)在食品行业中的应用

糠醛可直接用作防腐剂,氧化生成的糠酸和还原生成的糠醇也可用作防腐剂,同时它们都是合成高级防腐剂的原料,如由糠醛制得的木糖醇,把它添加在口香糖、糖果、糖麦片中可预防龋齿。

(2)在香料合成中的应用

呋喃类香料可作为香味修饰剂和增香剂应用于食品、饮料、化妆品等行业。到目前为止,世界各国已合成呋喃类香料100余种,获得FEMA、COE和DFI批准使用的有近百种。其中有13种是糠酸和糠醇的酯类化合物。以糠醛为原料,用歧化反应制备了糠酸和糠醇;用直接酯化法以糠酸和相应醇为原料,用硫酸催化,苯共沸除水的方法合成糠酸酯类化合物;以糠醇和相应酸酐为原料,用DMAP或PPY/NaHCO$_3$的方法合成糠醇酯类化合物。

（3）在医药行业中的应用

以糠醛为原料可合成 200 多种医药和农药产品，广泛用作灭菌剂、杀虫剂、杀螨剂及其他具有生理活性的医药和农药。

（4）在合成树脂中的应用

用糠醛作为原料可合成多种耐高温、机械强度好、电绝缘性优良并耐强酸、强碱和大多数溶剂腐蚀的树脂，广泛用于制作塑料、涂料、胶泥和黏合剂等。

（5）有机溶剂

糠醛及其衍生物是一类特殊的有机溶剂，在石油加工过程中作选择溶剂，并用从其他烃类中萃取蒸馏丁二烯，用于精制润滑油、松香、植物油等化工原理，可作硝化纤维素的溶剂和二氯乙烷萃取剂。

（6）合成纤维

在合成纤维工业中，糠醛是合成各种尼龙和呋喃涤纶的原料，糠醛以锌-铬-钼催化剂脱羰基再加氢得四氢呋喃，四氢呋喃与一氧化碳可合成己二酸，再用己二酸合成己二胺，最终生产尼龙 66。该技术应用前景广阔。

由农副产品如玉米穗轴、燕麦与小麦的麦麸和锯木屑中的戊聚糖在酸作用下水解生成戊糖，再由戊糖脱水环化而成（图 8-10）。其中第一步水解反应速度很快，且戊糖收率很高，而第二步脱水环化反应速度较慢，同时还有副反应发生。

$$(C_5H_8O_4)_n \xrightarrow[nH_2O]{H_2SO_4} nC_5H_{10}O_5 \xrightarrow{-3H_2O} \text{糠醛}$$

多缩戊糖　　　　　　戊糖　　　　　　糠醛

图 8-10　戊糖脱水转化成糠醛的化学反应式

目前世界上生产糠醛的方法有硫酸法、醋酸法、盐酸法、无机盐法。糠醛的生产方法，根据水解和脱水两步反应是否在同一个水解锅内进行可分为一步法和两步法。一步法因其设备投资少，操作简单，在糠醛工业中得到了广泛应用（图 8-11）。我国糠醛生产厂 95％以上采用硫酸催化法。但一步法糠醛产率较低，蒸汽消耗量大，原料得不到充分利用，无机酸作催化剂对设备腐蚀严重且产生大量废酸等不足，随着糠醛工业的发展必将被两步法替代。两步法生产糠醛，优点在于原料中的木质纤维素在戊聚糖水解过程中不发生反应，经分离后可以用来生产其他化工产品，使原料得到综合利用。但两步法工艺较为复杂，设备投资高，第二步脱水工艺条件不成熟，在工业生产中目前未得到应用。

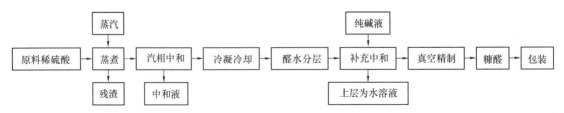

图 8-11　糠醛生产工艺流程

除了农副产品通过酸水解获得糠醛之外，还开发出其他技术。例如，莫纳什大学开发出一种超声辅助氯化胆碱/草酸水溶液预处理木质纤维素生产糠醛的技术。氯化胆碱/草酸溶液具有良好的稳定性、供氢能力和生物质溶解能力，是一种适合于糠醛生产的溶剂。在超声预处理的振幅为 80%，预处理时间为 3min 的条件下，糠醛产率高达 56.5%。华南理工大学成功开发出基于两相体系木糖制备糠醛技术。双相体系的构成一般为水相和不溶于水的有机相，在制备糠醛的过程中，有机溶剂能够及时将糠醛从水相中萃取至有机相，减少了木糖与糠醛之间的反应，同时促进了反应朝反应方程式的右侧进行，提高了糠醛的得率。制备糠醛过程中常用的萃取溶剂有甲苯、二甲基四氢呋喃等。荷兰特温特大学开发出一种微波增强辅助的反应萃取策略，选择性地快速加热水相，而基本保持萃取相温度不变。相较于传统的两相反应，该策略可以得到更高的糠醛收率。值得注意的是，现有的新技术大多停留在实验室研究阶段，还需要进一步放大工艺降低成本来取代现有的工艺技术。

8.1.6　2,3-丁二醇

2,3-丁二醇也称 2,3-双羟基丁烷或二亚甲基二醇，是一种手性化合物，分子中含有两个手性碳原子，存在三种旋光异构体（图 8-12），分别为 D-(－)-2,3-丁二醇、L-(＋)-2,3-丁二醇和 meso-2,3-丁二醇(内消旋)。

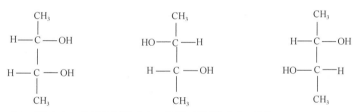

meso-2,3-butanediol　D(-)-2,3-butanediol　L-(+)-2,3-butanediol

图 8-12　2,3-丁二醇分子结构图

2,3-丁二醇可以作为一种潜在的平台化合物，替代传统的平台化合物-碳四烃，用于大规模的合成甲乙酮（优良溶剂）和 1,3-丁二烯（广泛应用于合成橡胶、聚酯和聚亚胺酯等领域）。除此之外，2,3-丁二醇还可用于制备油墨、香水、熏蒸剂、增湿剂、软化剂、增塑剂、炸药及药物手性载体等，2,3-丁二醇的氧化产物 3-羟基丁酮和丁二酮可作为食用香料使用；同时其热值（27200kJ/kg）与乙醇（29055kJ/kg）、甲醇（22081kJ/kg）相当，可作为燃料添加剂；2,3-丁二醇与其衍生物甲乙酮脱氢形成的辛烷异构体还可用于生产高级航煤用；2,3-丁二醇酯化后可生成聚氨酯泡沫的前体；2,3-丁二醇与乙酸反应生成 2,3-丁二醇二乙酸酯，该酯可加到奶油中改善风味；2,3-丁二醇在我国还被添加到白酒中，以改善白酒的风味。

目前化学法生产 2,3-丁二醇主要是以石油裂解时产生的四碳类碳氢化合物在高温、高压下水解得到的。同生物法相比，化学法不仅成本高，而且过程烦琐，不易操作，所以一直很难实现大规模工业化生产，其用途也没有得到充分的开发。用生物法来制备 2,3-丁二醇既符合绿色化工的要求，又可以克服化学法生产的困难，同时可以实现人类社会生产由传统的以不可再生化石资源为原料的石油炼制向以可再生生物质资源为原料的生物炼制转型，逐渐减少对日益枯竭的石油资源的依赖。图 8-13 为碳四烃和 2,3-丁

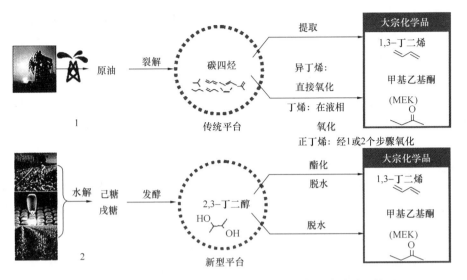

图 8-13　碳四烃和 2,3-丁二醇生产 1,3-丁二烯生产路线比较

二醇生产 1,3-丁二烯不同生产路线比较。

　　细菌可利用葡萄糖、果糖、木糖、核糖、阿拉伯糖等多种六碳糖和五碳糖生产 2,3-丁二醇，其中葡萄糖是最常用的碳源。在 2,3-丁二醇的原料成本中碳源占极大比例，为降低生产成本，不少学者研究了以较廉价的各种非粮原料为底物发酵生产 2,3-丁二醇，如乳清、糖蜜、菊芋、纤维素及其他工业废料等。这些底物中纤维素、易在贫瘠边缘土地生长的非粮作物及规模化产出的工业副产物具有良好的工业化前景。生物制造 2,3-丁二醇的研究至今已有 100 余年的历史，期间出现过 3 个活跃期，分别发生在 1940—1950 年的德国，1970—1980 年的美国和近几年的中国。

　　德国开发 2,3-丁二醇旨在解决二战时期人工合成橡胶的原料丁二烯的短缺问题，一度实现了规模化生产，后因成本偏高而停产，但为后来大宗化学品的生物制造研究积累了足够的经验。美国的研究热潮因 20 世纪爆发的两次石油危机而起，也随石油价格平稳而止，这一时期的研究为后来生物炼制产业和技术的发展奠定了基础，期间美国能源部（USDOE）和农业部（USDA）投入了大量资金，从基础研究到应用研究对生物制造 2,3-丁二醇进行资助，选育出了一大批性能优良的菌株，并完善了从生物质可再生资源生产 2,3-丁二醇的工艺路线。佐治亚理工学院提出了一种利用阳光、二氧化碳和火星水来生产一种 2,3-丁二醇技术策略。光合蓝藻将 CO_2 转化为糖类，这些糖类再由工程大肠杆菌升级转化为 2,3-丁二醇。

　　2,3-丁二醇作为重要的液体燃料和化工原料，具有广阔的工业应用前景。高效、经济的 2,3-丁二醇生物制备方法，对我国低碳经济和循环经济的建设具有重要的促进作用。我国学者在该领域研究的热点，即关键基因和酶的鉴定、新菌种的开发和代谢工程改造、同步糖化和共培养等发酵条件的优化、耦合工艺等分离纯化技术改进等做出了一定的贡献。例如，华南理工大学成功解决 2,3-丁二醇生物合成过程中的微生物污染问题，通过代谢工程、致病性消除和适应性进化，使工程化肺炎克雷伯菌菌株具备了安全生产 2,3-丁二醇的优良发酵性能。这项技术简化了发酵过程，因为不需要进行灭菌，将有利于 2,3-丁二醇的可持续合成。

8.1.7　乙酰丙酸

乙酰丙酸（Levulinic Acid），亦称左旋糖酸、果糖酸、γ-戊酮酸，分子式 $C_5H_8O_2$。白色片状结晶，易燃，有吸湿性。易溶于水和醇、醚类有机溶剂，但不溶于汽油、煤油、松节油和四氯化碳等；常压下蒸馏几乎不分解，若长时间加热则失水而成为不饱和的 γ-内酯。熔点 37.2℃、沸点 139～140℃（1kPa）、相对密度 1.1335（20/4℃）。折射率（20℃）1.4396。

乙酰丙酸是一种同时含羰基、α-氢和羧基的多官能团化合物，是合成各种轻化工产品的基本原料，在有机合成和工农业、医药行业上，具有广泛的使用价值，乙酰丙酸的氢化产品 γ-戊内酯是一种高级溶剂并可作为制取合成橡胶，耐寒增塑剂及表面活性剂的中间产物。氯化乙酰丙酸可作为工业循环水的抑菌剂。在农业上，氯化乙酰丙酸的铵盐可作为除草剂和落叶剂；在医药上，从乙酰丙酸可制得消炎药与静脉注射剂。

乙酰丙酸可由淀粉、葡萄糖、纤维素原料经深度水解制得。通常用盐酸（或硫酸）或其他催化剂存在的条件下加热水解生成5-羟甲基糠醛，5-羟甲基糠醛分解得到乙酰丙酸，经过滤浓缩，再用减压蒸馏或萃取的方法制得成品（图8-14）。

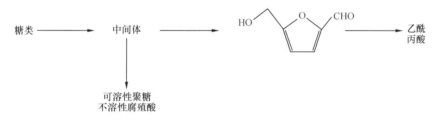

图 8-14　生物质合成乙酰丙酸

由葡萄糖制备乙酰丙酸的催化剂大体分为均相酸催化、固体酸催化、金属盐催化、离子液体催化和生物酶催化等体系。由生物质制备乙酰丙酸极具前景，随着研究的不断深入和科学的发展固体酸催化生物质制备乙酰丙酸备受关注。相比均相酸催化剂，固体酸催化剂催化活性较低，但是固体酸催化剂耐水、稳定性强，制备工艺简单，对设备腐蚀性小，可回收利用。因此固体酸催化纤维素、单糖制备乙酰丙酸是现阶段理想的催化剂。山东理工大学开发出一种高效的催化体系（双相溶剂：熔融盐水合物，固体酸催化剂）将纤维素直接转化为乙酰丙酸，该体系有效地抑制了中间体的聚合，防止了胡敏素的生成，目标产物的收率高达94%。

8.2　生物质材料

生物质材料（Biomass Materials）是以木本植物、禾本植物和藤本植物及其加工剩余物和废弃物为原材料，通过物理、化学和生物学等高技术手段，加工制造性能优异、附加值高的新材料。按其所含有的化学结构单元，生物质材料可分为多糖类、蛋白质类、核酸、酯类、酚类、聚羟基烷酸酯、聚氨基酸和综合类等。其中纤维素、半纤维素、淀粉、木聚糖、魔芋葡甘聚糖、甲壳素、壳聚糖和黄原胶等属于多糖类生物质材料；木质素、生漆和单宁属于多酚类生物质材料；而聚乳酸则为脂类生物质材料。

8.2.1 纤维素

纤维素（Cellulose）是由葡萄糖组成的大分子多糖，不溶于水及一般有机溶剂，是植物细胞壁的主要成分。纤维素是自然界中存在量最大的一类有机化合物，占植物界碳含量的50%以上。它是植物细胞壁的主要成分，是构成植物的骨架。木材、亚麻、棉花等的主要成分都是纤维素。其中，棉花中纤维素含量接近100%，而一般木材中纤维素占40%~50%。纤维素的分子式为$(C_6H_{10}O_5)_n$，其基本结构单元是葡萄糖(图8-15)，但与淀粉不同，它是由许多D-葡萄糖单元通过β-1,4-糖苷键结合起来的链状高分子化合物，分子量约50000~2500000，相当于300~15000个葡萄糖基。纤维素无色、无味，常温下不溶于水、稀碱溶液和一般的有机溶剂如酒精、乙醚、丙酮、苯等中。

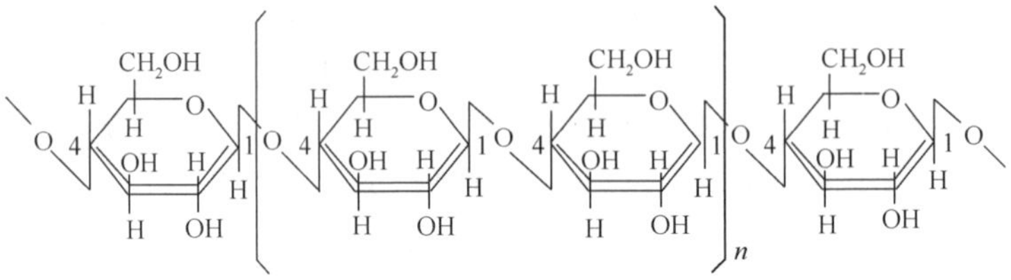

图 8-15　纤维素分子结构式

纤维素链的重复单元是纤维二糖。除两端的葡萄糖基外，每个葡萄糖基具有三个游离的羟基，分别位于C2、C3和C6位置上。纤维素链的两端葡萄糖末端基：还原性末端基氧环式和开链式能够相互转换。主要功能基是羟基，羟基之间或羟基与O—、N—和S—基团能够形成氢键联结。

食物中的纤维素（即膳食纤维）对人体的健康有重要的作用，人类膳食中的纤维素主要含于蔬菜和粗加工的谷类中，虽然不能被消化吸收，但有促进肠道蠕动，利于粪便排出等功能，草食动物则依赖其消化道中的共生微生物将纤维素分解，从而得以吸收利用；纤维素是造纸工业、纺织工业和纤维化工的重要原料，全世界用于纺织造纸的纤维素，每年达800万吨；此外，用分离纯化的纤维素做原料，可以制造人造丝，赛璐珞以及硝酸纤维素、醋酸纤维素等酯类衍生物和甲基纤维素、乙基纤维素、羧甲基纤维素等醚类衍生物，用于塑料、炸药、电工及科研器材等方面；纤维素形式的生物质能也将作为日后重要的清洁能源。

木质纤维类材料如各种农业残余物（玉米秸秆、小麦秸秆、稻草等）、林业残余物（伐木产生的枝叶、死树、病树等）、野草、芦苇、专门栽培的作物（如松、杨、甘蔗、甜菜、甜高粱等）以及各种废弃物（城市固体垃圾、废纸、甘蔗渣等）都是含有大量纤维素的天然纤维素原料，如果能从其中提取出优质的纤维素应用于工业生产中将会产生巨大的经济效益和生态效益。但纤维素、半纤维素和木质素本身均是具有复杂空间结构的高分子化合物，在天然纤维素原料中，它们聚合为如图8-16所示的网状结构，形成复杂的超分子化合物。

其中，木质素大部分存在于胞间层中，与半纤维素形成牢固结合层，对纤维素形成覆盖保护作用。因此，要想获得纤维素并充分利用，就必须将三种组分分离开来，实现

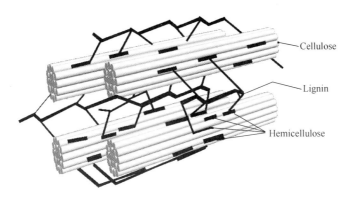

图 8-16 木质纤维的网状结构

纤维素的有效提取。根据所使用方法的不同性质，纤维素提取工艺可分为物理处理法和化学处理法。在实际应用中，大多是采用两种或两种以上方法的组合，以取长补短，发挥各自优势，改善纤维素分离提取的效果。

8.2.1.1 物理处理法

主要包括机械粉碎、蒸汽爆破、微波和超声波辅助提取法等，一般用于纤维素提取的预处理工艺或是辅助工艺，其目的是去除木质素等对纤维素具有保护作用的成分。

（1）机械粉碎

常用双滚压碎机、球磨机、流态能量研磨和湿胶体磨将天然纤维素原料粉碎。物料经过微粉碎后，纤维的物理性能发生了明显的变化，物料的尺寸明显变小，结晶度降低，平均聚合度变小，物料的水溶性组分增加。

（2）蒸汽爆破

实质是一种复杂的物理和化学联合预处理过程。利用水蒸气在高温高压条件下可渗透进入细胞壁内部的特性，使之在进入细胞壁时冷凝成为液态，然后突然释放压力造成细胞壁内的冷凝液体突然蒸发形成巨大的剪切力，从而破坏细胞壁结构，使得大部分的半纤维素降解和木素的软化及部分降解。汽爆处理强度是直接影响汽爆处理结果的因素，随着汽爆强度增大，半纤维素的水解程度增大，对后续的组分分离有力，但是会带来纤维素分子链的断裂，造成纤维素品质降低。图 8-17 为蒸汽爆碎设备示意图。

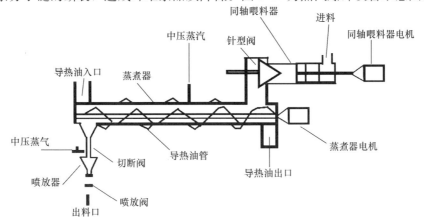

图 8-17 蒸汽爆碎设备示意图

（3）微波

指频率范围在 300MHz～300GHz 的电磁波。微波辅助提取是利用微波辐射对分子运动产生的影响，促进分子间的摩擦和碰撞。Azuma 等人发现微波辐射处理植物纤维素原料会部分降解木质素和半纤维素，增加纤维素的可及度。这种新型的预处理方法能够有效提高天然纤维素原料的化学反应和加工性，极大地缩短了反应时间，提高了生产效率。

（4）超声波

利用超声波的特殊效应（空化作用、机械作用和热效应）辅助分离木质素和纤维素，其原理在于：超声波产生的机械作用及空化产生的微射流对天然纤维素原料表面产生在冲击、剪切，且空化作用所产生的热量及自由基均可使大分子降解。

8.2.1.2 化学处理法

应用化学制剂来打破木质素和纤维素的链接，同时使半纤维素溶解的过程。传统造纸工业的制浆过程就是采用化学方法进行处理的过程。化学处理法包括碱液分离法、无机酸处理法、有机溶剂法、离子液体法等。

（1）碱液分离法

碱液分离是发现较早、应用较广的纤维素提取手段之一。碱液具有溶胀纤维素、断裂纤维素与半纤维素间氢键的作用。碱法蒸煮中，使用碱液处理植物原料，常用的碱提取试剂有 NaOH、KOH 和 Ca(OH)$_2$ 等。碱浓度的选择是碱提取过程中一个重要的环节。

（2）无机酸处理法

具有低成本、高效率、适应性强等优点。被广泛采用，但是无机酸废液的后处理困难，整个过程造成的污染问题不可小视。

（3）有机溶剂法

有机溶剂法是目前研究较多也是较好的一类木质素与纤维素分离技术，即采用单一或者复合有机溶剂（或外加一些催化剂）在一定的温度、压力条件下降解木质素和半纤维素，得到纤维素。该法充分利了有机溶剂良好的溶解性和易挥发性，达到木质素与纤维素的高效分离，并可以通过蒸馏回收有机溶剂，反复循环利用，实现无废水或少量废水排放。常用有机溶剂主要是有机酸、醇类、酮类等，但在提取过程中一般不以单纯的有机溶剂形式进行，而是将有机溶剂与水、碱或者酸混合作为提取试剂。

（4）离子液体法

离子液体是一种近年新被广泛应用于绿色化学领域的环保溶液，凭借其特有的良溶剂性，以及不挥发、对水和空气稳定等优点，被广泛地用来作为易挥发有机溶剂的绿色替代溶剂，在纤维素溶解、再生领域发挥了极大的作用。

8.2.1.3 细菌纤维素

细菌纤维素（Bacterial Cellulose，BC）是由诸如醋酸杆菌属、棘阿米巴属和无色杆菌等各种细菌合成的一种新型高性能微生物合成材料。与其他形式形成的纤维素相比，尽管具有相同的化学成分，但其还具有特殊的物理、化学和生物学特性，特别是发酵过程的可调控、发酵底物的多样性、微生物的多样性等；这些特性使得 BC 在食品、生物医药学、组织工程支架材料、声学器材以及造纸、化妆品、采油、膜过滤器等诸多领域获得较高的关注，受到国内外学者的青睐。

许多传统类型的碳源（如葡萄糖、蔗糖、果糖、甘油等）生产 BC 成本相对较高。采用低成本的碳源，如酒厂与饮料厂废弃物，纤维素和淀粉生物质材料的水解产物（玉米芯、玉米秸秆、厨余）、甜高粱等，也可以用于生产 BC。四川农业大学成功开发出以甜高粱生产 BC 的策略，将能源作物甜高粱的传统概念扩展为生产生物基材料的"材料作物"。我国在微生物合成 BC 方面的研究尚处于实验研究阶段，距离工业化还有一段距离，因此，在菌种选育、廉价原料选择、发酵工艺改进上成为急需解决的问题。

与植物纤维素相比，BC 具有许多独特性质：①一种"纯纤维素"，具有高化学纯度和高结晶度；②具有很强的持水能力；③具有较高的生物适应性，在自然界可直接降解，不污染环境；④超精细网状结构，细菌纤维素纤维是由直径 3～4nm 的微纤维组合成 40～60nm 粗的纤维束，并相互交织形成发达的超精细网络结构；⑤具有较强可塑性，弹性模量大，纤维模数为一般纤维的数倍至 10 倍以上，并且抗拉强度高；⑥BC 生物合成时具有可调控性；⑦可利用广泛的基质进行生产。

实现 BC 在国内的进一步开发应用，如生物医学材料、药学材料渗透气化膜、燃料电池、造纸及其纤维素衍生物等，势必加大对纤维素的需求量。BC 的规模化生产还需降低生产成本和拓展更广泛的应用领域 2 个方面有待取得进一步的突破。因此要解决的问题主要是：①如何选育得到高产纤维素菌株；②实验室放大能否实现；③如何降低成本以提高纤维素产量；④如何优化纤维素产品的结构性能等。

期望 BC 根据其独特性能在以下领域得到长足发展：①作为缓释剂，应用于西药、中药、中成药；②作为增强材料，提高 ZnO、金磁微粒等在抑菌、传感器的作用；③作为载体，与生物芯片结合，拓展其在肿瘤、癌症诸多方面的检测、诊断和治疗作用。

8.2.2 半纤维素

半纤维素（Hemicellulose）是指在植物细胞壁中与纤维素共生、可溶于碱溶液，遇酸易于水解的那部分由不同类型单糖构成的异质多聚体，这些单糖包括五碳糖和六碳糖，如 D-木糖、D-甘露糖、D-葡萄糖、D-半乳糖、L-阿拉伯糖、4-氧甲基-D-葡萄糖醛酸及少量 L-鼠李糖、L-岩藻糖等。

半纤维素在木质组织中占总量的 50%，它结合在纤维素微纤维的表面，并且相互连接，纤维构成了坚硬的细胞相互连接的网络。半纤维素以其生物活性和化学活性良好等特点，在造纸、制药、食品包装、保健食品开发利用以及生物质能转化方面显示出巨大的应用潜力。半纤维素的工业利用正在开发，制浆废液可制酵母，酵母又可抽提出 10% 的核糖核酸，再衍生为肌苷单磷酸酯和鸟苷单磷酸酯，可用作调味剂、抗癌剂或抗病毒剂等。林产化学品法是先用有机酸使纤维原料预水解，水解残渣仍可制浆，质量可与未预水解的浆相媲美，而从水解液可分离出戊糖和己糖组分，所得木糖经处理后制成木糖醇，可作增甜剂、增塑剂、表面活性剂；木糖酸可作胶黏剂；聚木糖硫酸酯可作抗凝血剂。半纤维素糖类发酵酒精是利用生物技术，由可再生的植物纤维原料制取酒精，对于解决人类将要面临的能源危机、粮食紧缺及环境污染等问题均具有重大的意义，一直是国际关注的研究热点。

在植物细胞壁中半纤维素与木素以化学键相连，与纤维素以非化学键紧密结合，因此，将其从植物细胞壁中完整地分离出来存在很大困难。提取半纤维素的主要障碍来自于木素的存在，传统碱提取方法主要运用化学方法脱除木素。植物提取半纤维素之前，一般均先经过预处理。预处理是将水溶性杂质等预先除去，包括盐类、萜烯类化合物、糖、鞣质、水溶性聚糖、脂肪、蜡、多酚类物质、色素等。其中萜烯类化合物、脂肪、蜡、鞣质用苯醇混合液或丙酮等有机溶剂提取。单糖、配糖化合物、低聚糖等可用乙醇/水（质量比 70/30）液或冷水抽提。对果胶和半乳糖醛酸含量高的原料，可以用草酸盐或草酸溶液预抽取。

目前主流的半纤维素分离技术主要有碱处理、酸处理和水热处理。应用最广的是碱液分级分离法。如氢氧化钡选择性分级法分离针叶木综纤维素的半纤维素（图 8-18）。$Ba(OH)_2$ 与聚半乳糖葡萄糖甘露糖络合并形成沉淀，从而与聚木糖类分开，使聚木糖的提纯简化。然而，近年来，利用酸处理可以获得较高得率和较高纯度的半纤维素样品。它由无机酸处理和有机酸处理组成。尤其，有机酸处理因其反应条件温和、酸易回收、成本低等优点，逐渐成为研究热点。广西大学开发出乙醇酸处理进行分离半纤维素技术，效果非常良好。

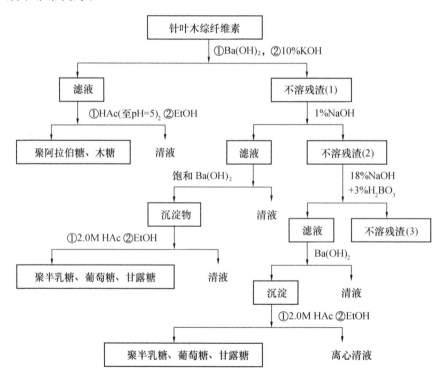

图 8-18　氢氧化钡选择性分级提取半纤维素

8.2.3　木质素

木质素（Lignin）是由苯基丙烷单元通过醚键和碳碳键连接而成的、具有三度空间网状结构的芳香族的高聚物，是一种白色或接近无色的粉末。来源于植物的木质素随着其分离方法不同，带有灰黄至灰褐的颜色。通常木质素的重均相对分子质量在 2800～

17800，相对密度 $1.35\sim1.50g/cm^3$，折射率高达 1.61，热值达 110kJ/g。

木质素在自然界中的存在量仅次于纤维素，是构成植物细胞壁的成分之一，约占陆生植物生物量的 33%。裸子植物（针叶木类）和被子植物（阔叶木类和草类）中含有木质素为 15%~36%。木质素可分为 3 种类型（图 8-19）：由愈创木基丙烷结构单体聚合而成的愈创木基木质素（Guajacyl Lignin，G-木质素），由紫丁香基丙烷结构单体聚合而成的紫丁香基木质素（Syringyl Lignin，S-木质素）和由对-羟基苯基丙烷结构单体聚合而成的对-羟基苯基木质素（Hydroxy-phenyl Lignin，H-木质素）；不同植物的木质素分子结构不同。裸子植物主要为愈创木基木质素（G），双子叶植物主要含愈创木基-紫丁香基木质素（G-S），单子叶植物则为愈创木基-紫丁香基-对-羟基苯基木质素（G-S-H）。

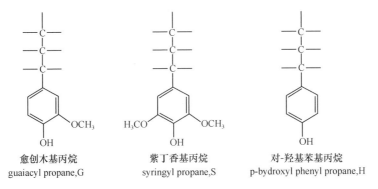

图 8-19　三种类型的木质素结构单元

8.2.3.1　分离方法

按分离原理不同，木质素的分离方法可分为两大类：

（1）溶出高聚糖，保留木质素

如 Klason 木质素、高碘酸盐木质素等。此方法破坏了木质素结构，只适合于木质素的定量分析，不适于木质素的结构研究。Klason 木质素是 Klason 使用 64%~72% 的浓硫酸水解碳水化合物分离出木质素（图 8-20），也叫硫酸木质素。由于 Klason 木质素测量简便，使得它在很多测量当中得到了广泛应用。

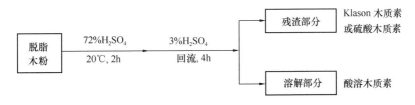

图 8-20　Klason 木质素提取工艺流程

① 乙酸木质素

Pauly 使用含有 0.5% 稀硫酸的醋酸并使用真空干燥，将碳水化合物溶于溶液中，清水洗涤过滤物，得到灰白色粉末乙酸木质素。

② 磺酸木质素

亚硫酸盐制浆最大的副产物就是磺酰木质素。通常磺酰木质素的分离方法有：

a) 基于磺酰木质素与氢氧化钙 $Ca(OH)_2$ 或碱性醋酸钙生成不溶性的盐沉淀；b) 盐析：通过向亚硫酸溶液中加入 KCl、$NaCl$、Na_2SO_4 等盐，将磺酰木质素沉淀析出；c) 使用碱性芳香族化合物分离磺酰木质素，其中萘铵的分离效果较好；d) 使用透析分离磺酰木质素。

③ 碱木质素

Lange 使用 KOH 于 180℃ 加热，过滤纤维素，再使用酸如盐酸等以及有机溶剂如苯、环氧杂环己烷等抽提得到氢氧化钾木质素。黑液（其中有机质占 19%～20%）经浓缩至固含量达 60%，再通入烟道气使其 pH 降至 8.5～8.6，由于难以过滤，将其加热至 90℃ 再迅速降温，这样木质素相互凝聚析出，清洗干燥得到黑液木质素产品。

(2) 直接溶出木质素

如磨木木质素、纤维素酶解木质素等，木质素结构接近于原本木质素，可用于木质素的结构和性质研究。在木质素提取过程中加入甲醛可以有效的防止木质素的聚合，分离后的木质素保持了较高的 β-O-4 含量。磨木木质素（Milled Wood Lignin，MWL）最早由瑞典 Björkman 提出，故又称 Björkman 木质素。制备方法主要有：磨，破坏木质素与高聚糖间的联结（非润胀性的甲苯为分散剂）；抽提，室温下用中性有机溶剂（含水二氧六环）。

① 有机溶剂提取

使用有机溶剂分离纤维素、半纤维素、木质素与现有的碱法或酸法制浆相比有许多优势：a) 使用真空干燥，可以使萃取物与溶剂较为快速有效的分离；b) 萃取液可以通过冷凝回收循环使用，减少了污染物对环境的排放；c) 使用有机溶剂使萃取环境相对温和，对木质素的变性程度较少，便于后续的化学改性的实施。但是有机溶剂制浆仍然需要高温高压，目前完全工业化尚存许多技术困难，使其应用受到很大限制。

② 酶解提取

借助生物手段，将纤维素选择性的降解分离，以达到分离木质素的目的。这种生化处理分离过程是环境友好、高效专一的，分离出的木质素发生化学改性的程度较少。通常使用对木材腐化作用较强的腐霉菌，如使用降解纤维素的棕腐霉以及木霉等分泌的纤维素酶以及蛋白酶类，选择性地分离出木质素。因此，该分离手段对木质素的结构性研究将产生巨大的推动作用。

③ 超临界萃取木质素

利用超临界条件下纤维素与木质素在溶剂中的不同分配，选择性地将纤维素与木质素分离。由于使用有机溶剂作为助剂，随着 CO_2 压力的升高，超临界萃取条件与有机溶剂萃取就变得越来越相似。但是，随着助剂选择的不断优化，CO_2 的操作压力将不断降低，超临界萃取过程将成为具有竞争性的分离过程。

④ 离子液体提取

通过离子液体对纤维素溶解，再对不溶物木质素进行有机溶剂抽提，达到对木质素的分离。需要特别指出的是，离子液体所溶解的是纤维素，使得木质素的组成与结构得到了很好的保存。由于离子液体熔点低（常温下）、易挥发、条件温和，使之易于分离、回收。因而这种分离手段将成为很有前景的分离手段。表 8-2 对木质素分离方法进行了详细的比较与分析。

表 8-2 木质素和分离方法及特征

分离方法	木质素名称	特征
酸	Klason 木质素	化学改性大
	HF 木质素	有化学改性，不能发生 Wiesner 显色反应
	Willstatter 木质素	化学改性较小
	高碘酸木质素	发生氧化
	磷酸木质素	条件缓和，木质素变化小但有一定的聚合
碱	碱木质素	木质素在碱性升温条件下易被溶解，发生化学改性
	碱溶木质素	氧化严重，羰基与羧基增加
有机溶剂	有机木质素	发生化学改性，除二氧环己烷外，有机溶剂与木质素结合
缓和氢解	缓和氢解木质素	化学改性小，酚羟基增加
催化氢热解	催化氢热解木质素	化学改性大，与 Klason 法测量木质素结果相似
两水相萃取	两水相萃取木质素	化学条件温和，化学改性小
磨木木质素	Bjorkman 木质素	化学改性小，但不能完全反映木质素结构
酶	酶释木质素	选择性专一，化学改性小
离子液	离子液木质素	化学条件温和，改性小

⑤ 低共熔溶剂提取

低共熔溶剂是由氢键受体和氢键供体通过氢键相互作用组成的熔点低于各组分熔点的共晶混合物。根据原料的性质，通常分成四大类。其中Ⅲ型因为原料成本低、制备简单、黏度低、生物降解性强等优点使用最为广泛。大部分的低共熔溶剂在从木质纤维素中高效选择性地溶解和去除木质素的同时能够以固体的形式将碳水化合物保留，大大简化了后处理的过程。北京林业大学开发出一种通过杂多酸辅助中性低共熔溶剂分离木质素的方法。此方法不仅有效地提高了木质素得率，而且避免了长期使用酸性低共熔溶剂所造成的设备腐蚀。

木质素作为添加剂、吸附剂、稳定剂以及合成芳香族化合物的原料等在化工工业、医药以及农业领域发挥着巨大的作用。

8.2.3.2 木质素在工业上的应用

（1）水泥减水剂

木质素磺酸盐具有较强的阴离子表面活性基团，在中性和酸性水中均可溶解，具有很好的稳定性，因此可以用作混凝土减水剂。此外，木质素还可作为水泥助磨剂、沥青乳化剂、钻井泥浆调节剂、堵水剂和调部剂、稠油降黏剂、三次采油用表面活性剂、表面活性剂和染料分散剂等使用。

（2）木材胶黏剂

木质素是一种天然高分子化合物，本身就有黏结性，经过酚、醛或其他方法改性可提高黏结性。因此可与木材直接混合用作木材胶黏剂。木质素的改性化合物还是一种环境友好材料，与逐渐受到市场限制的苯酚及其衍生物相比，改性木质素对环境没有不利的影响。

（3）木质素新型合成材料

木质素可在热硬化的不饱和的聚酯和乙烯基酯中，作装填物和共聚用单体使用。还可利用木质素对纤维素纤维有天然的亲和力的性质，用木质素处理天然大麻纤维的表面。这种原理被运用来治愈天然纤维表面的缺陷，同时增加树脂与纤维之间的黏结力。

（4）木质素基碳纤维

木质素因其含碳量高，用作生产碳纤维的原料是比较理想的。目前，制造碳纤维的木质素，系采用高压水蒸汽处理木材，用有机溶剂或碱溶液提取，在减压条件下加氢裂化，最后通氮气熔融纺丝制得碳纤维，其拉伸强度达到 $300\sim800MPa$。由于木质素具有高压缩性能且产量大、易炭化和石墨化的特征，引起人们的高度重视。木质素基碳纤维目前还处于实验阶段，离工业化还有一段距离。

（5）橡胶添加剂

在丁苯橡胶生产中，用木质素代替食盐作凝集剂。既节省盐耗，又降低了动力消耗，还提高了橡胶质量。在天然橡胶中加入木质素，其分子中的酚基和羧基，与用作防老剂的胺类和醛类反应，交织成较坚韧的网络，使柔软而富于弹性的天然橡胶处于网络结构中，从而提高天然橡胶的物理机械性能。将木质素进行改性，再与陶土一起活化，作为丁苯橡胶的改性剂和补强剂，可改善丁苯橡胶的硬度和磨耗等性能。

8.2.3.3 木质素在农业上的应用

（1）木质素肥料

木质素的迟效性可使其作为各种肥料使用。氨氧化木质素氮肥：木质素的 C/N 比较高（为 25），在土壤中不能立即降解，但可在微生物的作用下逐渐分解，利用氧化氨解法在木质素大分子结构上接上有机氮，在微生物的作用下，有机氮随着木质素本身降解而逐渐释放出来，转化为无机氮为作物所吸收，这种缓释氮肥对土壤脲酶活性有一定抑制作用，提高氮肥利用率；木质素微肥：木质素含有多种活性基团，具有较强的螯合型和胶体性能，能与一些微量元素如 Fe、Cu、Zn 络合，称为有机微量元素肥料。木质素铁螯合微肥能将可溶性铁给植物，防止植物缺铁现象发生。

（2）农药缓释剂

木质素比表面积大，质轻，能与农药充分混合，尤其是分子结构中有众多的活性基团，能通过简单的化学反应与农药分子产生化学结合，使农药从木质素的网状结构中缓慢释放出来；同时木质素吸收紫外线的性能好，还可对光敏、氧敏的农药能起到稳定作用；木质素本身无毒；其降解最终产物不会土壤污染物。

（3）作植物生长调节剂

木质素经稀硝酸氧化降解，再用氨水中和，可生产出邻醌类植物生长激素。这种激素对于促进植物幼苗根系生长，提高移栽成活率有显著作用；使植物的叶色较绿，叶片较大；对水稻有提早成熟的作用；对水稻、小麦、棉花、茶叶及白芨等作物有一定的增产效果。

（4）饲料添加剂

酸析木质素是一种有特殊活性的有机化合物，既含有 60% 的碳元素，又含有比较丰富的微量元素，还有少量的蛋白质，经毒理研究，无毒、副作用，可以用作饲料添加剂。据介绍，美国饲料标准允许在饲料中使用 4% 的木质素，牛饲料配入硫酸盐木质素，可提高青春生长的增长率，美国每年在饲料中使用 3 万吨木质素。

（5）液体地膜

木质素是一种可溶性的天然高分子化合物，在木质素溶液中添加少量碱、甲醛、短纤维或其他可溶性高分子化合物、表面活性剂和起泡剂制成的液体混合物，用喷雾器喷到土壤表面，形成一厚层均匀的泡沫，消泡后在土壤表面形成一层均匀的地膜。这种膜覆盖在土壤表面，有保墒的作用，防止土壤水分蒸发和杂草生长；其优点是在土壤表面直接成膜，减轻了劳动强度，不怕风刮，可被作物幼苗长自行顶破，不必人工破膜，使用后逐渐降解成腐殖酸肥料，改善土壤团粒结构，由于木质素有杀菌作用，又有吸收紫外线的能力，可以提高地温，更能帮助作物提高抗病能力；这种地膜中还可以加入农药和肥料，成为多功能复合液体地膜，其成本低于各种合成地膜和液体地膜。

（6）沙土稳定剂

木质素磺酸盐喷洒在沙土表面后，首先与沙土表层的沙土颗粒结合，通过静电引力、氢键、络合等化学作用，在沙土颗粒之间产生架桥作用，促进沙土颗粒的聚集并在沙土表面形成一层具有一定强度的固结层，从而有效地抵御风蚀，达到控制沙尘暴形成的目的。

8.2.3.4　木质素在医药方面的应用

（1）抗癌剂和抗诱变剂

Slamenova 和 Darina 等人报道了木质素的抗癌和抗诱变性的机理如下：第一，化学改性的木质素的交叉连接的密度减少，从而提高了其对亚硝基（致癌物质）和胆汁酸的吸附亲和力；第二，经预先水解和高倍浓缩的牛皮纸木质素具有最好吸附效能，能减少 4-氮喹啉-N-氧化物（缩写为 4NQO）所引诱产生的诱变和 SOS 反应，木质素的这种性能在微生物体系 Eschericha coli PQ37 菌种中得到了强有力的验证；第三，利用木质素的强吸附亲和性，能约束亚硝基混合物的诱变性能，充当了有氧化特性的 DNA 的抗氧剂，使得 DNA 的损伤大大减少，减少 DNA 的烃化，对 DNA 有保护作用。

（2）其他应用

木质素磺酸盐还被认为具有肝素的类似医疗功能。用来制造抗凝血剂、抗溃疡剂、抗炎剂、抑汗剂、杀菌剂、兴奋剂和壮身剂等。并且广泛用于饮料食品、化妆香料和食品防腐等方面。

8.2.4　甲壳素及壳聚糖

8.2.4.1　甲壳素

甲壳素（Chitin），也叫几丁质，化学名称为聚 N-乙酰葡萄糖胺。甲壳素由法国学者布拉克诺（Braconno）在 1811 年发现，欧吉尔在 1823 年从甲壳动物外壳中首先提取出甲壳素。甲壳素的化学结构（图 8-21）和植物纤维素非常相似，都是六碳糖的多聚体，分子量都在 100 万以上。但不同的是，纤维素是由 300～2500 个葡萄糖残基通过 α-1,4糖甙链连接而成的聚合物，而甲壳素则是由 1000～3000 个乙酰葡萄糖胺残基通过 β-1,4 糖甙链相互连接而成聚合物。

甲壳素的外观为淡米黄色至白色，性质溶于浓盐酸、磷酸、硫酸等，不溶于碱及其他有机溶剂，也不溶于水。甲壳素是自然界中除蛋白质外数量最大的含氮天然有机化合物，广泛存在于甲壳纲动物虾和蟹的甲壳、真菌（酵母、霉菌）的细胞壁和植物（如蘑

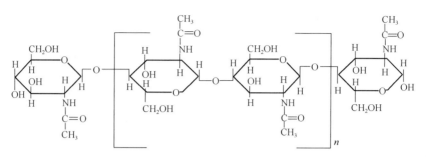

图 8-21　甲壳素分子结构式

菇）的细胞壁中。医学界将甲壳素定为除蛋白质、脂肪、碳水化合物、维生素、矿物质五大要素之外的"生命第六要素"。到目前为止，甲壳素是自然界中发现的唯一可以食用的、含有游离氨基碱性基团的动物纤维素。其在工业、医疗、美容等领域也应用广泛。

由于甲壳素的结晶度比较高，水溶性较差，直接应用有一定困难，因此要对甲壳素作相应的改性，而壳聚糖作为甲壳素改性的最主要产物，具有无毒性、亲水性、生物相溶性、生物可降解性、抗菌性等优点而受到广泛关注。

8.2.4.2　壳聚糖

壳聚糖（Chitosan）也称几丁聚糖，其学名为（1,4)-2-氨基-2-脱氧-B-D-葡聚糖。壳聚糖外观是白色无定形、半透明、略有珍珠光泽的固体。因原料和制备方法不同，壳聚糖分子量从数十万至数百万不等（图 8-22）。壳聚糖不溶于水和碱溶液，可溶于稀的盐酸、硝酸等无机酸和大多数有机酸，不溶于稀的硫酸、磷酸。在稀酸中，壳聚糖的主链会缓慢水解，溶液黏度会逐渐降低，所以壳聚糖溶液应随用随配。

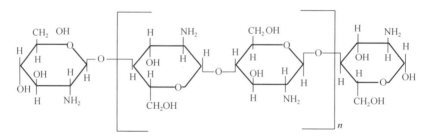

图 8-22　壳聚糖的分子结构式

8.2.4.3　甲壳素提取与壳聚糖制备

（1）甲壳素提取方法

甲壳素的提取方法归纳起来为"四脱"，即脱除节肢动物中的蛋白质、脱除脂肪、脱除无机盐和脱除色素（图 8-23）。提取方法差异在于"四脱"的先后次序和工艺条

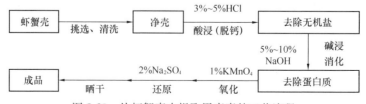

图 8-23　从虾蟹壳中提取甲壳素的工艺流程

件。这个过程中产生一定量的酸碱废液，对环境有一定的污染。

（2）壳聚糖制备

壳聚糖是由甲壳素在碱性条件下加热，脱去 N-乙酰基后生成的（图 8-24）。其工艺过程如图 8-25 所示。根据 N-脱乙酰度可把壳聚糖分为：55%～70% 的低脱乙酰度壳聚糖，70%～85% 的中脱乙酰度壳聚糖，85%～95% 的高脱乙酰度壳聚糖和 95%～100% 的超高脱乙酰度壳聚糖（极难制备）。

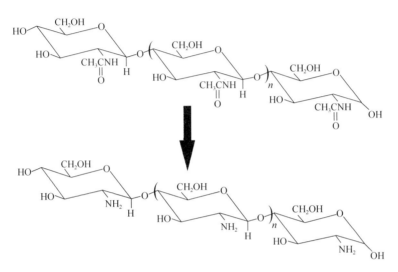

图 8-24　甲壳素脱乙酰基生成壳聚糖反应式

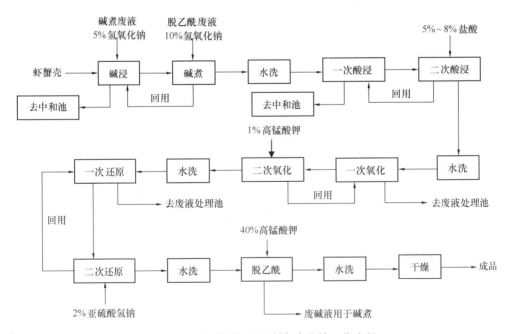

图 8-25　甲壳素脱乙酰基制备壳聚糖工艺流程

8.2.4.4 甲壳素及壳聚糖的应用研究进展

（1）生物医用材料方面的应用

① 抑菌抗感染

甲壳素、壳聚糖及其衍生物具有抗菌性能是由于它们是碱性多糖，可形成质子化铵盐，这种铵盐可吸附带负电的细胞壁，吸附在细胞膜表面形成一层高分子膜，改变了细胞膜的选择透过性，扰乱了细菌正常的新陈代谢，导致细胞质壁分离，从而起到抑菌杀菌作用。利用壳聚糖的抑菌特性，将甲壳素与氟哌酸及多孔性支撑创伤伤口材料混合，制成烧伤用生物敷料，效果不错；壳聚糖和明胶共混液加入成分相同的粉末成型冷冻，制成了壳聚糖—明胶海绵伤口敷料，这种敷料具有独特的膜孔结构，具有良好的透水性，较高的透气率和吸水率等特点；壳聚糖在治疗胃溃疡方面有显著作用，它具有止酸和修补溃疡面的作用。

② 抗病毒和抑制肿瘤

甲壳素的抗肿瘤作用是通过增强机体非特异性免疫对肿瘤的抑制作用，其机制是促进巨噬细胞活性，作用途径是影响非杀伤性细胞（NK）活性 IL22 的分泌。因此提高机体的非特异性免疫功能，起到抗癌作用。甲壳素在抗癌治疗中有很好的辅助作用。甲壳素的酯类和金属络合物都具有抗病毒和抑制肿瘤的活性，例如 N-正辛基-N'-琥珀酰基壳聚糖对人肝癌细胞、人白血病细胞、人肺癌细胞和人胃癌细胞有较好的亲和性，并对这几种癌细胞有一定的抑制作用。

③ 降脂和防治动脉硬化

壳聚糖具有降低血清、肝脏组织内胆固醇含量和脂肪水平作用，对防治脂肪肝有良好效果，同时壳聚糖又有显著的降脂效果，可被开发成为减肥食品、保健品的潜力巨大。壳聚糖的脱乙酰度越高，降脂作用、升高 HDLC 和降低 LDLC 的作用、减肥和抗动脉粥样硬化的作用越显著。但目前壳聚糖的降脂机理还存在不同的观点。壳聚糖及其衍生物防治动脉硬化的作用是因为壳聚糖及其衍生物（如硫酸酯）具有抗氧化活性，可直接清除自由基或者抑制自由基的产生，防止低密度脂蛋白被氧化修饰，减少内皮细胞损伤，阻断动脉粥样硬化的形成。

④ 止血作用

由于壳聚糖在生物体内可以被质子化，它可以和许多带负电的生物大分子如黏多糖、磷脂及细胞外基质蛋白发生静电作用而形成血栓，从而起到止血作用。壳聚糖止血性质与其分子量、脱乙酰度、质子化程度和结晶度等有关。高度有序的分子链三维结构赋予了甲壳素优良的止血能力。甲壳素和壳聚糖可制备成多种应用形式，包括溶液、粉末、涂层、膜状和水凝胶等应用于不同的伤口类型和治疗技术。

⑤ 老年痴呆症防治

由于壳聚糖具有抑制 β-分泌酶的活性、减少 β-淀粉状蛋白（AB）的产生、抗炎作用、金属螯合作用、清除自由基和抗氧化等功能，有可能是一种较理想的 AD 治疗用细胞的载体，但这有待于进一步的实验检验。

⑥ 药物缓释载体

药物载体剂型包括壳聚糖纳米粒、壳聚糖膜、壳聚糖微球、壳聚糖片剂和壳聚糖微胶囊等。壳聚糖作为药物载体的应用包括壳聚糖作为结肠靶向载体，壳聚糖作为治疗慢性病的药物缓释载体，壳聚糖作为抗肿瘤药物载体，基因运载工具等"靶向药物"前景看好。

⑦　生物组织工程材料

因为壳聚糖对生物体无毒和可生物降解的特性，现在已经制成了缝合线、人造皮肤、骨组织修复、神经组织修复、止血剂等。

（2）在食品工业上的应用

由于甲壳素、壳聚糖无色、无味、无毒，具有良好的抑菌杀菌能力，优良的成膜性能，并且还可以生物降解，因此在食品保鲜方面应用广泛。羧甲基壳聚糖与叶绿素铜钠一起复配，用1,2-丙二醇作为成膜助剂，可开发出一种新型的可食用的涂膜保鲜剂，在草莓的保鲜上效果良好，有望在其他水果蔬菜的保鲜上广泛应用；在羧甲基壳聚糖水溶液中添加甘油，可用于西兰花进的保鲜，在失水率、维生素C含量、总糖度、总酸度变化这四方面都显示优良的保鲜性能，也是一种值得推广的保鲜剂。

（3）在环保方面的应用

甲壳素、壳聚糖在环保领域的应用主要是作为絮凝剂、络合剂、吸附剂处理造纸废水、处理工业废水中的重金属离子以及处理废水中的有机毒物。壳聚糖/硫酸铝复合净水剂，对造纸污水中的COD去除率高达82%以上，效果明显好于硫酸铝；以壳聚糖为原料、甲醛为预交联剂、环氧氯丙烷为交联剂制备的新型微球状壳聚糖树脂，可用于吸附Nd^{3+}，克服了壳聚糖耐酸性差、吸附能力弱等缺点；戊二醛交联壳聚糖、邻苯二甲醛二丁酯/壳聚糖多孔膜、壳聚糖凝胶珠对Cr（Ⅵ）、Cd、Pb具有较强的吸附性能；采用酶法接枝获得的壳聚糖-对羟基苯甲酸膜，对Cu的去除良好效果。

（4）在农业上的应用

在农业上，甲壳素、壳聚糖主要用于土壤改良剂、植物生长调节剂、植物病虫害诱抗剂、种子包衣、缓释农药和肥料等。目前农药大多是有机物制剂，在杀灭害虫的同时，也残留在农作物上并在食物链上发生传递，对人体和生态环境造成了危害。农药缓释剂的使用可有效提高农药的使用效率，减少残留农药对环境的污染和对人体的危害。例如将生物农药阿维菌素（AVM）负载在壳聚糖，木质素磺酸钠新型复凝聚体系（CL）上，制成的AVM-CL复凝聚微胶囊，AVM溶出速率从AVM原药的4h溶出率99.1%降低15h溶出率50%，缓释效果十分明显；羧化壳聚糖用于植物培养上具有很大的开发潜力，附加4g/L羧化壳聚糖的蚊净香草植株在培养20天后外植体诱导芽的数量最多，且芽苗粗壮，同时诱导率可达80%；甲壳素、壳聚糖用于鸡饲料中可提高鸡的免疫力，用于猪饲料中可提高猪的瘦肉率。

（5）其他方面用途

由于壳聚糖及其衍生物良好的成膜性能，因此可在工业上广泛应用，如超滤膜、反渗透膜、气体分离膜等都在工业生产上扮演了重要角色。将羧甲基甲壳素（CMCH）溶液浇铸在聚砜超滤膜上，并与戊二醛（GA）交联制得一种新型负电荷复合纳滤膜，具有较好的抗藻类附着性，涂覆在轮船的船体可用于防止藻类腐蚀船体；这种膜还可以吸附水中的负电荷离子，在净水方面有应用前景；壳聚糖作为纤维素酶和碱性脂肪酶的载体，通过壳聚糖与戊二醛交联，再将纤维素酶或碱性脂肪酶固定其上，其热稳定性明显优于原酶，可用于酶法分解纤维素为葡萄糖或鱼片脱脂的工业化生产。

8.2.5 聚乳酸

聚乳酸（Poly Lactic Acid，Polylactide，PLA），又名"玉米淀粉树脂"或"玉米塑料"，由天然玉米淀粉或植物纤维经发酵、聚合等过程制成的一种丙交酯脂肪族聚酯。具有结晶性好、无毒、透明、易加工、可完全生物降解（可堆肥）等特点。聚乳酸的玻璃化温度 $50 \sim 60℃$，熔点 $170 \sim 180℃$，密度 $1.25g/cm^3$，强度、弹性等力学性能和透明性与聚苯乙烯（PS）相似。

PLA 其主要合成方法有乳酸的直接缩聚（PC）法和丙交酯开环聚合（ROP）法。

8.2.5.1 合成方法

直接缩聚是利用乳酸的活性，通过加热使乳酸分子间发生脱水缩合反应，可直接合成相对分子质量较高的聚乳酸。聚乳酸直接聚合的反应方程式图 8-26 所示。它主要有溶液缩聚法、熔融缩聚（本体聚合）法、熔融-固相缩聚法和反应挤出聚合法等。此法只能得到分子量小的低聚物，产品性能差，易分解。

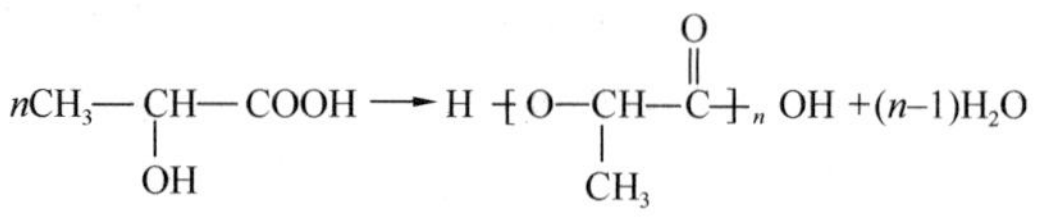

$$nCH_3-CH-COOH \longrightarrow H \cdot [O-CH-C]_n OH +(n-1)H_2O$$

图 8-26 聚乳酸直接聚合的反应方程式

丙交酯开环聚合制备聚乳酸一般通过两步法合成。该法是以乳酸为原料，在引发剂或催化剂存在下先制成环状二聚体（丙交酯），再在催化剂存在下丙交酯开环聚合制备PLA 及其共聚物。其反应方程式图 8-27 所示。虽然两步法工艺可得到高分子质量的PLA，但对丙交酯的纯度要求较高，而且聚合工艺流程长，得率也不高，所以制备成本高。因此直接缩聚制备 PLA 已成为研究热点。

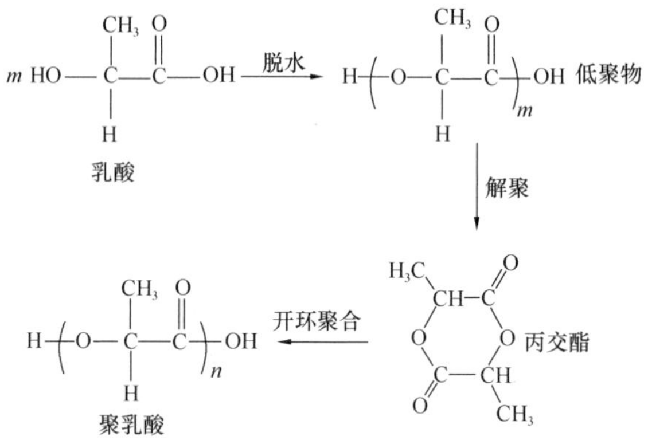

图 8-27 聚乳酸两步法合成反应过程

8.2.5.2 改性方法

（1）增韧改性

室温下，PLA 属于硬而脆的材料，断裂伸长率极低。为 PLA 进行增韧增塑改性，采用两步法制得聚己内酯-PLA（PCL-PLA）多嵌段共聚物，PCL-PLA 多嵌段共聚物中 PCL 为软段，PLA 段相对分子质量为 $550 \sim 6000$。随着 PLA 段分子质量的增加，共聚物相态会发生变化，得到的多嵌段共聚物机械性能提高，最大拉伸强度约 32MPa，弹性模量低至 30MPa，断裂伸长率高达 60％。

（2）交联改性

交联是在聚合物大分子链之间产生化学反应，形成化学键的过程。PLA 交联的一般过程是在交联剂或者辐射作用下，通过加入其他单体与 PLA 发生交联反应生成网状聚合物。交联剂通常是多官能团物质如多官能度的酸酐或者多异氰酸酯，不同情况下，交联方式及交联程度都会有所不同，材料的机械性能也有所不同。

（3）共混改性

PLA 虽然具有良好的生物相容性和可降解吸收性，但也存在一些问题，如亲水性不够、对细胞黏附性弱；降解产物偏酸性不利于细胞的生长；作为骨组织工程支架材料，其机械强度和强度保持时间不够等。因此，单一的 PLA 材料应用受到限制，PLA 类共混材料的研究越来越引人注目。经过共混改性后的 PLA 复合材料大多性能优异、功能特别，具有优良的生物相容性，较好的机械强度、弹性模量和热成型性。

将聚乳酸（PLA）与柔性聚合物共混能够降低其固有的脆性，但同时会带来强度的显著降低。四川大学以丁二醇、十二烷二酸和亚甲基丁二酸为原料设计出具有柔性烷基链和刚性环状糖结构的生物基共聚酯（PBIDI），过氧化二异丙苯为动态硫化剂，实现了 PBIDI 对 PLA 的增韧。

（4）共聚改性

PLA 为疏水性物质，且降解周期难于控制，通过与其他单体共聚可改变材料的亲水疏水性、结晶性等。常用的改性材料有亲水性好的聚乙二醇（PEG）、聚乙醇酸（PGA）和聚 ε-己内酯（PCL）等。这些材料与 PLA 共聚所形成的高分子材料，既具有生物亲和性，又具有优良的支架性能与强度，可作为新型组织工程聚合物支架材料使用，也是细胞培养的良好载体和药物缓释体，是一类很有前途的生物医用材料。

8.2.5.3　现状

美国、日本、法国、荷兰、德国都已掌握了 PIA 的聚合技术，美国在这方面一直处于领先地位，2001 年扩大到 14 万吨的生产量（图 8-28），并拟在欧洲建厂生产。

图 8-28　美国 14 万吨聚乳酸厂（布莱尔市内布拉斯加）

在日本，许多大公司也都在进行聚乳酸的产业化开发，主要有尤尼吉卡公司、钟纺公司、东丽公司，然而年产量都在万吨以下。我国关于 PLA 的合成研究国内有中科院的长春应用化学研究所、成都有机所，高校的中山大学、南京大学、四川大学、武汉大学和浙江大学等单位，基本的合成路线是以丙交酯开环聚合获得 PLA。

PLA 产能主要集中在国外，产能占比较大的企业主要包括美国嘉吉 NatureWorks 公司、科比恩与道达尔合资的 Corbion-Purac 公司，分别拥有 15 万吨/年和 7.5 万吨/年的产能。而国内仍处于起步阶段。随着"禁塑令"的推行，许多公司加强与科研机构的合作研发，加强乳酸、丙交酯、聚乳酸的产业链布局。国内 PLA 产业已建并投产的生产线并不多，且多数规模较小，在建产能行业集中度高，竞争格局较好。河北华丹和丰原集团都拥有 5 万吨/年的产能，居于国内 PLA 企业的领先地位。浙江海正目前拥有产能 4.5 万吨/年，2020 年 12 月，其年产 3 万吨聚乳酸项目成功投产。2021 年 11 月，马鞍山同杰良生物材料有限公司在烟台市海阳市，利用同济大学 PLA 技术，采用一步法生产工艺，新建年产 30 万吨乳酸、20 万吨聚乳酸、10 万吨聚乳酸纤维的生产线，预计分两期建成投产，分别为 2022 年 4 月和 2023 年 10 月，一期工程建成后年产聚乳酸 10 万吨、聚乳酸纤维 5 万吨，二期工程建成后全厂年产聚乳酸 20 万吨、聚乳酸纤维 10 万吨。

8.2.5.4 应用

（1）生物医学方面

目前可用的医用高分子材料有聚四氟乙烯、硅油、硅橡胶等数十种，但是从生物医学的角度上来看，这些材料还不算理想，在使用过程中多少有些副作用，由于 PLA 具有良好的生物相容性、可吸收性、机械强度和耐久性，在生物体内可完全降解，还可以经受各种消毒处理以及良好的加工性能，可用于药物缓释载体、人造骨骼、人造皮肤、医用缝合线、手术滑钉等。

（2）农用地膜方面

PLA 韧性好，适合加工成高附加值薄膜，用于代替目前易破碎的农用地膜。此外还用于缓释农药、肥料等，不仅低毒长效，还可在使用几年后自动分解，而且不污染环境。

（3）日用杂品方面

聚乳酸还可用作纸代用品、纸张塑膜、包装薄膜、食品容器、生活垃圾袋、化妆品的添加成分等。日本岛津公司使用普通的塑料注射模具设备加工各种餐具如杯、碟、碗、筷、盆等生活用品。我国福州首次将 PLA 制造成一次性饭盒和食品包装袋。聚乳酸塑料还可用作林业、水产用材和土壤、沙漠绿化的保水材料。利用 PLA 和聚乙醇酸的共混物进行复合纺丝，可得到一种生物降解复合纤维。

思政小结

作为我国重要的战略方向，在资金支持与政策扶持下，我国生物质炼制技术迅速发展，实质性地提高了生物质平台化合物和生物材料的生物合成能力，形成了先进的生物质炼制技术的基础，为我国的新型工业化道路做出了积极的贡献。利用可再生的生物质资源制备高性价比的生物质材料不仅可以减轻环境污染，促进资源的循环利用，减轻资源供给不足的压力，而且可以"以废治废"实现资源的最大化利用。我国在生物质平台化合物和材料（如烯烃、聚乳酸）等领域，形成了一系列的原创研究成果，打破了国际垄断和技术封锁，形成了拥有自主知识产权的成套技术。这对提升我国生物质材料生产的硬核实力，引领我国生物质材料产业发展，具有重要意义。

思 考 题

（1）简述我国生物炼制政策对发展生物质基材料的意义。

（2）列举我国生物质材料领域的大中型企业及其发展现状。

（3）简述发展生物塑料对解决"白色污染""微塑料"等环境问题的贡献与意义。

（4）"双碳"背景下，简述发展生物质材料产业面临的机遇与挑战。

9 城镇生活垃圾能源利用技术

📖 教学目标

教学要求：掌握国内外城镇生活垃圾分类技术的异同和优缺点，深刻认知我国城镇生活垃圾分类的现实意义、现状、存在的问题和解决方案，跟踪并掌握国内外在城镇生活垃圾能源化利用领域的新技术、工艺和设备，密切追踪国内外城镇有机固废利用技术最新研究动向。

教学重点：生活垃圾能源利用技术、工艺、设备和行业发展现状。

教学难点：生活垃圾能源利用技术原理。

本章主要从城镇生活垃圾资源量及组成、城市生活垃圾处理方法、餐厨垃圾及污泥资源化技术等 3 个方面进行详细介绍。

9.1　城镇生活垃圾资源量及组成

9.1.1　城镇生活垃圾资源量

固体废物分为工业废物、矿业废物、农业废物与城镇生活垃圾四大类。城镇生活垃圾主要是由城镇居民生活垃圾，商业、服务业垃圾和少量建筑业垃圾等固体废物构成。其组成成分比较复杂，受当地居民的平均生活水平、能源消费结构、城镇建设、自然条件、传统习惯以及季节变化等因素影响。

据生态环境部公布的《2020 年全国大、中城市固体废物污染环境防治年报》，2019年全国 196 个大、中城市生活垃圾产生量达到 2.4 亿吨。至今，我国有 200 多个城市陷入垃圾包围之中（图 9-1）。造成土壤环境、水环境和大气环境的严重污染。

城市生活垃圾一般有机物含量较高，是一种廉价的可再生资源，城市生活垃圾中富含大量的生物质能，如废纸、废塑料、包装盒、废旧轮胎、草木、厨余和果皮等，含量为 35%～75%，资源量相当丰富。这些垃圾被填埋或厌氧消化后均可产生沼气。充分利用沼气是垃圾资源化的重要目标和方向。

9.1.2　我国城镇生活垃圾组成、特点及变化

城市生活垃圾组分复杂，各组分含量波动范围较大，不同于具有固定结构与特性的单一物质，属于一种非均质的混合物。一般其主要成分包括厨余物、废纸张、废塑料、废织物、废玻璃、草木、灰土和砖瓦等。城市生活垃圾组成具有如下特点：

（1）垃圾组分中无机物含量相对于有机物较高，不可燃物质的组分高于可燃物质，

图 9-1　生活垃圾

由于没有健全的垃圾分拣制度，有机物中低热值的厨余含量较大，高热值的纸张、塑料和橡胶所占比重相对较小，一般来说，厨余含量为 30%～50%、灰土含量高达 10%～50%。

（2）城市生活垃圾含水率比较高，含水率在 40%～60%。

（3）城市生活垃圾特性差别很大，种类繁多。

城市生活垃圾组成及特征受地理位置、气候条件、社会经济水平、居民生活水平、生活习惯及能源构成等诸多因素影响（表 9-1）。

表 9-1　一些城市生活垃圾组成成分对比（%）

城市	厨余	废纸	废玻璃	废金属	废塑料	废织物	无机废物
纽约	22.0	44.8	11.6	8.0	5.1	4.0	4.5
巴黎	28.8	25.3	13.1	4.1	14.3	7.1	7.3
伦敦	28.0	37.0	10.8	6.0	5.2	3.4	9.6
北京	3.0～56.1	11.76	3.84	1.69	12.6	2.75	8.3
上海	7.1～58.55	6.68	4.05	2.00	11.8	2.26	7.5
福州	52.1	19	2.6	0.9	10.7	5	9.78

特别是随着人民生活水平的提高，我国城市垃圾的构成发生了很大变化，具体表现为垃圾中灰渣的含量持续下降，易腐垃圾和可燃垃圾增多，可回收废弃物数量也有所增加，可利用价值增大。如果将城市固废中可回收部分加以利用，则不仅可以减少最终无害化处理的数量，减少环境污染，而且可以节约资源和能源。因此要实现垃圾资源化，应从源头开始，加强管理，推行垃圾分类回收。

我国生活垃圾一般可分为以下四大类：可回收垃圾、厨余垃圾、有害垃圾和其他垃圾。可回收垃圾主要包括废纸、塑料、玻璃、金属和布料五大类；厨余垃圾包括剩菜剩饭、骨头、菜根菜叶、果皮等食品类废物；有害垃圾包括废电池、废日光灯管、废水银温度计、过期药品等，这些垃圾需要特殊安全处理；其他垃圾包括除上述几类垃圾之外的砖瓦陶瓷、渣土、卫生间废纸、纸巾等难以回收的废弃物。

由于城市生活垃圾的组成复杂，其处理方法多种多样，要想有效地对城市生活垃圾中各个组分根据其自身特性进行处理，必须对城市生活垃圾进行分类。城市生活垃圾从收集到转化和处理技术过程如图 9-2 所示。根据城市生活垃圾处理方法的不同，城市生活垃圾可以分为可回收物、可堆肥垃圾、可燃垃圾、有害垃圾和其他垃圾。

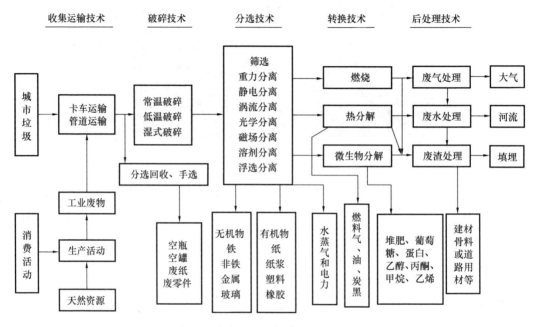

图 9-2　城市生活垃圾转化过程示意图

9.2　城市生活垃圾处理方法概述

目前，我国的城市生活垃圾处理处置技术最常用的有卫生填埋、堆肥、焚烧和热解4 种。填埋占总处理量的 79.2%，其次是堆肥化，占总处理量的 18.8%，少量的采用焚烧技术，约占总处理量的 2%。

9.2.1　填埋

填埋是指按照多重屏障的废物处理原则，利用地层结构和工程措施将所处置的废物密封起来，减少大气降水、地下水进入填埋场，库区内的渗沥液和填埋气体有效收集并进行处理。填埋是在传统的堆放和土地处置基础上发展起来的一项技术，是处置大量城市固体废弃物的有效方法，也是所有废弃物处置后其剩余物的最终处置手段。具有成本低、操作简单、适应性广、卫生程度好等优点。

填埋不是单纯的堆、填、埋，而是一种按照工程理论和土木标准，对固体废弃物进行有效管理的综合性科学方法。填埋场是采用填埋方式对城市垃圾进行集中填埋的场所，因其成本低、卫生程度好近年来在国内被广泛应用。按照填埋场的水文气象条件可以将土地填埋分为干式填埋、湿式填埋和干湿式混合填埋；按照处置废物类型和有害物质释放所需控制水平可分为1～6级填埋场。用于处置城市固体废弃物属于3级填埋场，一般称为城市垃圾卫生填埋场（图9-3）。填埋处置操作简单、适应性广，但浪费土地资源，而且存在潜在的二次污染。

图9-3　垃圾填埋场

填埋过程中产生的气体包括：甲烷（50%）、CO_2（47%），少量的 H_2S、CO、N_2等。产生的渗滤液具有如下特征：成分复杂，90多种，如有机烃类及其衍生物、羧酸类、酚醇类、酮醛类、酚胺类等，各类重金属；污染物浓度高，COD和BOD浓度是城市污水的上百倍，处理难度大；氨氮含量高，C/N比过低，营养比例失调；色度高、有臭味，黑褐色，强烈的臭味。一般采用预处理（厌氧、混凝沉淀等）、生物处理（膜生物反应器）与深度处理（纳滤、反渗透）等组合工艺。

9.2.2　堆肥及厌氧消化技术

9.2.2.1　堆肥技术

（1）堆肥原理

垃圾堆肥是利用垃圾或土壤中存在的细菌、酵母菌、真菌和放线菌等微生物，在一定的人工条件下，使垃圾中的可被生物降解的有机物向稳定的腐殖质转化的生物化学过程。其实质是一种好氧发酵过程。一般为55～60℃，超高温可达到80～90℃。

其原理是在有氧条件下，依靠好氧微生物，有机废弃物中的可溶性物质透过微生物细胞壁和细胞膜被直接吸收。不溶性的固体和交替有机物质，先被吸附到微生物体外，依靠分泌的胞外酶分解为可溶性物质，再渗入细胞。微生物通过自身的生命代谢活动，进行分解代谢（氧化还原过程）和合成代谢（生物合成过程）。

堆肥共分为4个阶段：升温期，嗜温微生物生长旺盛，蛋白质、淀粉、脂肪等物质被利用和转化；高温期，嗜热/极端嗜热微生物快速生长，纤维素等复杂有机物快速分解；降温期/腐熟期，嗜温微生物生长，腐殖质增多并稳定化。堆肥过程主要受通风和好氧速率、含水率、有机质含量、粒度、碳氮比和pH值等因素影响。

垃圾堆肥技术在中国农事活动中早有应用，而作为科学进行研究探讨此法则始于

1920 年。堆肥工艺一般分为 4 步：①预处理，剔出大块的及无机杂品，将垃圾破碎筛分为匀质状，匀质垃圾的最佳含水率为 45％～60％，碳氮比为 20∶1～30∶1，达不到需要时可掺进污泥或粪便；②细菌分解（或称发酵），在温度、水分和氧气适宜条件下，好氧或厌氧微生物迅速繁殖，垃圾开始分解，将各种有机质转化为无害的肥料；③腐熟，稳定肥质，待完全腐熟即可施用；④贮存或处置，将肥料贮存，肥料另作填埋处置。

（2）工艺流程

图 9-4 是德国克尔海姆县 Dietrichsdorf 垃圾堆肥厂照片，图 9-5 是该工厂的垃圾堆肥工艺流程图。

图 9-4　德国克尔海姆县 Dietrichsdorf 垃圾堆肥厂

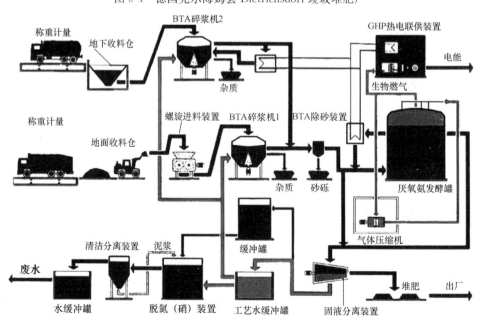

图 9-5　德国 Dietrichsdorf 垃圾堆肥厂工艺流程

　　有机垃圾运送到厂后，先临时堆放在地面垃圾仓，通过装载机送进螺旋进料装置中，垃圾逐渐被粉碎，由传送带将这些粉碎的垃圾送入预处理设备 BTA 碎浆机（20m³）中，垃圾在碎浆机中与水混合后制成浆状悬浮液。该碎浆机上连接到空气净化系统中，确保处理环境无污染。在碎浆机中，垃圾中的有机物成分分解出来并溶解到水中，漂浮的材料如塑料、纺织品及木头被捞耙装置捞出来，玻璃、金属、石头、骨头及其他重杂质被分离装置自动分离。之后，富含可降解材料的悬浮液浆料先暂时贮存在一个污泥罐中。此罐也同样连接到空气净化系统中，确保环境无污染。

　　第二条处理线为餐厨垃圾处理线。运送进厂的餐厨垃圾贮存在一个密封的收料仓中，通过螺旋进料方式送入碎浆机（8m³）中。为避免对环境的污染，这些收料仓、螺旋进料装置也都连接到空气净化系统中。在 70℃ 下经过至少 30min 的巴氏杀菌后，垃圾浆料通过碎浆机中的过滤装置过滤再输送到上面提到的暂存罐中，这个过滤装置可将浆料中的污染杂质分离出来，轻杂质可捞耙出来，重杂质从碎浆机底部分离出来。

　　两台碎浆机中的浆料最终都混合进入暂存罐中，然后再通过后面的除砂系统除去浆料中的砂砾，清洁无杂质的浆料用泵输送到罐中。从暂存罐中将浆料打到一个 20m³ 的钢制厌氧发酵罐中，经过约 14d 时间，有机物在厌氧菌作用下连续不断地产出生物燃气（沼气），使用 CHP 热电联供装置就可以用这些气体发电并产出大量热能。电力除供应工厂自身需求外，多余的电力供应到公共电网中，多余的热能则供应给周围的农庄使用。

　　发酵液经过固液分离装置将固体残渣（沼渣）分离出来用于进行堆肥生产，使用一些绿色废物做结构性材料，就可生产出高质量的有机肥。残液（沼液）经过脱硝后贮存在一个敞口罐中，它可回用于工艺流程中，多余的废水被送到城市污水处理厂。

9.2.2.2　厌氧消化技术

　　厌氧消化技术发展至今，主要用于废水处理和农业废弃物的处理，相关理论和技术均已研究得比较成熟。但厌氧消化技术应用于城市生活垃圾处理方面的报道比较少，研究的相对也少，其主要原因是城市生活垃圾成分复杂多变，其成分与当地经济发展水平、居民饮食习惯和偏好息息相关。厌氧消化处理城市垃圾可以更有效的回收能源，具有独特的优势，在我国将有很大的发展前景。高温消化可以提高代谢速率，并对病毒和致病细菌的杀灭率均比较高，尤其应用于向城市生活垃圾等复杂组分的降解具有极大的优势。

　　近年来，厌氧消化技术由于能耗低、效率高，同时产生清洁能源，在国外已经得到了广泛的应用。与传统的单相厌氧消化工艺相比，两相厌氧消化技术通过相分离，为产酸细菌和产甲烷细菌提供了有利的生长环境，使废物处理效率得到相应的提高。欧洲最具代表性的三种城市生活垃圾厌氧消化工艺如 Dranco、Kompogas 和 Valgorga 工艺均采用高温发酵来降解高固体城市有机生活垃圾。

　　其中通过水热（图 9-6）预处理技术改善城市生物质废物的厌氧消化性能，获得了人们越来越多的关注。厌氧水解是厌氧消化过程中的限速步骤。通过水热预处理，将固相有机物转移到液相，将极大地改善城市生物质废物厌氧消化特性，提高厌氧消

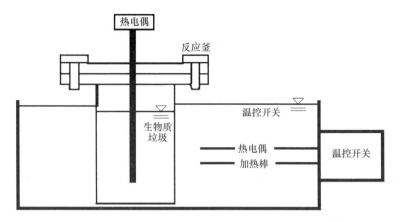

图 9-6 水热反应装置示意图

化的效率。

9.2.3 垃圾焚烧垃圾压缩固体燃料技术

9.2.3.1 垃圾焚烧

焚烧法是指将固体废弃物先经分选装置分选，然后输送至垃圾焚烧炉中焚烧，使其中可燃物质燃烧并产生热能或发电的一种方法。垃圾焚烧发电被认为是今后处理城市垃圾的重要发展方向。垃圾在高温下焚烧，其中的有害物质被分解，固体废物的体积减小90％以上，质量减少80％以上。一些危险固体废弃物焚烧后，可以破坏其组织结构或杀灭病菌，减少新的污染物的产生，避免二次污染（图9-7）。垃圾焚烧产生的热量又转化为电能服务于社会。图9-8为垃圾焚烧发电厂。真正实现了固体废物处理的无害化、减量化和资源化。

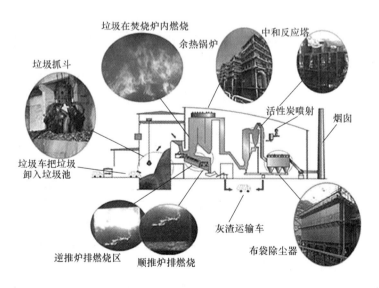

图 9-7 城市垃圾焚烧工艺流程图

用于垃圾焚烧的焚烧炉目前主要有两种类型：炉排型焚烧炉，源自日本等国家；我

图 9-8 垃圾焚烧发电厂

国自主研发的流化床，适合处理低热值、高水分的垃圾。炉排型焚烧炉是通过炉排的机械运动加强垃圾扰动，促进垃圾完全燃烧，垃圾不需破碎等预处理，具有对垃圾热值要求高，加工精度和控制要求较高，价格昂贵，投资高，维护检修工作量大等缺点。我国开发的循环流化床，是高速气流驱动垃圾在炉膛内沸腾流动，促进完全燃烧。但是垃圾需要预处理，可掺烧一定比例的燃煤来调节有机质含量。具有燃料适应性强，燃烧彻底，有效控制污染物的排放，焚烧炉结构紧凑，投资低等优点。

但是，由于目前我国城市生活垃圾热值低、含水率高、灰土含量大、成分复杂，造成在炉膛内燃烧时燃烧效率低、炉膛温度低、焚烧过程中会产生大量的酸性气体、重金属和二噁英等问题。在垃圾燃烧工况不好的情况下，经常要适当喷入燃油助燃，这样在处理垃圾的同时浪费了其他资源，运行成本较高，经济效益较差。

提高生活垃圾热值的几个途径：①加强生活垃圾分类收集；②降低生活垃圾入炉前的含水率；③压缩技术。

9.2.3.2 垃圾衍生固体燃料技术

垃圾本身虽然具有一定热值，但并不是一种理想的固体燃料。垃圾中有机物极易腐烂释放出恶臭，在运输和储藏过程中可能会出现问题；垃圾中一般含有聚氯乙烯塑料、食盐和其他含氯化合物，在焚烧时会产生具有腐蚀性的氯化氢，会在大气中形成酸雨，此外还有可能产生二噁英；垃圾焚烧后的灰渣通常含有重金属，如果不加处理会造成二次污染。

近年来将垃圾进行分选、粉碎、干燥、成型颗粒等过程，产生出高热值、高稳定性固体燃料的处理方法得到了广泛应用（图 9-9）。产生的固体燃料一般称为垃圾衍生燃料（RDF 成型机，图 9-10）。RDF 大小均匀、易于运输和储存、组成相对稳定、热值高，可作为供热、发电和水泥等行业的燃料。它的出现为垃圾的能源化利用带来了生机，成为垃圾利用资源化领域的增长点。

图 9-9　垃圾衍生固体燃料　　　　　　　　　图 9-10　RDF 成型机

9.2.4　垃圾热处理技术

中国大城市的垃圾构成已呈现向现代化城市过渡的趋势,目前中国城镇垃圾热值在 4.18MJ/kg(1000kcal/kg)左右。有以下特点:一是垃圾中有机物含量接近 1/3 甚至更高;二是食品类废弃物是有机物的主要组成部分;三是易降解有机物含量高。因此适合热裂解气化处理,正日益受到关注和重视。

城市垃圾热解是在无氧或缺氧条件下,利用热能使其成分发生化合键断裂、异构化和小分子聚合等反应,由大分子有机物转化为小分子燃料气、焦油和焦炭。对于含有高热值可燃物的垃圾(如废纸、塑料及其他有机物)可采用热解方法进行处理。该生物质粉体供热城市生活垃圾外热式热解工艺包括生活垃圾预处理系统、生物质粉体直接燃烧供热系统、热解装置、热解气体净化系统以及残留碳"水煤气"化系统等 5 个工艺部分(图 9-11)。

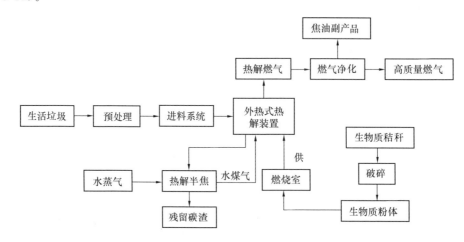

图 9-11　生物质粉体供热城市生活垃圾外热式热解气化新工艺流程

垃圾热解产生的燃气呈中性,在无氧或低氧条件,可以杜绝二噁英类物质的产生,并且具有减容量大、无害化彻底、资源化充分、二次污染小等特点。热解过程如图 9-12 所示。

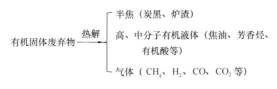

图 9-12 垃圾热解过程

9.3 餐厨垃圾资源化技术

餐厨垃圾，家庭或餐饮业丢弃的果蔬及食物下脚料、剩菜剩饭、瓜果皮等易腐有机垃圾，以有机固体废弃物为主。餐厨垃圾主要成分包括米和面粉类食物残余、蔬菜、动植物油、肉骨等，从化学组成上，有淀粉、纤维素、蛋白质、脂类和无机盐。餐厨垃圾的特点有：①粗蛋白和粗纤维等有机物含量较高，开发利用价值较大，但易腐并产生恶臭；②含水率高（90%左右），不便收集运输，热值低（低于3100kJ/kg），处理不当容易产生渗沥液等二次污染物；③油类和盐类（NaCl）物质含量较其他生活垃圾高。因此和其他垃圾一起进行焚烧，不但不能满足垃圾焚烧发电的发热量要求（即发热量5000kJ/kg以上），反而会致使焚烧炉燃烧不充分而产生二噁英；如果将生活垃圾进行填埋，同样会因为混入的餐厨垃圾水分含量高而不易处理。而且焚烧、填埋都会导致大量有机物的浪费，因此餐厨垃圾有必要进行单独处理。

目前，国内外餐厨垃圾资源化技术主要有饲料化技术、肥料化处理技术、生物厌氧发酵处理技术和生物柴油技术等（图9-13）。

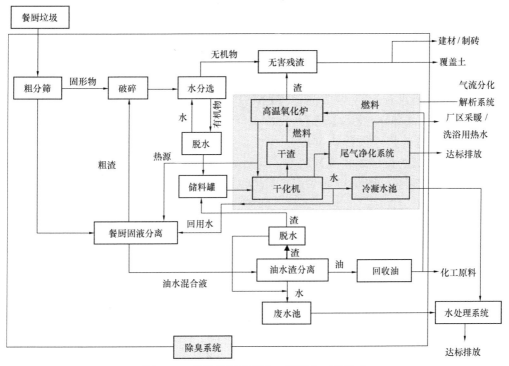

图 9-13 餐厨垃圾无害化、资源化工艺技术

9.3.1 餐厨垃圾饲料化技术

餐厨垃圾饲料化的基本要求是实现杀毒灭菌，达到饲料卫生标准，并最大限度地保留营养成分，改善餐厨垃圾的饲用价值，消除或降低不利因素的影响。国内生产厨余再生饲料工艺主要是生物法和物理法。生物法利用微生物将厨余垃圾发酵，利用微生物的生长繁殖和新陈代谢，积累有用的菌体、酶和中间体，经过烘干后制成蛋白饲料。而物理法是直接将厨余垃圾脱水后进行干燥消毒，粉碎后制成饲料。

生物法处理工艺一般周期较长，需要对菌种进行选择管理，工艺较复杂。这里介绍一种利用餐厨废弃物生产高钙多维酵母蛋白饲料的方法，将经粉碎机粉碎、脱水、加氮中和、灭菌后的餐厨废弃物及泔水物料，与通过流量控制器混合控制的酵母和微生物菌种进行混合接种后，经计算机控制分批进行固体发酵，再经干燥、磨粉、化验及包装制成高钙多维酵母蛋白饲料。国内有学者利用养殖黄粉虫来解决餐厨垃圾处理难题，既消纳厨余垃圾，又能生产一种高蛋白、高脂肪、氨基酸较全面的饲料。

物理法是将餐厨垃圾脱水后进行干燥消毒，粉碎后制成干饲料。如可直接将收集的厨余废弃物，经来源分类、破碎、计量配方、脱水后至累批待料槽汇总送入卧式搅拌槽进行蒸煮灭菌、发酵或干燥处理后制成半成品送至半成品贮桶，再依所需进行造粒或粉剂制成鱼、禽、畜饲料或有机肥料。用于制造饲料时，将计量桶内经处方计量混合的厨余送入卧式搅拌槽以 100～150℃ 的温度进行搅拌蒸煮杀菌后送至脱水机脱水至适当含水量后再进入累批待料槽；然后由累批待料槽将脱水后厨余送入卧式搅拌槽以 120～150℃ 温度进行搅拌干燥，并由油脂贮槽及添加剂贮槽依其配方计量添加适量的油脂及其他营养素，至含水量降至规范要求而制成半成品，送至饲料半成品贮桶；最后依所需将半成品经由造粒机或粉碎机制成颗粒状或粉剂状的鱼、禽、畜饲料

图 9-14 餐厨垃圾再生饲料设备

或农业用的有机肥料。图 9-14 是餐厨垃圾再生饲料设备。

9.3.2 厌氧发酵技术

厨余垃圾的厌氧发酵是在特定的厌氧条件下，微生物将有机质分解，其中一部分碳素物质转换为甲烷和二氧化碳。根据厨余垃圾的特点，厌氧发酵技术具有很多优势：不需要进行水分调节，反应不受供氧限制，机械能损失少；可以产生具有利用价值的甲烷，发酵后沼渣和沼液可以利用；由于反应在密闭容器中进行，不会产生臭气等污染物，对环境影响较小。随着一系列餐厨垃圾管理的相关政策法规的颁布执行，以及城市餐厨废弃物资源化利用和无害化处理试点的开展，大大推进了我国餐厨垃圾沼气工程的建设。截至 2015 年，国家发改委共确立了 100 个餐厨废弃物资源化利用和无害化处理

试点城市，覆盖了全国 32 个省级行政区。据不完全统计，全国已建和筹建的餐厨垃圾处理项目（50t/d 以上）达 118 座以上。

在欧洲，90% 处理城市有机固体垃圾及生物质废弃物的沼气工程都采用单相厌氧发酵工艺，其中湿式与干式发酵工艺的应用大致平均分配。我国目前多数商业化的沼气工程都采用湿式发酵工艺。苏州市某餐厨沼气工程采用湿热预处理和湿式厌氧发酵工艺。我国上海普陀垃圾综合处理厂的厌氧发酵采用 VALORGA 工艺，设计处理能力 800t/d，该工艺与其他工艺最大的不同是反应器没有任何运动的机械部件，而是利用产生的甲烷进行压缩回流，起搅拌作用，因此运转更可靠，维护更简化（图 9-15）。

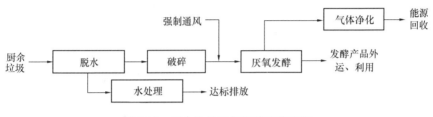

图 9-15　厨余垃圾厌氧发酵工艺流程

与湿式发酵相比，干式发酵具有产气效率高、耐冲击负荷能力高、沼液产生量少、占地面积小等优点。然而餐厨垃圾干发酵过程中的挥发性脂肪酸积累速度相对湿发酵更快，易导致干发酵过程的低效甚至运行失败，可通过改进工艺设备提高干发酵的反应效果。国外已形成多种成熟的有机垃圾干式厌氧发酵工艺设备。如瑞士的 Kompogas 工艺，采用塞流式反应器，可处理 TS 为 15%~40% 的高固有机垃圾。针对含固率≥30% 的餐厨垃圾等有机生活垃圾，北京首创环境投资有限公司研发出大型干式发酵厌氧反应器，采用连续进料推流，有机物转化率可达 70% 以上，已在宁波建成 400t/d 的厨余垃圾处理项目。

由于我国餐厨垃圾规模化处理技术的研究仍处于起步阶段，成功经验不足，常出现缺乏先进技术、经济效益低等问题。发展先进的餐厨垃圾规模化厌氧发酵技术是解决以上问题的重要出路：（1）虽然国外干式发酵技术先进，但由于我国城镇居民的饮食习惯与国外有显著差异，从而导致国内的厨余垃圾和国外的厨余垃圾在性质和产量方面有较大的差异，结果是成本高而产气率低；（2）无论是国内外采用何种干式发酵工艺，在实际运行过程中皆存在"酸化"问题。常采用较低的有机负荷率，从而增加了运行成本，经济效益较差。

9.3.3　肥料化处理技术

堆肥的工艺系统主要有条垛式、强制通风静态垛式和反应器系统（也称发酵仓）3 类。反应器式系统是一种环境可控的堆肥方式，通过对物料封闭的容器控制通风和水分条件，使物料进行生物降解和转化。其不同于前 2 种系统的最大特点在于相对于外部环境的独立性，因此在实验中反应器系统得到了广泛的研究与应用，常用的反应器堆肥系统有固定床式、包裹仓式、旋转仓式和搅动仓式等。国内外运用较多的堆肥技术是厨余垃圾的高温机械堆肥法，其核心的生物处理阶段是采用高温好氧无污染生物处理法（EATAD），该工艺采用高温嗜热微生物进行发酵，温度高，发酵速度快，对餐厨垃圾等有机垃圾具有较好的处理效果。该技术的重点是供氧方式和速率。此外，高油、高盐是餐厨垃圾的主要特点之一，含油率与含盐率在好氧堆肥过程中会直接影响最后的堆肥效果。因而，进行好氧堆肥操作前需要对物料进行脱油、脱盐处理，为堆肥操作创造有利条件。

目前餐厨垃圾好氧堆肥的研究主要集中在堆肥微生物的选择和控制、堆肥反应器的改进、工艺条件控制优化以及堆肥添加剂的应用等方面。图 9-16 为德国 MAF 堆肥系统。

图 9-16 德国 MAF 堆肥系统（Hauke Erden-Remseck）

9.3.4 厨余垃圾生产生物柴油

餐厨垃圾制取生物柴油是脂肪酸或甘油三酯与醇反应（酯化、酯交换反应）生成甲酯和副产物的过程。据统计，每吨厨余垃圾可以提炼出 $20\sim80$kg 废油脂，经过集中加工处理，则可以制成脂肪酸甲酯等低碳酯类物质，即生物柴油。预处理和酯交换，以及脂肪酸甲酯和甘油回收构成厨余垃圾生产生物柴油工艺流程的主要阶段。而预处理包括沉淀除杂、酸化脱胶、水蒸气蒸煮脱臭、真空脱水等（图 9-17）。

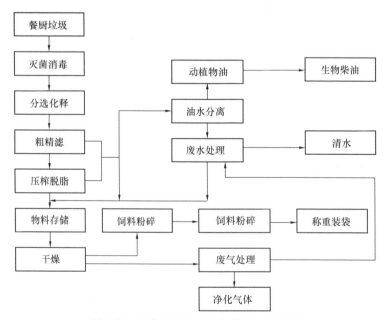

图 9-17 厨余垃圾生产生物柴油工艺流程

　　由于厨余垃圾中杂质较多，制备生物柴油时，必须采取有针对性的预处理措施和正确的工艺，才能保证转化率和产品纯度不受影响。在生产中，必须保证酯交换反应完全，且彻底去除甘油等副产品，否则会造成发动机工作不正常等问题。图9-18为厨余垃圾制备生物柴油的工艺路线。

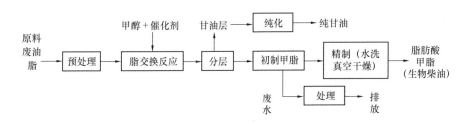

图 9-18　厨余垃圾制备生物柴油的工艺路线

9.3.5　厨余垃圾家庭内预处理技术

　　所谓机械研磨型其原理是通过高速运转的刀片将装在内胆里的各种食物垃圾切碎后再将搅拌物冲入下水道，这既解决了水道堵塞带来的麻烦，又解决了因垃圾腐烂变质而带来的环境污染。早在20世纪40年代，美国就成功地研制开发出家庭食物垃圾处理机，解决了倾倒家庭食物垃圾和存放的烦恼。如今美国90%以上家庭使用这种机器（图9-19），一些城市甚至强制使用。餐厨垃圾经粉碎机粉碎后进入油脂分离装置，碎料排入下水道，油脂则送往相关加工厂（如制皂厂）加以利用。

图 9-19　厨余垃圾处理系统

1—不锈钢水槽凸缘；2—隔声板；3—"快速锁定"挂接；4—不锈钢研磨槽；5—隔声板和绝缘；
6—强固不锈钢磨件；7—永久性润滑轴承；8—独特性的腐蚀防护；9—旋转推进器；
10—艾默生"持久驱动"感应式马达

9.4 污泥资源化技术

随着经济发展和环保意识的加强，城镇污水处理事业不断发展，污水厂总处理水量和处理程度不断扩大和提高，产生的污泥量也日益增加。据统计，2019 年我国污泥产量已超过 6000 万吨，预计 2025 年我国污泥年产量将突破 9000 万吨。污泥处理处置不当，将造成"二次污染"，这已成为环境保护领域的难题，备受关注。污泥是由水和污水处理过程所产生的固体沉淀物质。污泥处理指的是对污泥进行浓缩、调治、脱水、稳定和干化等加工过程。目前国内外常用的污泥处理工艺有：厌氧消化、热处理、加热干化和加碱稳定等；常用的污泥处置方法有：土地利用、焚烧、卫生填埋、堆肥、投海、建筑材料等。

9.4.1 污泥脱水和干化技术

未浓缩处理的污泥含水率很高，通常在 99% 以上。污泥中水分的存在方式一般有：间隙水、毛细管水、表面吸附水和内部水等。其与污泥的结合力从高到低顺序为：内部水＞表面吸附水＞毛细管水＞间隙水。污泥在处理、处置或资源化前，都有进行脱水处理。

污泥脱水方法有很多，主要有浓缩脱水、机械脱水和干燥。不同脱水方法的脱水装置和脱水效果都不同。

9.4.1.1 污泥的浓缩

污泥浓缩脱水的目的是除去污泥中的间隙水、缩小污泥的体积，为污泥的输送、消化、脱水、利用和处置创造条件。方法主要有重力法、气浮法和离心法等。图 9-20 所示的是目前常用的一种带刮泥机与搅拌栅连续式重力浓缩池的结构图。

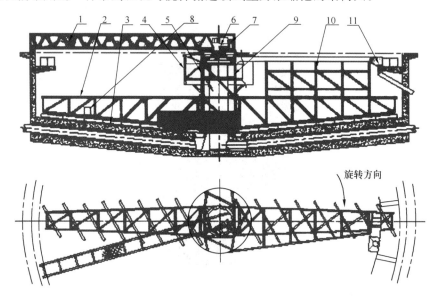

图 9-20 ZXG-C 型带刮泥机与搅拌栅连续式重力浓缩池结构示意图

1—工作桥；2—刮臂；3—刮泥板；4—导流筒；5—中心立柱进水管；6—驱动装置；
7—旋转交承；8—配重块；9—中心旋转竖架；10—排渣机沟；11—排渣斗

9.4.1.2　污泥的脱水

　　经浓缩的污泥含水率仍相当高，在 80% 以上。因此在处理处置或资源化前，还需进一步脱水处理。污泥的脱水方法分为自然干化法和机械脱水法。

　　自然干化法是利用自然蒸发、底部滤料和土壤过滤脱水的一种方法，通常在污泥干化场或晒泥场进行。该法成本低，设备投资少。但受季节和天气影响大，占地面积大、卫生条件差等。图 9-21 是利用太阳能脱水法。

图 9-21　太阳能晒泥场

　　机械脱水方法（图 9-22）包括过滤脱水（图 9-23）、离心脱水（图 9-24）和造粒脱水（图 9-25）等。

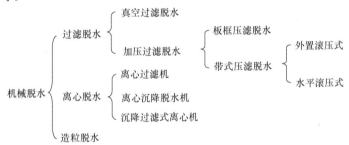

图 9-22　机械脱水方法

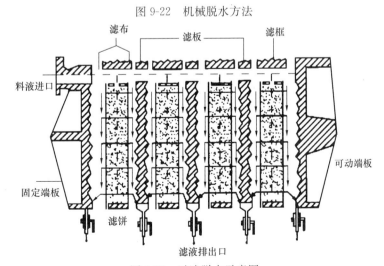

图 9-23　过滤脱水示意图

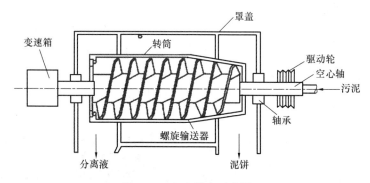

图 9-24　离心脱水示意图

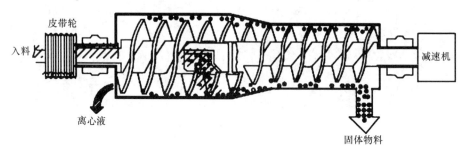

图 9-25　造粒脱水示意图

9.4.2　污泥的干燥技术

污泥脱水后含水率仍高达 45％～86％，不利于分散及装袋运输。为进一步利用和处理污泥，必须进行干燥处理。

污泥干燥脱水的对象是毛细管水、表面吸附水和颗粒内部水。把污泥加热到 300～400℃，使污泥的水分蒸发，干燥后的污泥含水率降至 20％左右。污泥干燥的方法很多，目前主要有回转圆筒式干燥器（图 9-26）和带式流化床干燥器（图 9-27）等。

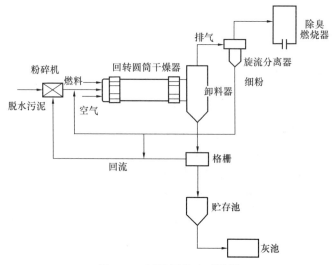

图 9-26　回转圆筒式干燥器

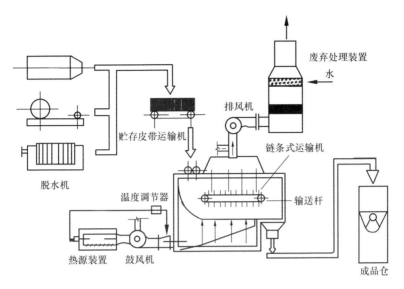

图 9-27　带式流化床干燥器

9.4.3　污泥焚烧

干燥污泥中有机物含量一般在 50%～70% 之间，其热值较高（6700～8100kJ/kg），能提供大量的热量。一般当污泥不符合卫生要求，有毒物质含量高，不能作为农副业利用时，或污泥自身的燃烧热值高，可以自燃并可利用燃烧热量发电时，可考虑采用污泥焚烧。经焚烧处理后，其体积可以减少 85%～95%，质量减少 70%～80%。高温焚烧还可以消灭污泥中的有害病菌和有害物质。

污泥焚烧可分为两大类：一类是将脱水污泥直接用焚烧炉焚烧；另一类是将脱水污泥先干化再焚烧。图 9-28 为污泥焚烧工艺。

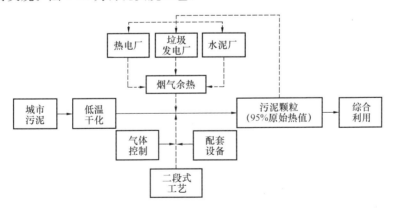

图 9-28　污泥焚烧工艺

污泥焚烧最大优点是可以迅速和较大程度地使污泥减容，并且在恶劣的天气条件下不需存储设备，能够满足越来越严格的环境要求，处理不适宜资源化利用的污泥。污泥焚烧处置不仅是一种有效降低污泥体积的方法，设计良好的焚烧炉不但能够自动运行，还能够提供多余的能量和电力，因此几乎所有的发达国家均期望通过焚烧处置污泥来代替卫生填埋，解决日益增长的污泥量。我国上海、浙江等地有若干项目，如上海市石洞污泥处理工程。虽然从投资和运行成本看，污泥协同焚烧比单独焚烧更具优势，但是我国尚无协同焚烧相关标准，仍处于起步阶段，能耗高、投资运营要求高、臭气及尾气的处理问题制约着该技术的应用。

9.4.4 污泥的农田利用

污泥的农田利用很早就得到应用。这种利用和处置方式致使污泥最终剩余物问题得到真正解决，因为其中有机物重新进入自然环境。污泥中含有丰富的各种微量元素，施用于农田能够改良土壤结构、增加土壤肥力、促进作物的生长。同时污泥中也含有大量病原菌、寄生虫（卵），以及铬、汞等重金属和多氯联苯、二噁英、放射性核素等难降解的有毒有害物。一般来说，污泥要作土地处置必须经无毒无害化处理，否则，污泥中的有毒有害物质会导致土壤或水体的二次污染。因此各国对土地利用的污泥标准要求越来越严格。污泥农用必须做到以下几点：首先，严格控制污水厂污泥的有毒有害物质及病原微生物，使其达到国家标准；其次，应特别注意污泥中重金属的含量，根据其土壤背景值等情况，严格按照计算得到的污泥施用量进行施用；再次，一般来说农田使用污泥数量都有一定限度，当达到这一限度时，污泥的农用就应停止一段时间再继续进行；最后，农田利用应在安全施用量之下控制使用，同时整个利用区需要建立严密的使用、管理、监测和监控体系，还必须时刻关注区域内的土壤、地下水、地表水、作物等相关因子的状态和变化，并根据发生的变化做出相应的调整，以保持污泥农用的安全性，保持农业的可持续发展。因此，污泥农田利用存在着很大的管理问题。综上所述，污泥农用实现了有机物的土壤→农作物→城市→污水→污泥→土壤的良性大循环，污泥直接土地利用是污泥处理处置的发展趋势。

9.4.5 污泥制氢技术

污泥制氢，作为污泥消化稳定技术和厌氧发酵制氢技术的交汇点，具有消除环境污染和获得清洁能源的双重意义，而且原料来源广泛，廉价易得，是具有很大发展潜力的制氢途径。因此近年来逐渐引起国内外学者的重视。但从总体上看，污泥发酵制氢技术的研究还处于起步阶段，主要的研究成果集中于各种预处理方法，发酵过程影响因素，以及厨余-污泥联合制氢方法等。

20 世纪 80 年代起，众多学者对污水污泥的热力学性质、干燥性质以及从污泥中生产燃料和化学物质进行了研究，研究证明污泥气化既能减少氮氧化物、硫化物、飞灰、二噁英的产生和排放，又能减少废物体积并将重金属固定在残渣中，是一个行之有效的处理污泥的方法。除了以污泥为单一发酵底物的研究之外，利用污泥和其他有机质联合制氢也是当前的研究热点。

利用污泥中的有机质发酵制氢，耗能少，成本低，具有极大的环境和经济效益，有广阔的应用前景和发展潜力，但如何稳定高效的连续制氢还是今后必须攻克的问题。

9.4.5.1 污泥高温气化制氢

即污泥通过热化学方式转化为高品位的气体燃气或合成气，然后再分离出氢气。如污泥与煤共制浆进行气化制氢：污泥与煤共制浆进行气化制氢，气化岛主体工艺装置包括空分、气化、变换、净化、PSA 等。其工艺流程如图 9-29 所示。

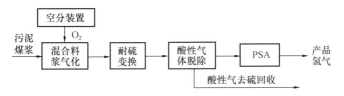

图 9-29　污泥煤浆制氢流程

其工艺流程为：劣质原料经过制浆单元制成合格料浆后，与来自空分的氧气一起进入气化单元的气化炉，发生部分氧化反应生成合成气。其主要组分为氢气、一氧化碳、二氧化碳、水和硫化氢，粗合成气经激冷和洗涤后送入变换单元。经过耐硫变换和工艺废热回收后产生的粗氢气，进入酸性气体脱除单元进行净化。净化后的氢气进入 PSA 装置提纯后得到产品氢气。

9.4.5.2　厌氧发酵生物制氢

污泥厌氧发酵生物制氢直至 2002 年以后才在国际上引起广泛关注。污泥厌氧发酵制氢技术在许多方面表现出优越性：①发酵制氢菌种的产氢能力要高于光合制氢菌种，而且发酵制氢细菌的生长速率一般比光解制氢生物要快；②厌氧发酵生物制氢无需光源，不但可以实现持续稳定产氢，而且反应装置的设计、操作及管理简单方便；③制氢设备的反应容积可达到足够大，从而可以从规模上提高单台设备的产氢量；④可生物降解的工农业有机废料，污泥等都可能成为厌氧发酵生物制氢生产的原料，来源广且成本低廉；⑤兼性的发酵制氢细菌更易于保存和运输。

存在的问题有：①污泥的连续产氢能力尚待研究。目前所见国内外污泥制氢研究几乎都是间歇培养实验，以研究发酵的影响因素为主要目的，尚未见成功的连续培养实验成果。与其他制氢底物相比，污泥的性质更为复杂，因此实现连续稳定制氢也更具挑战性，但是这是实现制氢工业化的必由之路，因此也将成为今后研究和开发的重点。②产氢稳定性较差。尽管使用了各种预处理方法，但在试验后期，均存在着一定程度的氢消耗情况，因此如何抑制耗氢菌活性，提高氢气产量也有待研究。③经厌氧发酵后的污泥对环境是否有二次污染，污泥的减量化效果如何尚不明确。目前的研究集中于对产氢效果的讨论，但对于产氢后污泥的去向，产氢过程对污泥减量化和稳定化的贡献尚未见报道。污泥成分复杂，其中包含一些有毒有害的重金属物质等，污泥厌氧消化制氢是否能消除污泥对环境的污染还是一个值得研究的问题。

9.4.5.3　污泥超临界水气化制氢

在超临界水中进行生物质（如污泥等）的催化气化，生物质的气化率可达 100%，气体产物中氢的体积分数甚至可以超过 50%，并且反应不生成焦油、木炭等副产品，不会造成二次污染，具有良好的发展前景。如使用玉米淀粉与污泥混合，形成黏性糊剂（污泥质量分数为 7.69），将其放入环管式超临界水连续反应器中进行反应。反应开始后，黏性糊剂和水被迅速加热，且压力达到临界压力（22.1MPa）以上，此时，反应物已经气化。当温度达到 650℃时，在催化剂的作用下，水和反应物发生剧烈反应，生成氢气、二氧化碳、少量甲烷、微量的一氧化碳以及水。

9.4.6 污泥生物处理技术

9.4.6.1 厌氧消化

污泥中可生物降解的有机物在兼性菌和厌氧细菌的作用下分解，随着污泥的稳定化，产生大量高热值的沼气作为能源利用，实现污泥资源化的过程。同时，厌氧消化过程也是污泥减量化过程，可降解污泥中 35%～50% 的挥发性固体。近年来，因其经济有效且可持续性强的优势，厌氧消化成为目前实现污泥资源化回收的主流技术。

国外通过采用污泥预处理工艺或研制新型的发酵工艺，以提高污泥消化率。挪威 Cambi 公司开发出污泥热水解-厌氧消化技术，即污泥先经过高压蒸汽热水解后，进入厌氧消化阶段。该技术不但导致污泥产量大幅提高，还提高了有机负荷和污泥进料浓度（8%～12%），以及缩短了污泥消化时间。另外，Schwarting Biosystem GmbH（SBS）采用推流式厌氧反应器工艺，污泥处理时间大幅度缩短，可以从 20～30d 降至 5～12d，沼气产量和污泥降解效率可提高 20%～30%。因此，推流式厌氧反应器系统可以拥有更小的发酵罐体容积和投资规模。在日本，一部分污泥也是采用中温厌氧消化技术来处理污泥。反应器的类型一般是 CSTR 或者卵形反应器。

我国已建的污泥厌氧消化处理厂，多数采用低负荷的处理工艺。厌氧消化工艺一般是中温一级或者两级厌氧消化工艺。目前国内少数大型污水处理厂已建成完善的污泥厌氧消化与沼气发电设施。如北京高碑店污水处理厂，天津纪庄子污水处理厂、东郊污水处理厂和咸阳路污水处理厂，北京高碑店污水处理厂污泥高级消化工程，长沙黑糜峰污泥高级厌氧消化示范工程。

9.4.6.2 好氧堆肥

好氧堆肥是指污泥在一定的水分、C/N 和通风条件下，通过好氧微生物繁殖并降解污泥中的有机物，产生较高的温度，从而杀死污泥中大部分的寄生虫、病原体等，将污泥转变成性质稳定且无害的腐殖化产物（肥料）的过程。污泥好氧堆肥工艺建设和运行维护成本较低，工艺运行及操作相对简单，且工艺稳定性高，比较适合进行土地利用。

目前，国内的污泥堆肥工艺多个项目在引进如德国 BACKHUS 系统、高温好氧发酵处理技术（SACT 工艺）、垃圾生化好氧处理技术（ENS 工艺）等基础上，均根据当地实际情况对技术进行了改良。例如，北京庞各庄污泥堆肥项目采用了智能化控制系统 ENSComposter。福建农林大学自主开发的超高温好氧发酵技术，已在北京市、郑州市等地得到应用。

污泥堆肥工艺资源利用程度高，有一定经济效益，符合可持续发展战略的优良污泥处置工艺。如能攻克降低除臭技术成本难题，完善产物土地利用相关法规，污泥堆肥将具备极大的发展及市场空间。

9.4.7 污泥其他资源化利用技术

9.4.7.1 污泥低温热解制油技术

利用污泥热解制油是近年来处置污水处理过程中产生的有机污泥的一种新的可望达到能量平衡的技术，其原理是在无氧条件下加热污泥至一定温度，使污泥中的有机物热分解转化成为油、水、不凝性气体（NCG）和碳 4 种可燃产物，部分产物的燃烧可作前置干燥与热解的热源，剩余能量以油的形式回收。该技术可产生良好的环境效益和经济效益，主要表现在：能有效地控制重金属的排放，并能使重金属钝化；可回收液体燃油（提供 700kW/L 的净能量）；可破坏有机氯化物的生成，产生的气体仅需进行简单清洗就可以满足气体排放标准；占地面积小，运行成本低。

9.4.7.2 污泥制吸附剂技术

污泥中含有大量有机物，其含量随社会发展水平的提高而提高，因此它具有被加工成类似活性炭吸附剂的客观条件。在一定的高温下以污泥为原料通过改性可以制得含碳吸附剂。由污泥制成的活性炭吸附剂对 COD 及某些重金属离子有很高的去除率，是一种优良的有机废水处理剂。用过的吸附剂若不能再生，可以用做燃料在控制尾气条件下进行燃烧。

9.4.7.3 污泥制陶粒技术

以污水厂的污泥为主要原料，加一定量的辅料、外加剂，经过脱碳和烧胀制成具有一定强度的轻质陶粒，可以大量消耗脱水污泥，不但处理成本大大低于焚烧法，而且可以避免污泥二次污染，尤其符合中国固废处理的无害化、减量化和资源化原则，具有广阔的发展前景。

9.4.7.4 污泥制水泥技术

水泥窑炉具有燃烧炉温度高和处理物料量大等特点，且水泥厂均配备有大量的环保设备，是环境自净能力强的装备。而城市生活垃圾、污泥的化学特性与水泥生产所用的原料基本相似。如垃圾焚烧灰的化学成分中，一般有 80% 以上的矿物质是水泥熟料的基本成分（如 CaO、SiO_2、Al_2O_3 和 Fe_2O_3）。利用水泥回转窑处理城市垃圾和污泥，不仅具有焚烧法的减容、减量化特性，且燃烧后的残渣成为水泥熟料的一部分，不需要对焚烧灰进行处理（填埋），将是一种两全其美的水泥生产途径。

此外，利用污泥制动物饲料、制生化纤维板、制可降解塑料和黏结剂等技术，也值得关注。

虽然我国在污泥处理上取得了一定的成功，但是在污泥处理处置过程中仍然存在一些问题。例如，环境容量缺乏，污泥量大，污泥泥质差，污泥问题依然十分严峻；和污水处理相比，污泥处置的投入和重视程度严重滞后；处置途径不畅，单元技术衔接不畅，缺乏全链条解决方案；缺少约束性指标，监管体系。因而，需要在以下几个方面进行突破：首先，技术创新，针对我国污泥产量大、含沙高、有机质低的特点，加快关键共性技术攻关促进成套装备及全产业链的优化集成应用；其次，技术发展导向，"绿色、循环、低碳"，解决污染问题的同时，实现物质和能源的最大化回收（新技术、药剂、材料，新技术新原理等原创技术）；再者，技术选择理念，实现污泥全消纳、能量全平衡、过程全绿色、经济可持续；此外，在商业模式方面，推广全产业链整体运营模式，提供综合性整体解决方案；最后，在政策标准方面，完善价格基准体系，防止恶行竞争，并完善政策标准体系，加强监管，规范运营。

思政小结

在党中央、国务院决策部署下，加大规划引导和政策支持力度，我国城镇生活垃圾处理能力显著增强，垃圾处理结构明显优化，存量垃圾治理及处理设施改造取得积极进展。发展城镇生活垃圾能源利用技术，是国家推进"无废城市"建设的重要内容，是保障国家大力推行"垃圾分类"政策顺利实施的重要环节，也是实现垃圾减量化、资源化、无害化处理的基础保障。这对加快我国能源领域实现可持续发展的战略目标，改善环境卫生及城市环境现状，构建以无害化、资源化利用为导向的生活垃圾处理技术体系，对推动生态文明建设实现新进步、社会文明程度得到新提高，皆具有十分重要的意义。在"双碳"的大背景下，城镇生活垃圾能源转化行业固碳减排的作用、地位和效益亦将愈发突出，以生活垃圾为主的生物能源行业也将迎来新的历史发展机遇。

思 考 题

（1）阐述我国推行垃圾分类政策对建设无废城市的历史意义。

（2）对比国内外城市垃圾处理技术的异同。

（3）分析生活垃圾、污泥等能源化和资源化处理过程中面临的环境问题。

（4）"双碳"背景下，简述我国推行城镇垃圾分类的意义及其与国家"双碳"战略的相关性。

10 生物质资源循环利用技术展望

![教学目标图标] **教学目标**

教学要求： 了解并掌握我国在生物质资源与能源利用领域重要的战略部署、政策以及法规等方面的新动向，提高对生物质循环利用技术前沿发展的洞察、分析和追踪能力，加深对我国生物质产业发展趋势和目标的深刻认知，关注国内外生物质领域新政策、利用新途径和最新研究动向。

教学重点： 中国生物质资源与能源发展路线和目标。

教学难点： 生物质资源发展六大战略途径之间的内在关联。

生物质资源是地球上再生资源的核心组成部分，是人类赖以生存和发展的基础资源，是维系人类经济社会可持续发展最根本的保障。中国是全球生物资源最丰富的国家之一，21 世纪中国实现由生物质资源大国向生物质资源及生物经济强国转变将成为必然趋势。

生物质资源是人类繁衍和发展的物质基础，既是地球上重要的资源宝库，也是一个国家重要的战略生物资源，除了人类现已经利用的少部分生物质资源外，绝大部分有着更大经济和社会价值的生物质资源尚未被人类认识和利用，数以万计的动物、植物和微生物蕴含着解决人类可持续发展必需的衣、食、住、行所依赖资源需求的巨大潜力。21 世纪，资源与环境问题已成为人类社会共同面临的重大挑战，影响着人类社会发展的进程与未来：全球化石能源将逐渐耗竭、生物资源高速消亡、气候变暖与环境污染日益严重、能源资源问题深刻影响人类经济社会及我国国家安全和长远发展。生物质资源将终究成为经济社会可持续发展和国家竞争力的基础。我国是全球生物资源最丰富的国家之一，从我国国情出发，面向未来，综合考虑需求、资源、环境、科技和经济等多方面因素，明晰我国生物质资源未来 30～50 年科技发展路线对前瞻性地部署我国经济社会发展具有重要战略意义。

生物质资源科技领域发展路线图的总体目标是：确保国家未来生物质资源可持续利用，为中国 21 世纪生物资源科技、生物产业和生物经济的发展提供资源安全保障，实现中国由生物质资源大国向生物质资源及生物经济强国的根本转变。

生物质资源科技领域发展路线图的主线思维是：系统认知生物界的生物物质资源、功能性资源、基因资源和生物智能资源。通过基础性地部署生物质资源产生、演变、代谢调控等机理的目标研究；战略性地实施从生物群落-居群-个体-组织-细胞-基因完整性的需求研究和学科交叉融合；前瞻性构建生命规律研究的系统生物学理论和应用技术体系，从宏观生物资源和微观分子生物水平开发新型生物质资源的利用和发掘途径，为未来新能源和新材料、农业及食品、营养及健康、生态及环境领域发展提供生物质资源的

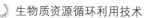

科技支撑。

本章主要从生物质资源发展路线图的总体目标和主线思维出发，详细介绍了生物质资源发展的六大战略途径。

10.1　生物光合原理应用技术

发展生物能源首先必须保证生物质资源的供应，建立稳定能源植物产业基地是关键，但必须立足于本国土地资源，保证粮食安全，不与粮争地。必须在边际土地上发展能源植物产业。这是我国具有特色的生物质能可持续发展的道路。图 10-1 是我国光合作用机理及提高作物和能源植物光能利用效率的科技路线图。

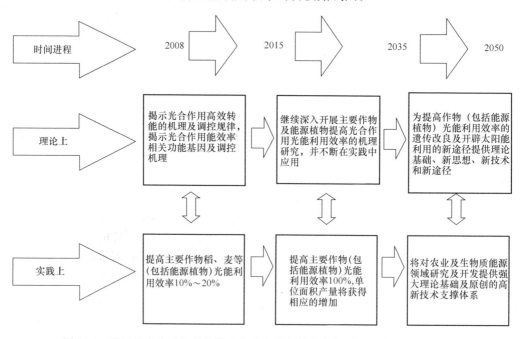

图 10-1　我国光合作用机理及提高作物和能源植物光能利用效率的科技路线图
（数据来源：中国至 2050 年生物质资源科技发展路线图）

光合作用机理与提高作物及能源植物光能利用效率。立足我国本土生物质资源，加强部署资源筛选评价及开发利用的理论和技术研究，突破现有遗传改良、基因工程、规模化种植和工业化生产的理论和核心技术的瓶颈；揭示生物光合作用机理，从光能转化、碳同化及环境调节揭示光合作用光能利用效率调控的分子机理；解析光能吸收、传递和转化的功能及光合膜蛋白结构，阐明光合作用原初光能转换的机理及调控；解析光合碳同化途径的网络调控，以及固碳效率及同化产物的运输与定向分配调控；阐明对逆境条件（强光、干旱、盐碱、低温、高温）的响应和适应分子机理及调控。

利用自然界已有光合作用系统，挖掘当前系统得以改造及优化的位点，进而通过合成生物学等技术手段，改造、优化现存光合系统，提高光能利用效率；建立和完善高光效分子设计育种体系，常规育种、分子标记辅助选择和转基因结合；建立高光效遗传群体、筛选、分离和高光效基因资源；发掘与筛选高光效、高生物量的能源植物；建立提高光效的高效 QTL 位点和关键基因,提高作物及能源植物光能利用效率及固碳效率;定向调控光合产物消耗相关代谢过程,提高光能利用效率及作物产量,为利用"植物工厂"生产高能、高附加值原料提供全新途径;基于光合系统运行的分子机理,开展全新的自然界尚不存在的光合系统的构建,拓展光合系统利用多种能源渠道;建成我国可持续生物能源的研发体系,最终实现我国生物再生能源技术规模化应用和商业化。

10.2　优质高效的能源植物资源培育技术

优质高效的能源植物资源培育技术包括:筛选优质高效的能源植物资源,建立能源植物在我国不同地域的繁育和生产基地;探索能源植物高效转能和蓄能的生物学机制,开展创新种质,优化规模种植及加工生产体系;建立完善的生物质能源转化的应用理论体系和技术集成,提高生物质能源的品级,实现大规模商业化应用生物质能源,以替代进口石油 30% 左右。

实现生物质能源的利用包括生物质原料供应、生物质转化技术和应用系统集成,其中生物质原料供应是实现生物质能源利用的关键瓶颈。生物质原料的稳定供应有赖于对高效能源植物包括藻类、微生物类的认知、优良品种的培育。我国在耕地之外,可用能源植物栽培的"边际土地",多为干旱盐碱沙荒生态脆弱地区。组织整合国内相关研究力量,建设相关的研究平台和实验基地,选择重点研究内容及关键技术问题,通过技术创新及系统集成,形成从生物质生产、生物质转换机理、生物质能技术开发和集成系统应用示范的研究链条,开发具有我国特色的生物质能高效利用的理论体系和集成技术,为我国生物质能大规模洁净利用提供实用性的技术支持及技术经济评价依据,最终实现我国能源战略的可持续发展。图 10-2 为能源农林业结构和效益简图。

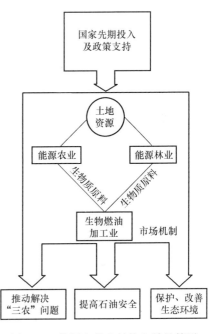

图 10-2　能源农林业结构和效益简图

10.3　微藻生物炼制技术

微藻作为一种重要的生物质资源,具有分布广、生物量大、光合效率高、环境适应性强、生长周期短和产量高等突出特点,是进行生物炼制的优良材料,它在生产微藻燃料、开发微藻生物制剂和提取生物活性等方面具有广阔前景。积极发展以生物质原料为基础的生物炼制产业,对于解决能源危机、改善能源结构具有重大意义。微藻能源规模化制备包括:深入挖掘能源微藻优良藻种(株)选育原理,能源微藻藻种综合评价体系构建,适合于我国国情的可规模化培养的能源微藻藻种资源库建设,阐明微藻光能转化、光合固碳及油脂高效合成的机制。

以具有应用潜力的微藻藻株为平台，开发"可编辑、可控制、可放大"的新型微藻底盘细胞；创建全新的微藻光合生物制造模式，其以光合微藻为底盘，将太阳能和二氧化碳在单一过程、单一平台直接转化为生物燃料和生物基化学品；针对微藻遗传和代谢特性，开发适配、系统、高效的遗传操作工具包；优化重塑与定向扩展的微藻代谢网络，实现微藻细胞内光合碳流和能量流向目标产品的高效、定向转化；优化微藻光合细胞工厂工业应用属性，实现微藻光合细胞工厂适应大规模培养过程中严苛工业环境条件和复杂过程工艺环节，进行稳定生长生产和有效产品回收的能力；实现在大规模工程化培养体系中对光驱物质能量定向转化过程的人工控制，推动光合生物制造技术的产业化发展。通过融合系统生物技术、过程工程、装备工程乃至人工智能技术，实现微藻光合细胞工厂的稳定性和商业化应用。

10.4　微生物资源发掘利用技术

微生物资源是人类赖以生存和发展的重要物质基础和生物科技创新的重要源泉。生命科学研究、预防医学研究、生物技术及其产业的研发、食品科学等都是建立在微生物资源基础之上。根据我国的生物技术现状和微生物资源开发利用现状，加强微生物资源研发及相关产业链体系建设，提升我国生物产业的竞争力。图 10-3 列举了我国微生物资源的战略路线图。

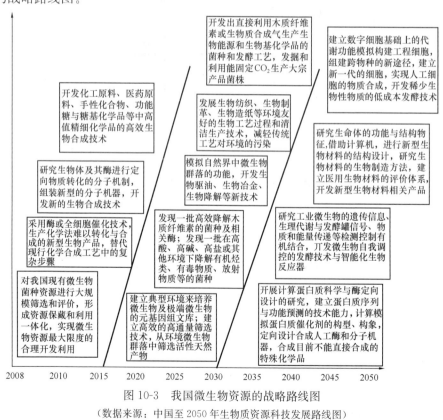

图 10-3　我国微生物资源的战略路线图

（数据来源：中国至 2050 年生物质资源科技发展路线图）

未来的研究，应聚焦从单一微生物扩展到多种不同微生物构成的复杂系统，构建具有可控功能和稳定性的微生物菌群，通过对微生物组的设计与精准调控来解决生物质转化等重要问题。基于时空控制考虑深入挖掘微生物组设计原理，使其随着空间和时间的推移能够精确、可预测地定位和发挥作用；基于功能生物多样性，精准设计微生物群落，从而提高工程化微生物在不同环境中的互作；基于分布式代谢，精准设计利用具有独特代谢能力的某一类微生物组或微生物群落共同生产生物燃料、化学品或生物材料。

10.5　工程生物学与合成生物学技术

面向 21 世纪工程生物学与合成生物学技术发展趋势并结合我国国情，致力于基因合成、编辑、染色体和基因组的组装，基因线路工程与生物分子的工程学改造，无细胞系统、底盘、有机体和联合体的修饰、适应、进化与构建；实现并促进生物数据的建模和集成、机器学习，以及人工智能的数据科学工具的开发；实现快速、从头合成全基因组，制造、设计低聚物长度的高保真寡核苷酸，组装成为百万碱基长度的克隆 DNA 片段，以及没有脱靶效应的高精度基因编辑；按需设计功能性大分子，有针对性地设计复杂的基因线路和代谢通路，对调控系统进行动力学控制，对依赖非典型/非天然组成模块的大分子的按需设计、产生和演化予以特殊考虑；多组件遗传系统的整体设计和综合设计，如基因线路和代谢通路；基于 RNA 的细胞控制和信息处理调控系统的综合设计；利用 DNA 和 RNA 纳米结构构建以依赖刺激的方式动态重组的成分和材料；实现将环境刺激与输出联系起来的遗传电路设计；设计反馈机制，以响应计划操作中的不同刺激。在细胞外基质材料中嵌入主动反应机制；在细胞中加入控制电路，抵消特定刺激的影响，限制或阻碍反应。

创建基于生物体的新型制造平台和细胞工厂，将生物设计、研发、制造过程变成工程设计问题，通过对自然生物的操纵来获取原创性新材料、新器件、新系统和新平台，实现生物质转化能源、化学品、生物材料的"按需设计与生产"；实现模块化和现场生物制造的过程监测和控制，建立健全中试规模设施网络，快速建立基础设施，用于大规模生产生物燃料、化学品和生物材料。

10.6　仿生技术与仿生材料

仿生科技与先进制造、先进材料和先进军事装备紧密相关，本节仅限于与生物质资源相关的仿生材料和技术，并突出与能源和环境有关的仿生生物质资源，重点放在节能减排上，如生物质资源的特殊利用——仿生材料与仿生技术。自然界蕴藏着丰富的智能生物资源，"物竞天择"的生物世界是科学技术创新的知识宝库和学习源泉，是人类至今涉足甚微的智能资源库。

通过仿生的智能特性研究，为设计和建造新的技术设备提供新原理、新方法和新途径；发展动态可调控、高效多功能及仿生交互的新型生物材料；从合成、组成与结构、加工过程、性质与性能等 4 个方面，开发新型生物基高分子新型材料和仿生材料；交叉融合合成生物学技术与生物材料学，为仿生材料在生产及应用方面赋予前所未有的优势，实现生产过程的智能可控及提高材料产物的质量及性质；通过机理研究指导多组分仿生材料设计，基于重组基因手段与生物自身代谢通路合成仿生多功能生物材料，基于活体组分动态调节合成动态智能生物材料，基于基因层面及分子层面的精确调控提高生产效率及实现扩大生产；创建工程化的"仿生命体"，以及仿生化的"类生命体"，智能创造具有特殊功能的新型仿生材料；全面认知合成生物学、工程生物学、材料科学等在仿生材料学中的重要作用，将现有技术充分结合与发挥，解决更多的能源与环境问题，将是未来研发的方向。

10.7　绿色"三田"计划

化石能源资源会越来越少，价格会越来越贵，从长远和战略上看，我国必然要建设自己的生物质能源基地，这个百年大计应早谋划早主动。

（1）绿色煤田

绿色煤田是指能替代煤炭的生物质发电和成型燃料等的原料生产基地，主要有：①秸秆绿色煤田，位于粮食主产区，年产出潜力约 3 亿吨原煤；②清林绿色煤田，位于天然林区，年产出潜力约 1.2 亿吨原煤；③荒坡绿色煤田，全国宜林荒山荒坡，年产出潜力约 3 亿吨原煤；④沙地绿色煤田，位于北方四大沙地，年产出潜力约 3000 万吨原煤。

（2）绿色油田

绿色油田是指能替代石油的液体生物燃料的原料生产基地，主要有甜高粱乙醇绿色油田、薯类乙醇绿色油田和木本油料绿色油田。它们主要分布在蒙东及东北三省西部、环渤海及长江口以北的海涂和滨海盐土、内蒙古中部、武陵山区等 8 大片宜能荒地及约 1000 万公顷的非粮低产农田。绿色油田的年产出潜力是 1 亿吨燃料乙醇。如纤维素乙醇和微藻转化技术能够取得突破，这两片将成为潜力巨大的绿色油田。

（3）绿色气田

绿色气田是指能替代天然气的产业沼气原料生产基地。仅三片气田的年产出潜力即有 830 亿立方米沼气或 700 亿立方米天然气，它们是：①加工业有机排放物绿色气田，主要有两广地区的废糖蜜、淀粉加工高 COD 废水等；②大型养殖场绿色气田；③大城市与周边有机垃圾及污水绿色气田。

在建设绿色"三田"上，对兼有环保功能的农林及加工业有机废弃物利用无异议，但开发宜农后备荒地和宜林荒山荒坡是否会引起生态恶化呢？是的，过去曾经有过，但以现在的理念、技术和政府管理水平，不仅不会恶化生态，还可以使受损生态得以修复与重建。

思政小结

全球化石能源日益枯竭、气候变暖与环境污染日益严重、能源资源短缺等问题深刻影响人类经济社会，以及我国国家安全和长远发展。发展生物质资源循环利用技术，将成为支撑经济社会可持续发展和提高国家竞争力的基础。从我国国情出发，综合考虑需求、资源、环境、科技和经济等多方面因素，研发新型生物质资源循环利用技术，对确保我国未来生物质资源可持续利用，为我国未来生物资源科技、生物产业和生物经济的发展提供能源与资源安全保障，实现我国由生物质资源大国向生物质资源及生物经济强国的根本转变，具有重要意义。

思考题

（1）阐述我国科学家在生物质资源循环利用技术开发与产业应用上所做的贡献。

（2）阐述生物质资源发展路线图对推动我国生物质利用产业的指导意义。

（3）查阅国外在生物质资源发展路线上制定的相关政策和路线图。

（4）"双碳"背景下，生物质资源循环利用产业如何发展才能与国家"双碳"战略相适应？

参考文献

[1] 王革新，艾德生. 新能源概论[M]. 北京：化学工业出版社，2012.

[2] 刘明华. 生物质的开发与利用[M]. 北京：化学工业出版社，2012.

[3] 吴占松，马润田，赵满成. 生物质能利用技术[M]. 北京：化学工业出版社，2010.

[4] 周启星. 资源循环科学与工程概论[M]. 北京：化学工业出版社，2013.

[5] 中国科学院生物质资源领域战略研究组. 中国至 2050 年生物质资源科技发展路线图[M]. 北京：科学出版社，2009.

[6] 张蓓蓓. 我国生物质原料资源及能源潜力评估[D]. 北京：中国农业大学，2018.

[7] 国家统计局和环境保护部. 中国环境统计年鉴[M]. 北京：中国统计出版社，2016.

[8] 国家统计局能源统计司. 中国能源统计年鉴[M]. 北京：中国统计出版社，2017.

[9] 刘玮，万燕鸣，熊亚林，等. "双碳"目标下我国低碳清洁氢能进展与展望[J]. 储能科学与技术，2022，11(02)：635-642.

[10] 李十中. 推动新能源革命促进实现碳中和目标[J]. 学术前沿，2021(14)：42-51.

[11] 刘延春，张英楠，刘明，等. 生物质固化成型技术研究进展[J]. 世界林业研究，2008，21(4)：41-48.

[12] 王建祥，蔡红珍. 生物质压缩成型燃料的物理品质及成型技术[J]. 农机化研究，2008(1)：203-205.

[13] 闫石. 生物质燃料压缩成型技术与燃烧特性研究[D]. 石家庄：河北科技大学，2013.

[14] 马洪儒，苏宜虎. 生物质直接燃烧技术研究探讨[J]. 农机化研究，2007(8)：155-158.

[15] 肖波，周英彪，李建芬. 生物质能循环经济技术[M]. 北京：化学工业出版社，2006.

[16] 姜玉珊，王高敏，吴越，等. 我国生物质型煤技术进展[J]. 生物化工，2020(6)：164-172.

[17] 由蓝. 生物质燃烧技术发展现状与未来趋势[J]. 应用能源技术，2021(4)：16-18.

[18] 能士峰，刘庆岭，张旺，等. 垃圾焚烧 SCR 脱硝催化剂的研究进展[J]. 现代化工，2022，42(02)：31-34.

[19] 初雷哲，张衍国，康建斌. 多流程循环流化床技术及其在生物质锅炉中的应用[J]. 生物产业技术，2019(05)：15-21.

[20] GE S，SHI Y，XIA C，et al. Progress in pyrolysis conversion of waste into value-added liquid pyro-oil，with focus on heating source and machine learning analysis[J]. Energy Conversion and Management，2021，245：114638.

[21] 周建斌. 生物质能源工程与技术[M]. 北京：中国林业出版社，2011.

[22] 洪军. 生物质热裂解制油机理试验研究及流化床闪速热裂解装置设计[D]. 杭州：浙江大学，2002.

[23] 陈温福，张伟明，孟军. 农用生物炭研究进展与前景[J]. 中国农业科学，2013，46(16)：3324-3333.

[24] 王萌萌，周启星. 生物炭的土壤环境效应及其机制研究[J]. 环境化学，2013，32(5)：768-780.

[25] 石红蕾，周启星. 生物炭对污染物的土壤环境行为影响研究进展[J]. 生态学杂志，2014，33(2)：486-494.

[26] 景向荣. 生物炭材料的修饰应用与毒性评价[D]. 合肥：中国科学技术大学，2014.

［27］ 张长存. 生物质炭材料的制备及其性能研究［D］. 济南：山东建筑大学，2016.

［28］ 张会. 微波法合成炭材料及其性能研究［D］. 上海：上海师范大学，2016.

［29］ 赵凯. 生物质基炭材料的制备及应用研究［D］. 长春：吉林大学，2014.

［30］ DEMIRBAS A. Mechanisms of liquefaction and pyrolysis reactions of biomass［J］. Energy Conversion and Management，2000，41(6)：633-646.

［31］ 王同洲，王鸿. 多孔碳材料的研究进展［J］. 中国科学：化学. 2019(49)：729-740.

［32］ 邓伟，林镇浩，熊哲，等. 生物油电催化加氢提质技术研究进展［J］. 化工学报. 2021(72)：4987-5001.

［33］ ZHUANG H，XIE Q，SHAN S，et al. Performance，mechanism and stability of nitrogen-doped sewage sludge based activated carbon supported magnetite in anaerobic degradation of coal gasification wastewater［J］. Science of The Total Environment，2020，737：140285.

［34］ 蒋大华，孙康泰，亓伟，等. 我国生物质发电产业现状及建议［J］. 可再生能源，2014，32(04)：542-546.

［35］ 吴创之，刘华财，阴秀丽. 生物质气化技术发展分析［J］. 燃料化学学报，2013，41(07)：798-804.

［36］ 谢军，吴创之，陈平，等. 中型流化床中的生物质气化实验研究［J］. 太阳能学报，2007，(01)：86-90.

［37］ 于洁，肖宏. 生物质制氢技术研究进展［J］. 中国生物工程杂志，2006(05)：107-112.

［38］ 吴创之，马隆龙，陈勇. 生物质气化发电技术发展现状［J］. 中国科技产业，2006(02)：76-79.

［39］ 吕鹏梅，常杰，熊祖鸿，等. 生物质在流化床中的空气-水蒸气气化研究［J］. 燃料化学学报，2003(04)：305-310.

［40］ 姚向君，田宜水. 生物质能源清洁转化利用技术［M］. 北京：化学工业出版社，2005.

［41］ SUÁREZ-ALMEIDA M，Gómez-Barea A，GHONIEM AF，et al. Solar gasification of biomass in a dual fluidized bed［J］. Chemical Engineering Journal，2021，406：126665.

［42］ MÜLLER S，THEISS L，FLEISS B，et al. Dual fluidized bed based technologies for carbon dioxide reduction-example hot metal production［J］. Biomass Conversion and Biorefinery，2021，11：159-168.

［43］ LI H，WU S，DANG C，et al. Production of high-purity hydrogen from paper recycling black liquor via sorption enhanced steam reforming［J］. Green Energy & Environment，2021，6：771-779.

［44］ 王云珠，泮子恒，赵燚，等. 吸附强化蒸汽重整制氢中 CO_2 固体吸附剂的研究进展［J］. 化工进展. 2019，(38)：5003-5113.

［45］ 李亮荣，李秋平，艾盛，等. 传统化石与新型生物质能源重整制氢研究现状［J］. 化学与生物工程，2021(38)：1-6.

［46］ PARK J H，LEE D W，JIN M H，et al. Biomass-formic acid-hydrogen conversion process with improved sustainability and formic acid yield：combination of citric acid and mechanocatalytic depolymerization［J］. Chemical Engineering Journal，2021，421：127827.

［47］ 常圣强，李望良，张晓宇，等. 生物质气化发电技术研究进展［J］. 化工学报，2018，69(8)：3318-3330.

［48］ 张建安，刘德华. 生物质能源利用技术［M］. 北京：化学工业出版社，2010.

［49］ 杜风光，冯文生. 秸秆生产乙醇示范工程进展［J］. 现代化工，2009，29：16-19.

［50］ 陈洪章，等. 秸秆资源生态高值化理论与应用［M］. 北京：化学工业出版社，2006.

［51］ 任南琪，王爱杰. 厌氧生物技术原理与应用［M］. 北京：化学工业出版社，2004.

[52] 袁艳文，刘昭，赵立欣，等. 生物质沼气工程发展现状分析[J]. 江苏农业科学. 2021，49(06)：28-33.

[53] 郭振强，张勇，曹运齐，等. 燃料乙醇发酵技术研究进展[J]. 生物技术通报. 2020，36(1)：238-244.

[54] 王宇轩，罗锋，谢海迎，等. 餐厨垃圾干发酵滚动式质热交换反应器设计与性能试验[J]. 农业工程学报，2019，35：210-216.

[55] 李金平，崔维栋，黄娟娟，等. 多元混合物料协同厌氧消化产甲烷性能研究[J]. 中国沼气，2018，36.

[56] YIN Q，WU G. Advances in direct interspecies electron transfer and conductive materials：electron flux，organic degradation and microbial interaction[J]. Biotechnology Advances，2019，37：107443.

[57] SUN C，LIU F，SONG Z，et al. Feasibility of dry anaerobic digestion of beer lees for methane production and biochar enhanced performance at mesophilic and thermophilic temperature[J]. Bioresource Technology，2019，276：65-73.

[58] 吴涵竹，司志豪，秦培勇. 生物乙醇原位分离技术的研究进展[J]. 化工进展，2022，1-18.

[59] 马国杰，郭鹏坤，常春. 生物质厌氧发酵制氢技术研究进展[J]. 现代化工，2020，40(07)：45-49.

[60] ZHENG Y，ZHANG Q，ZHANG Z，et al. A review on biological recycling in agricultural waste-based biohydrogen production：recent developments[J]. Bioresource Technology，2022，347：126595.

[61] 廖莎，姚长洪，师文静，等. 光合微生物产氢技术研究进展[J]. 当代石油石化，2020，28(11)：36-41.

[62] 刘玉兰. 油脂制取与加工工艺学[M]. 北京：科学出版社，2009.

[63] 黄世丰，陈国，方柏山. 酯化及转酯化法制备生物柴油过程中催化剂的研究进展[J]. 化工进展，2008，27(4)：508-514.

[64] 戚艳梅. 国内外生物柴油发展现状及市场前景[J]. 石化技术，2015，22(8)：52-52.

[65] 李春桃，周圆圆. 第二代生物柴油技术现状及发展趋势[J]. 天然气化工-C1 化学与化工，2021，46(06)：17-23.

[66] 陈洪章，王岚. 生物质生化转化技术[M]. 北京：冶金工业出版社，2012.

[67] 梁红玉，宫红，姜恒. 离子液体-未来化学工业中的绿色剂[J]. 当代化工，2002，31(1)：60-62.

[68] 刘明华，林春香. 天然高分子改性吸附剂[M]. 北京：化学工业出版社，2011.

[69] 杭伟明. 纤维化学及面料[M]. 北京：中国纺织出版社，2009.

[70] 宾东明. 甘蔗渣制浆前预抽提半纤维素的工艺及机理研究[D]. 南宁：广西大学，2009.

[71] 王芳芳，陈嘉川，杨桂花，等. 半纤维素作为造纸助剂的研究进展[J]. 纤维素科学与技术，2011，19(1)：72-77.

[72] 蒋挺大. 木质素[M]. 2 版. 北京：化学工业出版社，2009.

[73] 许园. 木质素碳纤维的制备与结构和性能研究[D]. 上海：东华大学，2007.

[74] 蒋挺大. 壳聚糖[M]. 北京：化学工业出版社，2001.

[75] 王虹，康春生，原续波，等. 局部重复应用控释 BCNU 聚乳酸微球治疗 U251 质瘤的实验研究[J]. 中国药学杂志，2009，44(5)：337-340.

[76] 马延和. 生物炼制细胞工厂：生物制造的技术核心[J]. 生物工程学报，2010，26(10)：1321-1326.

[77] 叶茂，田鹏，刘中民. 甲醇制烯烃技术—DMTO 技术[J]. Engineering，2021，7(01)：38-48.

[78] 申晓林，袁其朋. 大肠杆菌利用甘油生产1，2-丙二醇合成途径的构建及其代谢网络调节的研究[J]. 北京化工大学学报(自然科学版)，2014，41(04)：83-88.

[79] ISLAM Z, KLEIN M, AKAMP MR, et al. A modular metabolic engineering approach for the production of 1, 2-propanediol from glycerol by Saccharomyces cerevisiae[J]. Metabolic Engineering, 2017, 44：223-235.

[80] 付晶，王萌，刘维喜，等. 生物法制备2,3-丁二醇的最新进展[J]. 化学进展，2012，24(11)：2268-2276.

[81] 莫棋文，陈先锐，李燕婷，等. 代谢工程改造多粘芽孢杆菌及合成光学纯(R,R)-2,3-丁二醇[J]. 基因组学与应用生物学，2021，40(04)：1643-1649.

[82] 王青艳，谢能中，黎贞崇，等. 微生物法合成(R,R)-2,3-丁二醇的研究进展与展望[J]. 基因组学与应用生物学，2014，33(06)：1367-1373.

[83] HE L, SONG F, GUO ZW, ZHAO X, et al. Toward strong and super-toughened PLA via incorporating a novel fully bio-based copolyester containing cyclic sugar[J]. Composites Part B：Engineering, 2021, 207：108558.

[84] 李剑光. 城市污泥处理处置的问题及其建材资源化利用[J]. 天津建设科技，2018，28(05)：65-67.

[85] 宋国君，张珵，孙月阳，等. 基于源头分类和资源回收的城市生活垃圾管理指标体系设计[J]. 环境污染与防治，2018，40(09)：1074-1078.

[86] 符鑫杰，李涛，班允鹏，等. 垃圾焚烧技术发展综述[J]. 中国环保产业，2018，(08)：56-59.

[87] 袁振宏，罗文，邢涛，等. 中科院创新技术破解餐厨垃圾回收难题-我国餐厨垃圾油气肥绿色联产技术实现资源综合利用[J]. 科技促进发展，2016(03)：361-365.

[88] 徐艳萍，黄力华，崔方娜. 国内城市生活垃圾焚烧技术应用现状与进展[J]. 广东化工，2015，42(12)：140-141.

[89] 郭尊孟，张臻. 垃圾填埋场渗滤液处理工艺与评价分析[J]. 节能与环保，2021(06)：73-74.

[90] 张瑞娜. 生活垃圾焚烧炉排炉掺烧污泥对灰渣特性的影响[J]. 燃烧科学与技术，2021，27(03)：297-302.

[91] 张薇薇，赵杰飞. 流化床垃圾焚烧锅炉的现状与前景[J]. 工业锅炉，2018(02)：1-7.

[92] 王凯军，王婧瑶，左剑恶，等. 我国餐厨垃圾厌氧处理技术现状分析及建议[J]. 环境工程学报，2020，14(07)：1735-1742.

[93] 戴晓虎. 我国污泥处理处置现状及发展趋势[J]. 科学，2020，72(06)：30-34.

[94] 胡润青，秦世平，京春. 中国生物质能技术路线图研究[M]. 北京：中国环境科学出版社，2011.

[95] 罗巅辉，方柏山. 酶定向进化的研究进展[J]. 生物加工过程，2006，4：9-15.

[96] 栾国栋，张杉杉，吕雪峰. 微藻合成生物技术发展总结与展望：从底盘细胞到光合生物制造[J]. 生物学杂志，2021，38(02)：22-25.

[97] 朱新广，熊燕，阮梅花，等. 光合作用合成生物学研究现状及未来发展策略[J]. 中国科学院院刊，2018，33(11)：1239-1248.